KB157612

이스탄불이 그리워지면

이스탄불이
그리워지면

차 례

contents

보스포러스 해협
흑해
이스탄불
샤프란볼루
마르마라해
차낙칼레
앙카라
TURKEY
아이발록
에페스
카파도키아
에게해
파묵칼레
콘야
안탈랴
지중해

이스탄불이 그리워지면

이스탄불이 그리워지면,
나는 또 떠난다.

오, 이스탄불이여!
이스탄불은 도시 그 자체 그대로
풍경화요 정물화이며, 시요, 소설이다.
이스탄불이 그리워지면, 나는 또 떠난다.

'사랑하면 알게되고, 알면 보이나니
그때 보이는 것은 전과 같지 않지 않으리라'

그러면 나는 어떻게하여 이스탄불이 그리워
져서 또 다시 이스탄불과 아나톨리아 평원을
버스로 여행하고자 떠나는가?

2013년 6월 나는 약 2,500년 불교역사를 간직한 세계 최대의 불교국
가로서 국민의 90%가 불교도인 미얀마 양곤을 여행하며 미얀마인들
의 정신적 지주이며 불교문화의 상징인 세계 최대의 황금대탑 쉐다곤
파고다와 까바에 파고다, 로카찬다 파고다 등 파고다塔의 나라 미얀마
의 여러 곳의 파고다를 돌아보고, 위빠사나 명상의 산실인 양곤의 마
하시 수도원을 방문하여 마하시 사야도의 기념관과 마하시 사야도의
법문을 새겨놓은 석石경과 기록물들을 살펴보고 마하시 사야도의 설
법에 대하여 듣고 이야기할 수 있는 기회가 있었다. 저녁에는 양곤의
칸도지 호수가에서 지는 해와 미얀마인의 미소를 바라보며 평안한 마
음의 상태를 경험하였다.

인생에서 행복이란, 시간과 공간 안에서 일어나는 우주와 인간 삶을
관통하는 진리로서, 모든 생명이 의지하여 살아가고 있는 우주와 세
상의 이치를 깨닫고 그 속에서 자비를 행함으로써 마음의 평화를 찾
는 것이 아니겠는가?

'이 곳으로 오라, 이 법을 보라'
우리는 좋은 음식을 먹을 때, 좋은 경치를 볼 때, 가까운 이들에게 '와
보라, 매우 좋다'라고 진정으로 권유하고 초대한다. 그와 마찬가지로
모든 맛들 중에서 법의 맛이 으뜸이다. 마하시 사야도의 '위빠사나 수
행방법론' 첫머리에 있는 말이다.

그러면 법法이란 무엇인가?
달라이라마는 법은 연기불교에서 인연생기因緣生起를 말함라고 하였다. 연기는 모

든 것이 서로 의존하여 함께 일어난다는 뜻이다. 이 우주의 어떠한 이벤트도 절대적인, 독립성을 갖는 것은 있을 수 없다는 뜻이다. 연기는 인과라고도 할 수 있다. 콩 심은 데 콩나고 팥 심은 데 팥나는 것이다. 선한 일을 하면 선한 결과가 오고 악한 일을 하면 악한 결과가 오는 것이다. 북극성에서 빛이 지구까지 오는 데 1,000년이 걸린다. 그런데 북극성에서 빛이 500년만에 지구까지 올 수는 없다. 그것은 연기의 법칙에 어긋나기 때문이다.

부처님이 노쇠해져서 여든살이 되었다. 열반을 위하여 쿠시나가르로 가시던 도중 바이샬리에 머물게 되었을 때, 아난다에게 말씀하셨다.

> '아난다야, 현재에도, 내가 입멸한 후에도 자기 자신을 등불로 삼고, 의지처로 하여 남에게 의존하지 말아라. 진리를 등불로 삼고 의지처로 하여 다른 것에 의존하지 않고 살아가는 그런 사람만이 진정한 수행자이며 가장 내 뜻에 맞는 사람이다.'

쿠시나가르에 도착한 부처님은 두 그루의 사라나무 아래서 열반에 드실 때 슬퍼하는 아난다에게 다음과 같이 말씀하셨다.

> '아난다야, 한탄하거나 슬퍼하지 말아라. 일찍부터 가르쳐 주었듯이, 사랑하는 사람이나 친한 사람과는 언젠가 헤어지지 않을 수 없다. 태어난 모든 것은 반드시 죽게 마련이다. 죽지 말았으면 하고 바라는 것은 부질없는 생각이다. 아난다야, 내가 입멸한 뒤, 가르침을 말할 스승이 이미 없으니 우리들의 스승이 없다고 생각해서는 안 된다. 내가 지금까지 말한 법法과 계율이 내 입멸 후에는 곧 너희들의 스승이다'

그리고 부처님은 최후의 유훈으로 이런 말을 제자들에게 남겼다.

　'너희들에게 작별을 고한다. 모든 것은 변천한다. 게으르지 말고 부지
　런히 힘써 정진하라.'

미얀마 양곤 국제공항을 자정을 넘어 출발하여 인천 국제공항으로 향
하는 비행기에는 좌석이 군데 군데 비어 있었다. 야간비행인 탓에 승
객들은 대부분이 기내 독서등을 끄고 불편한 자세로 잠을 청하고 있
었다. 나는 출발할 때 가지고 간 '어린왕자'와 법정스님의 인도기행
¹⁹⁹¹을 펼쳤다.

어린왕자는 10번 정도 읽은 책으로 짧은 여행일정을 생각하여 짧은
문장과 작은 부피를 감안하여 가지고 갔던 책이고, 법정스님의 인도
기행은 평소 나의 꿈인 인도여행을 법정스님이 다녀오신 인도기행 순
서인 '캘커타 ➡ 보드가야 ➡ 라즈기르 ➡ 쿠시나가르 ➡ 룸비니 ➡ 카
투만두 ➡ 날란다 ➡ 바라나시 ➡ 아그라 ➡ 델리 ➡ 산치 ➡ 아잔타 ➡
아우랑가바드 ➡ 봄베이 ➡ 마드라스 ➡ 폰티첼리' 순으로 1~2개월의
여정으로 후일에 다녀올 생각으로 꼼꼼하게 수차례 읽었던 책으로 미
얀마 여행에 동행하게 되었다. 더구나 미얀마는 뱅골만을 사이에 두
고 캘커타와 인접해 있지 않은가.

어린왕자는 고향인 혹성 B-612에서 장미꽃과 만난다. 그러나 장미꽃
은 성미가 까다롭고 버릇이 없어서 어린왕자는 철새의 이동을 이용하
여 고향인 별을 떠나 긴 여행을 하면서 첫번째 별의 왕, 두번째 별의
젠체하는 사람, 세번째 별의 실업가, 네번째 별의 술고래, 다섯번째 별

의 가로등 켜는 사람, 여섯번째 별의 커다란 책을 여러 번 쓰는 지리
학자를 만나고, 일곱번째 별로 지구에 내려와서 사막에서 여우와 뱀
을 만나게 된다. 그때 여우는

'매우 중요한 것은 눈에 보이지 않고 마음으로 보지 않으면 잘 보이지
않는다, 당신이 길들인 장미꽃에게 끝까지 책임을 져야 한다.'

는 이야기를 잊지 않게 되풀이 했다.

어린왕자는 우리들에게 말한다.

'밤이 되면 별을 쳐다봐요. 내가 사는 곳은 너무나 작기 때문에 내 별
이 어디 있는지 당신에게 보여줄 수가 없어. 당신이 내 별이 저 많은
별들 중에서 어느 하나이겠지 하고 바라보면 하늘에 있는 모든 별들
이 보고 싶어질거야. 그러면 별들은 다 당신의 친구가 될거야.

인간은 모두 제각기 별을 가지고 있어. 그러나 사람마다 다르듯이 별
을 바라보는 눈도 가지각색이야. 여행자에게는 별이 안내자야.'

눈을 돌려 창 밖의 별을 바라보았다. 여행자인 나의 안내자인 별은 어
느 별인가?
비행기가 인천공항에 도착하니 날은 밝아 있었다. 온밤을 꼬박 새워
몸은 피로하고 찌뿌둥하였으나 머리는 맑고 아침공기는 상쾌하였다.
자동출입국심사 등록이 되어 있어서 자동출입국심사대로 가서 여권
사진과 지문인식을 완료하고 입국심사대를 빠져나와 에스컬레이터
를 타고 아래층 수화물 찾는 곳으로 내려가고 있는데, 옆의 계단으로

30대 후반의 여성이 밝고 경쾌한 모습으로 내려오고 있었다. 내 옆을 지나갈 쯤에 내가 물었다.

"여행 다녀 오세요?"
"네, 터키요."
"터키여행 어떠셨나요?"
"아, 너무 좋았어요!"

그녀는 여행사 인솔자로 터키여행을 다녀오는 길이라고 하였다.
아, 터키! 조금 전까지 읽은 어린왕자에 표현되어 있는 터키가 생각이 났다.

'나는 어린왕자의 고향인 별은 작은 혹성 B-612라고 생각하는데, 그렇게 생각하는 데는 그럴 만한 이유가 있다. 이 작은 혹성은 망원경으로 오직 한 번 보았을 뿐이다. 이 사실은 1909년에 터키의 어느 천문학자에 의해서 관찰된 것이다. 이 천문학자는 국제 천문학 회의에서 자기가 발견한 별에 대해서 당당하게 증명한 일이 있었다. 그러나 그가 터키의 초라한 옷을 입고 있었기 때문에 아무도 그의 말을 믿으려 하지 않았다.
어른들이란 다 그런 것이다……
그러나 다행히 작은 혹성 B-612의 평판을 듣고는 터키의 한 독재자가 자기 국민들이 유럽식 옷을 입지 않으면 사형에 처하겠다는 법령을 만들었다. 그래서 1920년에 그 천문학자는 아주 훌륭한 옷을 입고 그 별에 대한 증명을 다시 했던 것이다. 그러자 이번에는 한 사람도 그 천문학자의 말에 반대하지 않았다.'

고구마 줄기를 당기면 고구마가 줄줄이 당겨져 나오듯이 이스탄불과 아나톨리아에 대한 이미지와 기억이 줄줄이 되살아났다.

- 영화 '오리엔트 특급 살인사건'의 무대배경이 되는 오리엔트 특급 열차의 종착지 시르케지역, 나의 의식의 깊은 바다에 희미하게 새겨져 있던 1970년대에 본 영화 '오리엔트 특급열차 살인사건' 속의 장면인 골든혼의 황금빛 석양을 배경으로 한 블루 모스크의 실루엣

- 최근에 상영한 영화 '007 스카이폴'의 오프닝 배경이 된 그랜드 바자르와 지붕 위의 오토바이 추격전, 007 시리즈인 '언리미티드'의 배경인 크즈 쿨레시처녀의 탑와 보스포러스 해협, '007 위기일발'의 예레바탄 시르니츠 지하 저수지

- 영화 '테이큰 2'의 배경이 된 이스탄불에서 웅장한 건물 쉴레이만 모스크와 그랜드 바자르, 통쾌한 전투장면을 촬영한 터키식 목욕탕 하맘

- 영화 '벤허'에서 보았던 이륜마차 경주장 히드포럼

- 영화 '스타워즈'의 촬영지 카파토키아의 으흘라라 계곡

- 요한 계시록에 기록되어 있는 기독교인의 성지 초기 일곱 교회의 흔적 이즈미르, 베르가마, 악히사르, 사르트, 알라쉐히르, 에스키히사르, 에페스

그리고 나는 2013년 7월 터키를 여행하게 되었다.
여행은 동행과 날씨와 가이드의 삼박자가 만들어 주는 레시피라고 한다. 7월의 여행기간 중 날씨는 맑았고, 터키 여행기간 내내 이렇게 맑고 좋은 날씨로 여행한 경우는 처음이라고 이스탄불의 김철호 가이드

는 이야기해 주었다. 그는 터키 여행기간 내내 그리스와 터키의 신화와 역사를 설명해 주고, 인생을 이야기해 주었으며, 광활한 터키를 버스로 여행하는 기간 중 아름다운 음악과 시를 들려주어 여행의 마디마디를 이벤트화하고 감동을 주었다.

서울에 있을 때 출판사를 경영하기도 했던 그는 3년 전 이스탄불에 와서 가이드를 하게 되었다고 한다.

호머의 '일리아드'는 '한때, 신들에 견줄 만한 영웅들의 시대가 있었다.'로 시작되고, 그 맨 마지막은 영웅들의 전쟁도 운명도 '그 모두가 신들이 인간 앞에 정해놓은 순리였다.'로 끝난다.

하늘이 터키 여행 내내 맑고 좋은 날씨로 여행길을 비춰주고 가이드의 더하지도 덜함도 없는 신화와 역사의 이야기에 2013년 7월의 나의 터키 여행은 환상의 레시피를 보여주었고 신들이 인간 앞에 정해놓은 순리처럼 나는 '이곳을 와서 보라, 매우 좋다.'라고 이야기하게 되었다.

2013년 12월 이스탄불이 그리워져서 나는 이스탄불과 아나톨리아를 여행하기 위하여 또 떠났다. 햇빛에 비치면 역사가 되고 달빛에 물들어 신화가 된 이스탄불과 아나톨리아를 또 만나기 위하여…

나는 이스탄불과 아나톨리아의 무엇이 또 그리 그리웠던가?

🕌 술탄 아흐메드 광장의 고요하고 영적인 분위기의 수피춤

🕌 그랜드 바자르에서의 차 한잔

- 에페스에서 나를 올룸^{터키에서 나의 아들이라고 친근감있게 부르는 말}이라고 반겨주던 참전용사

- 차낙칼레 해협에서 페리를 타고 가면서 만난 터키인 카야

- 카파도키아, 파묵칼레, 안탈랴, 아이발릭에서 만난 정많고 따뜻한 미소를 보내주는 터키 곳곳의 사람들이 그리웠고,

- 이스탄불과 보스포러스 해협, 황금물결 밀밭 속 일렁이는 바람을 타고 아나톨리아 평원으로 가는 길과 광활한 대지에 산재한 싱싱한 체리, 올리브, 설탕무, 살구, 옥수수, 해바라기, 그리고 토로스 산맥의 쌓인 눈, 안탈랴의 무지개… 터키의 자연이 그리웠다.

보스포러스 해협의 다리에서 '나'를 만나는 시간을 가지게 되었고, 버스로 아나톨리아 반도를 4,000km를 달리면서 만난 고대 7대 불가사의 아르테미스 신전, 초기 기독교 일곱 교회의 흔적, 오스만 제국의 보물과 유네스코 지정 세계문화유산을 답사하면서 내가 본 것은, 나의 어릴적 내 마음속에 씨뿌려져 있던 이스탄불과 아나톨리아가 자라나서 나 자신과 만나서 대화하고, 같이 걸었던 기억이다.

터키를 방문하는 외국인들은 한해 약 3,500만명에 이른다. 그중 독일인 800만명, 프랑스인 400만명, 일본인 19만명, 중국인 23만명이 매년 터키를 다녀간다. 한국인은 매년 18만명이 터키를 다녀가는데, 50대와 60대의 여성들이 마음이 맞는 친구들과 함께 여행하는 비중이 가장 많다. 이스탄불과 터키 여행 중 소녀와 같은 감성으로 어린시절의 자신과 만나 대화하고 이스탄불과 아나톨리아를 여행한 경험들을 이구동성으로 이야기하는 것을 볼 때 싱긋이 미소가 떠오른다.

인생은 삶과 깨달음,
이타행이 수레바퀴처럼 끝없이 같이 도는 것이다.

사람은 살아야 하고
더 잘 살아야 한다.
사람은 행복하게 살 줄 알아야 한다.

행복하기 위해서는 삶의 괴로움과 고통을 덜어내고
벗어나는 길을 알아야 한다.
그것이 깨달음이다.

지혜는 자기를 바로 보는 것이다.
나는 누구인가?
우리는 어디에서 와서, 어디로 가는가?
그것은 인생의 실상을 바로 아는 일이다.

사람은 누구나 자기만의 답을 찾고, 자기만의 삶을 자기답게 살아야
한다.
밀은 이삭에서 낟알이 맺히면 빵과 맥주를 만들어 배고픔을 면할 수
있지만, 장미꽃의 향기가 아무리 향기롭고 꽃이 아름다워도 우리의
양식으로는 부족한 것이다.
흐르는 강물과 차갑게 얼어 있는 얼음과 불로 가열하여 하늘로 날아
가는 수증기는 형체도 다르고 생긴 원인과 발생조건은 다르지만, 축
축하다는 그 본질적 성질실상은 같은 것이다.

이처럼 같고 또 다른 인연^{발생하는 원인과 조건에 따라 변화해가는 인연생기}에 따라 자기만의 인생의 답을 찾고 자기만의 삶을 자기답게 살아가야 하는 것이다. 인생은 인연생기에 살다가, 자연으로 돌아가는 것이다. 자연은 스스로 自^자, 그러할 然^연 '스스로 그러함'이다.

인간이 살다가 자연으로 돌아가는 실상을 바로보면 '나'는 없는 것이고 그러한 '나'에 집착하면 그것이 헛된 망상이고 없는 것에 집착하면 그것을 어리석음이라고 한다.

여행은 새로운 것을 보고 새로운 시각을 갖는 것이다. 그것은 아는 만큼 보이고 자세히 들여다 보면 모든 것은 변화한다.

작은 돌을 가져다 큰 산에 던지면 그 빛깔이 같아지는 것처럼 깨달음과 진리의 작은 씨앗을 내 마음에 뿌리면 그것은 깨달음과 진리의 빛깔이 될 것이다.

융합과 글로벌과 다문화가 화두인 시대에 아시아와 유럽의 두 대륙을 품고 있으며, 동서 문명의 교차로인 이스탄불과 아나톨리아를 여행하며 진정한 자기와의 만남은, 우리에게 많은 것을 가져다 줄 것이다.

이스탄불이 그리워지면 나는 또 떠난다.

따뜻한 사람들이 있고 보스포러스 해협이 있으며, 신과 자연과 사람이 만든 카파도키아, 클레오파트라의 이야기가 전해져 오는 목화의 성 파묵칼레, 지중해의 일출이 있는 휴양도시 안탈랴, 에게해의 아이발릭, 에페스, 그리고 나를 올룸이라 불러주던 칸가르데시가 있는 추억이 서린 곳, 서쪽으로…

터키, 자유여행을 갈 것인가?
그룹여행을 갈 것인가?

해외 여행이 자유로워지고 인터넷이나 블로그를 통하여 세계 각국으로 여행한 경험과 이야기를 많이 접하게 되면서 해외여행자들이 패키지 여행은 비싼 편이며 일정이 자유롭지 못하고 불편하다는 이야기를 많이 하며 무조건 자유여행으로 가라는 추천이 많다. 맞는 이야기다.

그러나 자유여행은 터키 관광청이나 현지 여행사에서 제공하는 정확한 현장 여행정보를 가지고 충분한 여행일정과 치밀한 여행계획을 가지고 철저한 사전조사와 여행 시 발생할 수 있는 비상대비 수단들을 구비하고 있다면 개개인이 원하는 만족도가 높은 여행을 할 수 있을 것이다.

그러나 터키는 다른 유럽국가와 달리 국토면적이 넓지만 기차는 버스에 비해 장시간이 소요되고 낡고 허름하여 기차여행이 보편화되어 있지 않고 장거리 버스가 잘 발달되어 있는데, 버스를 타기 위해서는 오토가르^{시외버스 터미널}로 가서 미리 표를 사서 출발시간까지 대기하여야 하고 버스는 가고자 하는 목적지까지 가는 도중, 중간 중간 경유지 정류장에 들러서 정차하고 출발하기를 반복한다.

건기인 여름에는 터키의 장거리 여행버스는 무더운 한낮을 피해 야간에 운행하는 버스가 많아서, 아나톨리아 고원을 버스로 여행하면서

창밖의 광활한 고원의 풍경과 콘야 지방의 끝없는 지평선, 온통 노란
해바라기밭, 황금빛 밀밭을 감상하려는 여행객에게는 야간버스 타기
가 주저되기도 한다. 이스탄불, 카파토키아, 파묵칼레, 지중해의 안탈
랴, 에페스 등은 여행 성수기에는 미리 숙소를 예약하지 않으면, 숙소
잡기에 애를 먹는 경우도 많다.

또한 터키는 영어권이 아니어서 여행 시의 언어소통과 터키 여행지의
유적들에 대한 정확한 관광과 이해를 위해서는 가이드가 필요하고 외
교부 해외여행 경보제에 따라 여행주의, 여행자제, 여행제한으로 지정
된 지역을 꼼꼼히 살펴 보아야 한다. 이러한 사정들을 고려하여 나는
7월에 이어 두번째 터키 여행인 12월에도 그룹여행으로 떠나기로 하
였다.

터키의 화폐

터키의 화폐
200 터키리라

2009년 1월 1일자로 추가 발행된 200 터키리라 지폐, 터키의 지폐는 모두 전면에 아타튀르크의 초상화가 그려져 있다.

현재 사용하고 있는 터키의 화폐 단위는 터키리라[TL] 이다. 2009년 1월 1일자로 200 터키리라 지폐가 추가 발행되어 지폐는 5, 10, 20, 50, 100, 200 터키리라의 6종류가 발행되고 있다. 앞면은 6종류 모두 아타튀르크의 초상화가 자리잡고 있다.

200 터키리라 지폐의 뒷면은 터키의 민족시인 유누스 엠레[YUNUS EMRE, 1238-1320]의 초상화와 유누스 엠레의 시문구 '사랑합시다, 사랑합시다[sevelim, sevilelim]', 유누스 엠레의 기념묘소, 시 행간에 사용된 장미문양, 평화와 친선의 상징인 비둘기 문양이 나타나 있다.

100 터키리라 지폐의 뒷면은 터키 클래식 음악의 설립자 으트리[ITRI, 1640-1712]의 초상화와 '음표

는 큐듐^북과 우드^{전통 현악기}처럼 악기다'라는 그의 말을 표현하는 음표와 큐듐과 우드의 문양이 나타나 있다.

50 터키리라 지폐의 뒷면에는 터키의 여성 소설가인 파트마 알리예^{FATMA ALIYE, 1862-1936}의 초상화와 잉크통과 깃펜, 책, 종이의 문양이 나타나 있다.

20 터키리라 지폐의 뒷면에는 터키의 건축가인 미마르 케말렛딘^{MIMAR KEMALEDDIN, 1870-1927}의 초상화와 마마르 케말렛딘의 작품 중 하나인 가지대학 건물과 수도교의 이미지 및 건축의 3대 요소를 상징하는 육면체, 구, 원통의 그림이 나타나 있다.

10 터키리라 지폐의 뒷면에는 터키에서 가장 중요한 수학교수이며 박사인 자힛 아르프^{CAHIT ARF}의 초상화와 그의 학설인 '아르프 상수'에서 얻어지는 수식의 일부분과 수학연산, 주판, 수 컴퓨터 2진법[0, 1]을 나타내는 그림이 나타나 있다.

5 터키리라 지폐의 뒷면에는 터키의 과학자이자 박사인 아이든 사이을르^{AYDIN SAYILI}의 초상화와 과학을 표시하는 태양계, 핵원자 형태, DNA 나선형 구조의 이미지가 나타나 있다.

그리고 각각의 동전에도 앞면에는 아타튀르크의 초상화가 새겨져 있고 뒷면에는 보스포러스 대교, 히타이트 문양, 야생튤립 등 터키를 상징하는 문양이 새겨져 있다.

터키는 2005년 1월 1일자로 화폐개혁을 단행하여 기존의 터키리라^{TL}에서 숫자를 6개 없앤 신터키리라^{YTL : 예텔레}를 발행하였다. 2005년의 화폐개혁으로 기존의 '1,000,000 TL'이 '1 YTL'이 되었다. 2005년 화폐개혁 이전에는 한국 화폐가치로 5,000원 정도인 케밥 1인분을 먹고나면 10,000,000 터키리라를 지불하여야 하였다. 지폐는 5종류^{100, 50, 20, 10,} ^{5 YTL}를 발행하였으나 2009년 1월 1일자로 2005년부터 사용해온 화폐단위인 'YTL'을 터키화폐의 원래 명칭인 'TL'로 부르고 200 TL의 지폐를 추가 발행하여 현재 지폐는 6종류로 발행하고 있다.

세계 각국에서 지폐 도안시 인물 초상화를 도안으로 사용하는 이유는 지폐의 위조와 변조를 방지하기 위한 목적이 크다. 인물 초상은 약간만 다르게 그려도 풍기는 인상이 완전히 달라져 보인다. 터키의 6종류 지폐 모두 앞면에는 아타튀르크의 초상화가 그려져 있다.

무스타파 케말 아타튀르크는 현재 터키인이 가장 존경하는 인물이다. 매년 그가 숨진 11월 10일 오전 9시 5분에는 전국에서 사이렌이 울리면 길가던 사람들과 차량들은 일제히 멈추고 묵념을 한다. 그의 초상화는 관공서와 학교, 시장의 상점에도 걸려 있다. 시내 공원이나 큰 거리에는 그의 동상이 세워져 있다. 터키에서 제일 큰 국제공항과 대도시의 도로는 아타튀르크로 불리고 있다. 터키 지폐의 인물 초상화가 아타튀르크로 그려져 있는 것은 터키인들에게 당연한 일일 것이다.

이스탄불이 그리워지면

흑해

보스포러스 해협

이스탄불

마르마라해

● 샤프란볼루

● 차낙칼레

● 아이발록

● 앙카라

TURKEY

에페스 ●

● 카파도키아

에게해

● 파묵칼레

● 콘야

● 안탈랴

지중해

보스포러스 해협이 이스탄불이다.

터키, 아시아의 서쪽 끝에서
유럽이 시작되는 곳으로 가는 여정

실크로드는 1877년 독일의 지리학자 리히터 호
펜이 그의 저서 '중국china'에서 비단길^{실크로드}이
라고 명명한 데서부터 시작되었다. 실크로드는
하나의 길이 아니라 여러 개의 길로 이루어져
있었다.

6세기 이후 비잔틴제국에서 실크로드라 불리는
동양으로 가는 통로가 열렸다. 유럽인들이 대항
해시대를 막 시작하려 했을 때 아랍인과 이슬람

인들은 이미 낙타와 대상무리를 이끌고 실크로드를 따라 아시아와 유럽을 횡단하여 동양과 서양의 물자를 교류하였다. 중앙아시아의 실크로드를 따라 유목생활을 하며 아랍인이 여행하였고 이슬람인이 교역하였다.

칭기즈 칸의 후예들은 팍스 몽골리카나의 꿈을 꾸며 그 길을 더욱 단단하게 다져 놓았다. 실크로드를 통하여 비단과 제지술, 화약과 나침반 등 인류 문명이 교류되고 불교와 기독교, 이슬람교와 조로아스터교 등 인류의 정신문명이 이 길을 통해 전해졌다. 실크로드는 동양과 서양의 물자의 교역로였으며 종교와 사상과 예술이 오갔던 문명의 교차로였다. 실크로드는 지방영주들의 주 수입원으로 그들의 영토를 확장하는 데 유용한 길이었으며 실크로드는 사람들이 오가는 인간의 길이었다.

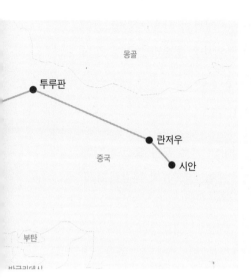

실크로드

1999년 봄부터 베르나르 올리비에는 실크로드
12,000km를 1,099일 동안 걸어서 여행하였다.

이스탄불 start ▶ 앙카라 ▶ 에르주룸
▶ 타브리즈 ▶ 테헤란 ▶ 이스파한
▶ 마슈아드 ▶ 아쉬하바드 ▶ 사마르칸트
▶ 타쉬켄트 ▶ 비쉬케크 ▶ 알마타 ▶ 카슈가르
▶ 투루판 ▶ 란저우 ▶ 시안 end

베르나르 올리비에는 마르코 폴로 이래 옛 대상들의 실크로드 여정을 따라서 실크로드 전체를 처음으로 걸어서 다녀온 사람이다.

이스탄불에서 유람선을 타고 보스포러스 해협을 둘러 보면, 골든혼의 갈라타 다리와 갈라타 탑이 시야에서 사라지자 구시가지 쪽의 톱카프 궁전과 아야 소피아 성당, 블루 모스크가 보이고 이어서 유럽해안의 돌마바흐체 궁전과 보스포러스 대교를 지나서 배가 건너편 보스포러스 해협의 아시아 해안인 위스키다르에 도착한다. 먼 옛날부터 20세기 초까지 중앙아시아로 떠나는 대상들의 집결지였던 이 지역은 번잡한 정류장으로서 언제나 오고가는 여행자들로 붐비는 곳임을 알 수 있다. 여기가 1999년 봄 베르나르 올리비에가 실크로드 12,000km를 걸어서 횡단한 출발점이다.

아시아 대륙의 서쪽 끝자락인 여기서 유럽대륙의 처음 시작인 건너편을 바라보며 실크로드를 여행하고 유럽대륙을 횡단하는 꿈을 꾸어보자!
그 꿈은 언젠가는 이루어질 것이다.

이스탄불과 아나톨리아를 여행하면 아시아의 서쪽 끝과 유럽의 동쪽 끝을 여행하게 되고, 흑해와 보스포러스 해협, 골든혼과 마르마라해, 에게해와 지중해를 여행하게 된다.

고대 7대 불가사의인 아르테미스 신전^{고대 7대 불가사의는 그 외에도 할리카르나소스의 마우솔러스 영묘, 쿠푸왕의 피라미드, 바빌론의 공중정원, 올림피아의 제우스 신상, 로도스 항구의 크로이소스 거상, 알렉산드리아의 파로스 등대가 있다}과 현대 7대 불가사의로 꼽혀져왔던 이스탄불의 아야소피아 성당을 찾아가 볼 수 있다.
또한, 비잔틴제국의 종말과 오스만제국의 시작을 알리는 세계사의 현장, 클레오파트라와 안토니우스가 사랑을 속삭이던 곳, 트로이 목마를 비롯한 그리스 신화의 본고장, 고대 인류역사의 시작을 알리는 고대문명의 발상지, 사도바울의 전도여행의 무대인 성지 순례지, 한국을 피를 나눈 형제인 칸가르데쉬라고 부르는 곳, 한국인들이 '다시 가고 싶은 여행지' 1위로 꼽는 나라가 터키이다.

이제 우리 터키로 가자.
나를 찾아 떠나는 터키… 길지 않은 휴가의 힐링여행을 떠나자.
터키는 그대가 상상하고 기대한 이상의 즐거움과 행복을 그대의 품안에 안겨다 줄 것이다.

오! 이스탄불이여

2013년 12월 1일 12시 32분^{현지 시각}, 이스탄불의 아타튀르크 국제공항에 내렸다. 서울과 이스탄불은 7시간의 시차가 있으므로 서울은 현재 오후 7시 32분이다. 인천 국제공항을 출발^{카타르 항공 2013년 12월 1일 00:05분 출발,} ^{도하 경유}한지 19시간 27분만에 도착하였다. 지난 7월 이스탄불 아타튀르크 국제공항에 도착^{2013년 7월 11일 오전 9시}후, 143일만의 두번째 여행이다. 인천공항은 위도상 37도 28분 N^{경도상 126도 36분 E}이고, 터키 국토의 가장 동쪽에 위치해 있는 반은 위도상 37도 27분 N^{이스탄불은 40도 58분 N}이므로 정서쪽으로 날아온 것이다.

이스탄불은 현재 터키항공, 아시아나항공, 대한항공이 직항편을 운행하고 있는데, 비행시간은 이스탄불로 출국시 12시간 5분, 인천공항으로 입국시 10시간 10분 정도 소요된다.

이스탄불에는 아타튀르크 국제공항과 사비하 괵첸 공항 2개가 있다. 국제 항공사는 대부분 이곳 아타튀르크 국제공항에 있고 이스탄불 시내관광의 가장 큰 비중을 차지하고 있는 아야 소피아와 블루 모스크, 톱카프 궁전, 그랜드 바자르가 있는 이스탄불 구시가지까지는 동쪽으로 24Km 정도 떨어져 있다.

이스탄불 아타튀르크 공항

이스탄불 여행 시 여행경비에서 항공료와 호텔 숙박료가 가장 크게 비중을 차지하므로 여행 목적과 일정, 경비 등을 고려하여 항공편을 결정하는 것이 좋다.

이스탄불 아타튀르크 국제공항에 도착하면 국제선과 터키 국내선 항공기가 연속으로 이어서 이륙하고 착륙하는 것을 볼 수 있다. 터키의 국토면적은 80만 평방킬로미터로 남한의 8배에 달하는 광활한 국토면적을 가지고 있고, 산지가 30%, 평지가 70%를 차지하고 있어 국내 교통_{버스로 이스탄불에서 반까지 26시간, 카파토키아까지 13시간 걸린다}에도 비행기를 많이 이용하므로 터키의 국내선 이용객은 1년에 6,500만명에 달한다.

터키를 방문하는 여행객은 한해 약 3,500만명이 넘는다. 그래서 입국심사대에 도착하면 언제나 구불구불 몇겹의 긴 줄을 서서 입국심사를 기다리고 있는 모습을 볼 수 있다.

터키 입국심사대

터키에서 입국심사는 까다롭지 않고 웃는 얼굴로 빠르게 진행되는 것을 느낄 수 있다. 2013년 7월에 갔을 때는 입국심사대 앞에 이스탄불이 국제올림픽위원회[IOC]에서 2020년 올림픽 개최 후보도시로 선정되었음을 알리는 벽보가 붙어 있었다. 2020년 올림픽 개최 후보도시는 이스탄불, 도쿄, 마드리드[3곳]로 2013년 9월 7일 아르헨티나 부에노스아이레스 총회에서 도쿄가 2020년 올림픽 개최 도시로 최종 결정되었고 이제 이스탄불 아타튀르크 국제공항 입국심사대 앞에는 아무런 게시물도 붙어 있지 않다. 모든 것은 변화한다.

여기서 나가면 경사진 바닥길 아래로 가까이 입국 면세점이 보인다. 입국 면세점 옆에 위치한 은행 환전소CHANGE OFFICE에서 터키리라로 환전하고동전은 환전소 앞의 복도쪽에 있는 블루 데스크에서 바꿀 수 있다 짐을 찾고나서 세관검사를 거쳐 나오면 공항 대합실이 있다. 공항 대합실에서 윤가이드와 터키 현지 가이드 엔데룬을 만났다.

이스탄불 아타튀르크 국제공항 입국심사대

입국심사대에서 입국심사를 기다리는 모습

▲ 입국심사를 마치고 공항 내에서 처음으로 마주친 터키여성
검은머리를 비롯한 동양적 자태와 유럽적 미모가 조화를 이룬 터키
여성들은 매우 아름답다는 것을 여행 중 느낄 수 있다.

공항 대합실을 나오니 이스탄불의 날씨는 비는 오지 않았지만 하늘에는 구름이 낮고 어둡게 깔려 있었다. 날씨는 이스탄불이 4도, 카파토키아가 영하 4도로 기상예보되었으나, 토로스 산맥에는 눈보라가 몰아치고 폭설이 내리고 있었으며, 지중해인 안탈랴는 연중 10도 이하로 떨어지는 일이 없으니, 터키 각 지역에 따라 날씨는 차이가 있다. 이스탄불도 오후 4시 40분, 해가 질 무렵에는 찬바람이 불고 날씨가 차기 때문에 옷을 따뜻하게 입고 방한 외투를 걸치는 것이 필요하다. 터키 여성들도 가죽점퍼나 겨울외투를 입고 있다.

Tip. 술탄 아흐메트역 가는 법

여행객이 가장 많이 가는 술탄 아흐메트역으로 가려면, 대합실에서 공항 건물 지하로 내려가서 제톤토큰, 1개 3터키리라을 2개 구입하여제톤은 거리에 관계없이 1회 승차 시마다 1회 징수한다 메트로를 타고 제이틴브루뉴역에서 내려서 트램으로 갈아 타고 술탄 아흐메트역에 내리면 된다. 이스탄불에서 메트로나 트램, 버스 이용 시에는 교통카드옛날에는 '악빌'이라 하였다. 교통카드 사용횟수가 증가할수록 요금을 감액하여 징수하며 보증금(6터키리라)과 충전금액을 지불하고 구입하면 된다. 보증금은 돌려 받을수 있다를 사용하는 것이 경제적이다.

터키의 국토는 이스탄불의 해안지역과 아나톨리아 고원지역으로 크게 구분된다. 이번 여행의 절반 이상이 앙카라, 카파토키아와 콘야를 지나 토로스 산맥을 넘는 등 고원지대를 지나게 된다. 12월은 우기로 비가 부슬부슬 내리므로 외출 시에는 우산이 필요하고 여름에는 건기가 5개월 정도로 길고, 자외선이 강하고 햇빛이 쨍쨍 내려쪼인다. 에페스와 파묵칼레에서는 35도를 넘는 경우도 있으므로 햇빛을 가려줄 수 있는 양산이 필요하다.

대합실 건너편 도로에 주차되어 있는 대형 벤츠 버스를 탔다. 버스는 깨끗하고 쾌적했다. 터키에서는 버스에 승차하면 먼저 전 좌석에서 안전벨트를 매어야 한다. 안전벨트를 매지 않고 일어난 사고의 경우에는 보상이 어려운 경우도 있어 여행기간 내내 주의가 요망된다. 인도와 동남아 일대는 차가 좌측통행이므로 차량이 우측통행인 우리나라 사람들이 잠시 혼란을 겪는 것과 비교하여 터키의 차는 우측통행이며, 우리나라와 같이 운전석이 좌측에 위치하여 버스 여행에 혼란은 없다.

선장과 비행기 기장 등 탈 것에서 최고 책임자를 '캡틴'이라고 하는데 터키에서는 대형버스 운전자도 '캡틴'이라고 부르고 매우 자부심이 강하다. 대형버스는 고속버스 휴게소에 들릴 때마다 세차를 하고 깨끗하게 청소하므로 간혹 식사 때 먹으려고 버스에 가지고 타는 김치의 냄새에 불편해 한다. 식사 중 옆 테이블의 독일이나, 프랑스 등 유럽사람들은 식사 시 자기가 주문한 음식 고유의 향을 제일 먼저 음미한다. 그때 테이블 위에 올려놓은 김치의 냄새가 나면 식당의 웨이터를 불러 자기 음식의 향이 방해받았다고 불평하는 것이 유럽지역의 음식문화다. 여행을 할 때 그 나라의 음식을 먹는 것이 그 나라를 이해하는 가장 빠른 길이란 것을 생각하여 터키를 여행하는 동안에는 세계 3대 음식에 꼽히는 터키음식으로 여행을 즐겨보자.

이스탄불 시내로 들어오자 길 양옆의 플라타너스와 이스탄불 시내 해안가에 있는 공원의 플라타너스는 낙엽을 떨어뜨리고 겨울 나목으로 서 있다. 그 주위로 테오도시우스 3중 성벽이 허물어진 채 서 있어 비잔티움, 콘스탄티노플 그리고 이스탄불의 역사를 말없이 보여주고 있다.

비잔티움, 콘스탄티노플 그리고 이스탄불

페르시아와 고대 그리스가 마케도니아의 알렉산더 대왕에게 정복되고 알렉산더 대왕은 인류 역사상 3번째로 넓은 제국을 건설하였지만 그가 죽자, 그의 부하 장군들은 그 땅을 서로 나누어 차지해 버렸다. 고대 제국은 여러 전투에서 승리한 왕이 대제국을 건설하고 나면 또 다른 전투에서 승리한 왕이 또 다른 제국을 건설하는 역사의 흥망성쇠가 반복되었다.

로마는 이탈리아 반도의 언덕에 자리잡은 작은 마을에서 시작되었다. 옛날 누미토르왕의 동생이 왕위를 빼앗고 조카인 쌍둥이 로물루스와 레무스를 티베르 강가에 버렸다. 버려진 아이들은 시녀의 도움으로 바구니를 타고 강을 따라 흘러 내려 가다가 강끝의 무화과나무에 걸렸다. 이를 발견한 늑대가 그의 동굴에 데려가 젖을 먹여 키웠다. 로물루스와 레무스가 어른이 되어 옛날의 무화과나무 근처를 가보니 7개의 언덕이 보였다. 로물루스는 그곳에 마을을 건설하고 스스로 왕임을 선포하였는데 자신이 만든 성벽을 업신여기고 그 성벽을 마음대로 넘어온 동생 레무스를 죽이고 마을을 자신의 이름을 따서 '로마'라고 불렀다. 이 로물루스가 로마의 첫 번째 왕이다. BC 753년의 일이다.

로마제국은 영원히 지속되지 않았다. 광대한 영토를 넘어오는 침입자를 로마의 병사들이 모두 막아 낼 수는 없었다. AD 284년 로마의 황제가 된 디오클레티아누스^{AD 284-308년}는 한 사람이 통치하기에 너무 큰 제국을 둘로 나누어서 막시미아누스^{286-305년}에게 로마 제국의 서쪽지방을 통치하게 하고, 디오클레티아누스는 나머지 동쪽지방을 통치하였다. 로마에 두 명의 황제가 생긴 것이다. 로마는 서로마 제국의 수도가 되었고, 330년 콘스탄티누스 대제는 비잔티움^{고대 그리스 군사요새}을 새로운 수도로 삼고, 수도는 황제의 이름을 따서 콘스탄티노플이라 불리게 되었다.

312년에 로마의 황제가 된 콘스탄티누스^{312-337년}는 313년 밀라노칙령을 반포하여 기독교를 공인하였다. 훈족과 서고트족의 침입으로 476년 서로마 제국은 멸망하고 동로마 제국은 더 이상 '로마'라고 불리지 않고 콘스탄티노플을 수도로 하는 '비잔틴 제국'이라고 알려지게 되었다. 1453년 5월 29일 오스만 제국의 술탄 파티 메흐메드 2세가 콘스탄티노플을 정복한 후, 수도를 이곳으로 옮기자 콘스탄티노플은 이스탄불이라 불리워지게 되었다.

포구를 메우고 정원으로 가득채운
세계 3대 궁전 돌마바흐체

오스만 제국의 정복자 메흐메드 2세는 술탄에 즉위하자 삼면이 바다로 둘러싸여 있는 콘스탄티노플 정복^{콘스탄티노플은 테오도시우스의 성벽이 3중으로 둘러}콘스탄티노플은 테오도시우스의 성벽이 3중으로 둘러져있고 골든혼 바다에는 거대한 쇠사슬 방어벽이 쳐져 있어 1123년간 그 명맥을 이어왔다 을 위하여 남쪽 벽에 있던 전함들에 기름칠을 하고 수백가닥의 밧줄을 매게 하여 이곳에서 67척의 전함을 언덕으로 끌어올려 갈라타 언덕을 지나 골든혼으로 옮기는 기습작전으로 1453년 5월 29일 콘스탄티노플을 함락시킨 후, 1453년 6월 1일 아야 소피아 성당에서 처음으로 이슬람식 금요예배를 하고 이슬람의 모스크로 바꾸었으며 수도를 이스탄불로 옮겼다. 이로써 1123년간 콘스탄티노플에서 존재하던 비잔틴 제국은 막을 내리고 오스만 제국의 역사가 시작되었다.

보스포러스 해협의 해안가에서 마르마라해의 입구를 바라보고 언덕 너머의 골든혼과 접해 있는 돌마바흐체 궁전 자리는 비잔틴 제국 시대에는 작은 포구였다.

돌마바흐체궁전의 문

오스만 제국 전함의 콘스탄티노플
공격을 방어하기 위하여 골든혼 바다
입구와 그 안쪽 바다에 설치했던 쇠사슬
방어벽(이스탄불군사박물관에 전시되어 있다)

> 골든혼에 설치했던 쇠사슬

지금 돌마바흐체 궁전이 세워진 자리인 해안에서 전함을 60m 높이의 언덕으로
끌어 올려 갈라타 언덕을 지나 골든혼으로 옮기는 상상을 넘어서는 전략으로
콘스탄티노플을 정복한 술탄 메흐메드 2세가 승리를 상징하는 백마를
타고 해안에서 이를 지휘하는 모습을 그린
그림(돌마바흐체 궁전 2층에 전시되어 있다).

> 백마를 타고 지휘하는
> 술탄 메흐메드 2세

전함 저멀리 현재 이스탄불 구시가지 해안
지역의 성벽이 희미하게 보인다.

> 돌마바흐체 자미 &
> 베쉭타쉬 JK의
> 이노뉘 스타디움

보스포러스 해협에서 보는
돌마바흐체 사미(모스크).
뒤에 베쉭타쉬 JK의 이노뉘
스타디움이 보인다.

비잔틴 제국을 지키려는 마지막 황제 콘스탄티누스 11세와 콘스탄티
노플을 정복하려는 오스만 제국의 술탄 메흐메드 2세의 골든혼 바다
에서의 결전과 그 흥망성쇠의 마지막까지를 지켜본 쇠사슬이 우리에
게 많은 이야기를 들려주고 있다.

돌마바흐체 궁전 앞 시계탑 옆에 위치한 돌마바흐체 자미는 보스포러
스 해안에서 바라보는 모습이 특히 아름답다. 술탄 압둘 메지드의 어
머니 베즈미 알렘이 1853년 돌마바흐체 궁전을 건축한 니코스 발리
얀을 시켜서 건축한 것으로 미나레^탑는 그리스
건축양식인 코린토스 양식이다.

돌마바흐체 자미는 가까이서
보면 매우 정교하고 아름답게
지어졌다.

돌마바흐체 자미

이스탄불이 그리워지면

돌마바흐체 자미 뒤편에 터키 축구 3대 명문 클럽 중 하나인 베쉭타
쉬의 홈구장인 이노뉘 스타디움이 살짝 보인다.

터키 국민들은 축구에 미친다는 말이 있을 정도로 광적으로 축구를
사랑한다. 모든 대화와 관심이 축구로 시작되며, 축구가 일상생활화
되어 있다. 터키를 여행하면 축구에 얽힌 전설적인 이야기들을 재미
있게 들을 수 있다. 2002년 한 · 일 월드컵 한국과 터키의 3 · 4위전
경기 시작 전, 관중석에서 대형 터키 국기가 펼쳐지는 장면이 전세계
에 TV로 생중계되고 이 경기에서 터키가 승리하자, 국기를 사랑하고
축구를 사랑하는 터키 국민들이 한국에 대해서 열광하였고 지중해의
휴양도시인 안탈랴에서는 한국인 여권을 보여주면 6개월간 음식값을
반만 받았다든가, 대통령 이름은 몰라도 축구협회 회장 이름은 알고
있고, 응원하는 프로축구팀이 다른 부부가 남편은 바꿔도 응원하는
축구팀은 바꿀 수 없다고 인터뷰 하는 모습 등은 흥미로운 광경이다.

프로 축구팀들은 지역을 연고로 하고 있다. 우리에게 잘 알려져 있는
이을룡은 터키의 흑해 동부지역인 트라브존을 연고로 하는 트라브존
스포르팀에서 활약하였다. 프로축구팀에서 빅3는 이스탄불을 연고로
하는 베식타쉬, 페네르바체, 갈라타사라이다. 1903년에 설립된 베쉭
타쉬는 터키에서 가장 오래된 클럽 팀으로 터키 국기의 달과 별을 사
용할 수 있는 유일한 팀이다. 베쉭타쉬 팬들의 열정적인 응원은 터키
에서도 알아준다. 이스탄불 유럽지역 카바타쉬를 연고로 하며 이뇌뉘
스티디움이 홈 스타디움이다. 1907년에 설립된 페네르바흐체는 이스
탄불 아시아지역 카드쾨이를 연고로 하며 쉬크리 사라치오울 스타디

움이 홈 스타디움이다. 1906년에 설립된 갈라타사라이의 모체는 갈라
타사라이 고등학교의 축구팀으로 이스탄불 이키테리를 연고로 하며
아타튀르크 올림픽 스타디움이 홈 스타디움이다.

돌마바흐체 궁전은 베르사이유 궁전을 모방하여 대리석으로 지은 유
럽풍의 건축물이다. 흰대리석으로 지어진 해안쪽 건물 정면은 248m
이며 정문에서 정원을 지나 셀람릭^{중앙 큰홀의 남쪽, 술탄의 국사 집행용}과 하렘^{북쪽}
^{의 여자들의 사적 생활공간}을 지나 부속건물을 포함하여 해안을 따라 600m에
걸쳐 길게 뻗어 있으며 해안가에 지어서 지반 침하를 고려하여 궁전
내부의 기둥은 나무에 대리석을 입혀서 세웠으며, 바닥은 목재를 사
용하여 손으로 정교하게 짜맞추어 만들어져
있다.

보스포러스해협에서
돌마바흐체 자미, 시계탑,
돌마바흐체 궁전의 전체를
한눈에 볼 수 있다. ▼

**돌마바흐체 궁전
가는 길**

트램을 타고 종점 카바타쉬역에
내려서 돌마바흐체 궁전방향으로
걸어오면 오른쪽으로 돌마바흐체
도로교통 안내표지판이 보인다.
도로교통 안내표지판 옆쪽이
돌마바흐체 궁전 주차장이다.

**돌마바흐체
궁전 앞 시계탑**

돌마바흐체 궁전 앞 시계탑은
배낭여행객들의 만남의 장소로
이용되고 있으며 시계탑 옆 해안가에
조그만 카페가 있어 보스포러스 해협을
바라보며 차 한 잔 할 수 있다. 시계탑은
1854년 아르메니아 출신 건축가
니코스 발리얀이 만든 것으로 27m
높이에 4층 규모이다. 시계탑의 4층 각
면에는 프랑스산 시계가 설치되어 있고
시계판은 아랍어 숫자로 장식되어 있다.
사진에서 오스만 제국의 왕실문장이
새겨져 있는 것이 보인다.

돌마바흐체 궁전 시계는 9시 5분에 멈춰 있다.

돌마바흐체 궁전 정문

돌마바흐체 궁전 정문에 새겨져
있는 오스만 제국 술탄 문장

오스만 제국 술탄 문장

매표소 오픈시간

★ 관람시간 : 11월부터 3월까지(겨울) 08:30 ~ 16:30, 4월부터 10월까지(여름) 08:30 ~ 16:00

★ 매 표 소 : 1일 관람인원(1,500명)이 초과할 때와 관람객이 붐빌 때는 일찍 문을 닫을 수도 있다.

★ 휴 관 일 : 매주 월요일, 목요일(※ 임시 휴관 : 국빈 방문 시)

★ 궁전 매표소 전화 : ☎ (90) 212 327 26 26

입장료

셀람륵SELAMLIK과 하렘HALEM을 포함하여 40TL, 국제학생증이 있으면 5TL이다시계박물관 입장 시 별도로 입장료를 내야 한다

구입한 티켓의 입장시간을 확인하여야 한다. 입장할 때는 궁전 입구에 마련되어 있는 비닐 덧신을 신고 반드시 가이드 안내영어, 터키어로 구분하여 입장시간이 입구에 표시 되어 있다에 따라 입장하여야 하고 개별 입장할 수 없으며 내부 관람 시 손을 대거나 카메라 촬영은 할 수 없다.

돌마바흐체 궁전 중문

돌마바흐체 궁전의 정문을 지나면 오스만 제국 왕실의 상징색인 주황색으로 칠해진 중문이 나오고 이 문을 들어서면 돌마바흐체 궁전 앞에 위치한 정원분수대와 계절에 따라 노란 장미, 빨간 장미, 튤립과 연꽃 등이 활짝 피어 있는 연못을 볼 수 있다. 정원분수대는 돌마바흐체 궁전이 유럽풍의 건축이라는 것을 짐작하게 한다. 돌마바흐체 궁전은 오스만 제국 건축방식에서는 볼 수 없었던 탁트인 아름다운 정원 조경이 보스포러스 해협의 검푸른 물결과 시원스럽게 조화를 이루고 있다.

노란 장미가 햇빛을
받아 눈부시게 피어 있다.

돌마바흐체 궁전
본관 앞 분수대

돌마바흐체 궁전 정원에 피어 있는 연꽃

돌마바흐체 궁전에서 저 멀리 톱카프 궁전과 아야 소피아 성당, 블루 모스크가 바라다보인다.

돌마바흐체 궁전 국빈 연회에 참석하는 외국의 정상들이 보스포러스 해협을 건너 오른쪽 문으로 들어오면 햇빛에 반짝이는 보스포러스 해협의 금빛 물결과 이스탄불 아시아 지역을 한눈에 볼 수 있다.

돌마바흐체란 터키어로 가득찬^{돌마} 정원^{바흐체}이란 뜻이다. 1453년 당시에는 오스만의 해군 사령부가 이 근처에 있었으며 포구를 흙으로 메우고 정원으로 가득 채운 돌마바흐체 궁전은 베르사이유 궁전, 자금성과 더불어 세계 3대 궁전이라고 불리워지고 있다. 현재도 터키의 국빈 방문 시 영빈관으로 사용되고 있는 돌마바흐체 궁전은 술탄 압둘메지드 1세 때 지어졌으며^{1843년부터 1856년까지} 건물이 완성되자 술탄 압둘메지드 1세는 톱카프 궁전에서 이곳으로 이사했다. 건축비용은 당시 50만 금화^{현재 5억 달러}로써 천장과 벽 등 내부 장식에 순금 14톤, 은 40톤을 사용하여 내부의 천장과 벽은 황금빛을 띠고 있고 의자와 소파 등 받이는 금으로 장식되어 있다.

15세기부터 17세기의 찬란했던 오스만 제국이 18세기부터 기울어가자 오스만 제국의 건재함을 과시하기 위하여 돌마바흐체 궁전을 건축하

정원에 있는 사자상

돌마바흐체 궁전 내부관람을
위하여 입구에서 기다리는 모습 ▼

였으나 막대한 건축비 지출로 오스만 제국의 재정은 더 어려워졌고 그 결과 오스만 제국의 침몰은 앞당겨지게 되었다. 그러나 현재 터키의 후손들에게 돌마바흐체 궁전은 연간 몇백만 달러에 이르는 관광수입원이 되고 있으니 이것은 '역사의 새옹지마'라고 표현해야 할 것이다.

터키의 유적지와 박물관은 문화부에서 관리하는 것이 원칙이지만 돌마바흐체 궁전은 국회에서 관리하고 있어 ^{안내와 설명을 전담하는 가이드를 돌마바흐체 궁전에서 제공하고 있다} 터키 국민들이 돌마바흐체 궁전을 얼마나 소중하게 생각하는지 알 수 있다.

내부는 프랑스인 새상^{파리오페라 설계자}이 설계하였으며 바닥에는 터키 최고의 헤레케 카페트가 깔려 있고 실내는 보헤미아 크리스털로 장식되어 있다. 19세기 중반의 쇠락해져가는 오스만 제국이었지만 돌마바흐체 궁전 건축이 완성되자 그당시 세계 각국에서 선물을 보내왔다.

보내온 선물들은 중국의 푸른 도자기 한 쌍, 인도의 상아 향로 한 쌍, 러시아의 회색 곰가죽 한 쌍, 이탈리아의 통나무로 된 탁자, 이란에서 선물한 시계, 일본의 학과 잉어를 탄 신선을 그린 자기병풍^{이슬람의 우상 숭배를 금지하는 전통에 따라 신선의 얼굴을 형체를 알 수 없도록 긁어낸 채로 전시되어 있어 관람하면 그당시 일본의 외교적 무지에 대하여 웬지 웃음이 난다}들이 전시되어 있다.

술탄이 대사들을 접견하던 2층의 방^{술탄만 사용하는 자색과 황금으로 장식}으로까지 전시되어 있고^{선물은 대개 한 쌍으로 되어 있어 건물의 좌우에 대칭되게 배치하였고, 한 개의 경우에는 중앙에 배치되어 있다} 술탄의 벽난로는 큰 자수정으로 장식되어 있어 이 궁전의 아름다움과 화려함을 더해준다. 궁전에는 285개의 방과 43개의 살롱과 6개의 목욕탕이 있다. 가장 크고 높은 대살롱 천장에는 영국 엘리자베스 여왕이 선물한 4.5톤짜리^{촛불 750개가 꽂힌다} 세계 최대의 샹들리에가 걸려 있다. 이곳은 지금도 터키 국빈 방문 시 연회를 개최하는 곳이다.

오스만 제국 마지막 술탄 메메드 6세¹⁹¹⁸⁻¹⁹²²는 1922년 강제로 폐위되고 터키에 영원히 돌아오지 않는다는 약속과 함께 1922년 11월 말 가족들을 데리고 터키에서 쫓겨나 영국전함을 타고 말타로 도피하였고 4년 후 이탈리아에서 생을 마감하였다.

돌마바흐체 궁전은 1923년 터키공화국이 들어서자 아타튀르크 터키 초대 대통령의 숙소로 사용되었다. 아타튀르크는 이스탄불에 올 때마다 이곳을 숙소로 사용하였으며 1938년 11월 10일 9시 5분 이곳에서 생을 마감하였다. 이후 돌마바흐체 궁전의 모든 시계는 그가 사망한 9시 5분에 멈춰져 있다. 아타튀르크가 평소 사용하였던 침대는 이곳 2층에 빨간색 터키 국기 형상의 이불보로 덮여져 있다.

돌마바흐체 궁전 후문 전경

해안쪽에서 바라본 돌마바흐체 궁전, 바로크 양식의 화려함을 볼 수 있다.　돌마바흐체 궁전　돌마바흐체 궁전 본관과 정원

이곳을 방문하면 이곳 해안에서 전함을 60m 높이의 언덕으로 끌어 올려 갈라타 언덕을 지나 골든혼으로 옮기는 상상을 넘어서는 전략으로 콘스탄티노플을 정복하고 이스탄불로 수도를 옮긴, 터키국민들이 영웅 중의 영웅으로 생각하는 세기의 정복자 메흐메드 2세의 전략을 상상해 볼 수 있고, 침몰해가는 오스만 제국과 제1차 세계대전의 패전으로 상심한 터키국민들에게 영토회복 전쟁에서 승리하여 국민들에게 희망을 주고 정치와 종교를 분리하는 세속주의와 국가발전을 위한 서구화의 길을 선택하여 새로운 터키공화국을 세운 터키의 영웅 무스타파 케말 아타튀르크의 민족과 역사의 앞날을 향한 고민의 흔적을 만날 수 있다.

한국은 사회 갈등수준이 2010년 기준으로 OECD 27개국 중 2번째로 심각하며 이로 인한 경제적 손실이 연간 최대 246조원에 이르고 있다. 한국은 지역갈등, 노사갈등, 세대갈등과 공공정책 목표 간 갈등으로 2009년 OECD 27개국 중 4번째로 사회갈등 수준이 심각하다고 발표되었는데 날이 갈수록 그 수준은 점점 더 심각해져가고 있다. 현재 OECD에서 사회적 갈등이 가장 심각한 나라[1위]는 터키이다. 터키의 사회적 갈등은 이슬람주의와 세속주의의 대결로 인한 종교분쟁이 그 원인이다. 엄격한 이슬람 율법에 따라 현실정치를 이끌어야 한다는 쪽이 이슬람주의 세력이다. 반대로 세속주의는 종교가 정치에 개입해서는 안 된다고 주장한다. 터키 군부는 세속주의를 대표한다.

콘스탄티노플 함락에 따른 비잔틴 제국의 최후와 쇠락해가는 오스만 제국의 몸부림과 그리고 침몰, 그리고 터키공화국이 헌법에 국교를 정하지 않고 종교적 자유를 보장하여 터키국민 98%가 이슬람교 수도를 앙카라로 옮겼으나, 현재의 종교분쟁으로 인한 사회적 갈등현상까지 보면 역사의 흥망성쇠가 하나의 파노라마처럼 눈앞에 이어져 보일 것이다. 그 역사의 주역들과 시공을 뛰어넘는 대화를 가져보는 시간은 이스탄불에서만 가능한 경험이 될 것이다.

코린토스 양식은 도리아 양식과 이오니아 양식을 총합한 양식으로 기둥 끝에 아칸서스 잎을 새겨 넣어 화려하게 장식하는 특징이 있다. 소아시아의 이오니아 지방에서 유행한 이오니아 방식과 도리아 양식이 아닌 코린토스 양식의 기둥을 사용한 것은 돌마바흐체 궁전의 화려함을 표현하고 서유럽을 지향한 것으로 볼 수 있다.

돌마바흐체 궁전의 기둥은 코린토스 양식이 약간 변형된 모습이다.

터키는 지금 몇 시인가?

터키공화국이 수립된 1923년 초대 대통령으로 1938년 11월 10일 오전 9시 5분 보스포러스 해협이 내려다 보이는 돌마바흐체 궁전 2층 집무실에서 사망한 아타튀르크는 터키를 이해하는 핵심 키워드라고 할 수 있다.

아타튀르크! 그는 누구인가?

무스타파 케말 아타튀르크가 마지막으로 남긴 말은
'지금 몇 시인가?'였다.
현재 터키공화국은 몇 시인가?

지금의 이스탄불로 수도를 옮긴 술탄 메흐메드 2세는 이슬람세계에서 가장 강력한 술탄의 자리에 올라 그 통치권이 유럽, 중동 및 아프리카에까지 미치게 되었다. 셀림1세는 이집트와 아라비아 반도를 정복하여 술탄이라는 이름에다 이슬람 최고 지도자라는 칼리프^{계승자라는 뜻} 칭호를 더하여, 오스만 제국은 이슬람권의 종주국으로 자리잡게 되었다. 오스만 제국의 최고 절정기는 화려한 황제라고 일컬어지는 카누니 술탄 쉴레이만 때였다. 이 시기 오스만 제국은 중동지역 전체, 동유럽과 러시아 남부, 모로코를 제외한 북아프리카 전체를 통합하여 흑해를 내해로 하고 지중해와 에게해를 장악하여 거대한 제국을 이룩하는 번성기를 이룩하였다.

17세기 이후 술탄의 형제 계승으로 인한 왕실 내부 통치권 다툼과, 예니체리 _{술탄의 직속 근위대로서 오스만 제국의 최정예 부대} 의 반란, 오스만 제국 내 소수 민족들의 반란으로 19세기에 이르러 오스만 제국의 경제는 황폐해져 마침내 '유럽의 병자'라는 지탄을 받기에 이르렀으며, 제1차 세계 대전에서 독일의 편에 섬으로써 오스만 제국은 멸망의 길에 들어서게 되었다.

오스만 제국이 제1차 세계대전에서 패전한 후 무스타파 케말 장군은 터키의 민족주의를 내세우며 영국을 비롯한 연합군을 상대로 갤리볼루 전투를 비롯한 영토회복 전쟁에서 승리하고, 그리스와 전쟁을 벌여 영토를 회복하여 마침내 독립전쟁을 승리로 마무리짓고 1923년 터키공화국을 수립하였다. 그래서 터키 국민들은 그를 '아타튀르크'라 부른다. 아타튀르크는 터키인의 아버지, 즉 '국부'라는 뜻이다. 그의 원래 이름은 무스타파 케말이었다. 터키인들은 아랍인들의 관습대로 성을 사용하지 않았으나, 1934년 국회에서 통과된 '성 사용법'에 따라 성을 사용하게 되었으며, 이때 국회가 무스타파 케말에게 국부라는 의미의 '아타튀르크'를 그의 성으로 증정하였다.

그는 터키공화국이 창건된 1923년부터 1938년까지 15년간 초대 대통령으로 있으면서 엄청난 개혁을 단행했다.

개혁의 목표는 정체된 이슬람 전통을 탈피하여, 정치와 종교를 분리하는 세속주의를 근간으로 서구화된 나라로 만드는 것이었다.

> 🔍 이슬람 최고의 지도자를 나타내는 칼리프 제도의 폐지, 이슬람력 대신 양력 도입, 여성 참정권 부여, 모든 국민의 성 사용법 도입, 공휴일을 금요일에서 일요일로 변경 등 많은 개혁을 하였으며, 수도를 이스탄불에서 앙카라로 이전하였다.

> 🚗 국민들을 위해 문자 도입 : 터키사람들이 말은 있되 글이 없어 아랍문자를 사용하였으나, 1928년 라틴문자를 기초로 터키문자를 만들어 공포하여 자신들의 문자를 갖게 되었다.

돌마바흐체 궁전의 모든 시계는 그가 사망한 9시 5분에 멈춰있고, 터키 국민들은 매년 11월 10일 오전 9시 5분에 전국적으로 사이렌이 울리면 움직이던 모든 차량과 사람들이 멈추고 아타튀르크를 기리는 묵념을 한다.

아타튀르크 영묘가 앙카라 말테페 높은 지대에 세워져 있고, 모든 터키 지폐에는 그의 초상화가 그려져 있으며, 사람이 많이 모이는 공원에는 그의 동상이 세워져 있고 모든 관공서와 학교, 동네 가게에도 그의 초상화가 걸려 있다.

터키는 8천만명의 인구 중 생산가능인구인 15-64세 인구가 총인구의 68%인 54백만명이며, 평균 연령이 30.1세로 최근 몇 년간 역동적인 경제성장을 이루어왔다.

OECD와 G20 회원국으로, EU^{유럽연합} 회원국의 가입을 추진하고 있는 터키는 지정학적으로 매우 중요한 역할을 하고 있다. 터키는 현재뿐 아니라 미래에도 지역안보와 국제안보 이해관계의 고리이다. 터키는 특히 유럽 안보에 핵심적인 위치에 있으며, 유럽은 지중해 동부와 에게해, 발칸반도, 카스피해, 코카서스 남부, 중앙아시아와 중동 등과 역사적으로 관계가 깊고 21세기 유럽의 안보는 상당부분 터키를 포함한 유럽 남동부 지역에 의해 결정될 것이다. 터키의 민주주의는 권위주의를 무너뜨리고 새로운 정치질서를 구축해 나가는 주변 아랍국가들에게 방향을 제시해 주면서 오랜 옛날부터 동서양을 이어온 가교역할에서 더 나아가 선진국과 개도국을 잇는 전략적 역할을 다하고 있다.

2011년 타임지는 터키 에르도안 총리를 표지인물로 선정하고 '에르도안의 길'이라는 제목으로 그가 터키 경제규모를 3배로 늘리고 군의 권한을 제한하는 동시에 계속되어온 서구화를 추진하고 있으며, 터키는 이슬람 종교에서 멀어지지 않고도 현대화가 가능함을 보였다고 보도하였다. 1923년부터 출간된 타임지에 아타튀르크는 2번의 표지 모델이 되었으며 에르도안 총리는 9번째 표지 모델이 된 터키인이 되었다. 2013년 이스탄불 탁심광장과 앙카라에서 시위가 있었으나, 현 터키공화국의 모토인 '가정에서 평화, 세계에서 평화'는 지켜질 것이며, 앙카라에 있는 아타튀르크 영묘에 새겨진 글귀처럼 '권력은 조건 없이 제한 없이 인민의 것이다.'

터키는 건국 100주년이 되는 2023년까지 '세계 경제 10위권 진입, 1인당 GDP 2만5천불 달성, 세계 10대 항구 중 1개 이상 보유, 수출규모 5천억불 달성'을 위하여 역동적으로 나아가고 있다.

터키는 어디로 가는가? 터키는 지금 몇 시인가? 아타튀르크는 터키국민들의 마음속에서 늘 묻고 있다.

▲ 돌마바흐체 궁전 해안에서
바라보는 보스포러스 제1대교

돌마바흐체 궁전 매표소 앞 노천카페에서 보스포러스 해협을
바라보며 마시는 한 잔의 차이는 여행의 또 다른 즐거움이다. ▼

터키 문자를 보면서 느끼는 우리말의 소중함

한글은 우리말이다. 우리말이 소중한 이유는 ❶ 민족정신의 확립과 ❷ 민족문화의 발전 ❸ 사회의 정화 ❹ 국어의 개량 및 언어생활의 개선을 위하여 필요하다. 지금은 우리말이 위기에 처해 있다고 한다. 학생들, 가정에서, 학교에서, 직장에서 사회 각계각층에서 언어폭력과 외래어의 홍수 속에 우리말은 제대로 찾아 볼 수도 없는 것이 현실이다.

한 민족의 언어는 그 민족의 정서와 얼을 담고 있다. 민족마다 그 정신적 특성이 다르므로 각 민족의 언어는 서로 차이가 있다. 우리말은 우리 민족의 정서와 정신을 고스란히 담고 있으므로 후손에게 물려줄 값진 유산이다.

훈민정음은 만든 사람과 만든 때가 정확하게 기록되어 있는 문자이다. 만든 이유가 확실하며 문자를 자유자재로 활용할 수 있는 과학적인 문자이다. 훈민정음이 창제됨에 따라 우리가 오늘날까지 우리만의 독창적인 문화를 가지고 번영할 수 있는 기틀이 마련되었으며, 일제강점하에서 우리글을 지키기 위하여 목숨을 바친 국어학자들이 얼마나 많았던가!

1930년대 우리나라에 문맹률이 88%였지만, 지금 우리나라는 문맹률이 제로이다. 한글이 편하고 익히기 쉬운 글자이기 때문이다. 지금 세계 인구 70억명 중 문맹률이 11%이다. 즉, 7억 7천 4백만명이 문맹인 것이다. 지식정보사회에서 우리말 한글은 경제적이고 정보화에 딱 맞는 글자이다. 중국인들은 영어 자판을 두드리고 그에 맞는 중국어를 선택하여 인터넷으로 전달하기 때문에 그 전달이 정확하지 않을 뿐 아니라 1번 전환하고, 선택하는 과정이 있기 때문에 경제적이지 못하며 그만큼 빠르게 그 의미를 전달하지 못한다.

오스만 제국의 후예 터키는 1453년 이스탄불을 정복하여 콘스탄티노플을 정복하고 세계 제국을 세웠으나 여전히 문자는 아랍어를 사용하였다. 터키의 국부 아타튀르크가 터키공화국을 수립하고 1928년 비로소 로마자를 기준으로 그들의 소리에 맞는 글자를 만들어 사용하고 있다.

조선조 세종시대에 만들어진 과학적이고 독창적이며 쓰기에 편한 우리 고유의 글자 한글은 이미 전세계 유명학자들이 문자의 과학성에 놀라움을 금치 못하고 있다. '총, 균, 쇠'의 작가 제러드 다이아몬드는 진작에 한글을 알았더라면 미국과 적도 기니의 원주민을 연구한 세계적 저작물을 연구하기 전에 한글을 연구했을 것이라고 인터뷰에서 이야기하고 있다. 에릭 슈미트 구글 회장도 '한글은 세계 최고의 직관적 문자'라고 예찬하고 세계에 널리 알릴 것이라고 한다.

소중한 우리말 한글을 더욱 널리 사용하고 아끼는 길은 바르게 사용하는 것이다. 사용하는 언어가 사고방식을 결정하기 때문이다. 우리말 한글의 소중함을 제대로 알고, 바르게 익혀서 더욱 가꾸어 세계인의 글자가 되도록 하여야 겠다.

밖에 나오면 애국자가 되는가. 밖에서 보면 안이 잘 보여서 그런가. 여행 중 느낀 점을 적어 본다.

이스탄불의 다리

아시아의 서쪽 끝 지점과 유럽의 시작점이 만나는 이스탄불은 북쪽의
흑해가 보스포러스 해협을 통해서 남쪽의 마르마라해와 이어져 있고,
보스포러스 해협의 동쪽은 아시아 지역, 서쪽은 유럽지역이다. 유럽지
역은 골든혼을 중심으로 구이스탄불과 신이스탄불로 나뉘어져 있다.

터키공화국 수립 50주년을 기념하여 1973년에 완공된 보스포러스
제1 대교보아지치 대교는 유럽쪽의 오르타쾨이와 아시아쪽의 베일레르베
이 궁전을 이어주고 있으며, 다리가 개통되면서 아시아와 유럽이 처
음으로 걸어서 건너고 자동차로 건
널 수 있게 되었다.
1979년까지 사람들이 이 다리를 걸
어서 건너 다녔으나통과세 1터키리라 실의

정면의 보스포러스 해협 위로 보스포러스 제1 대교(보아지치
대교, 일명 아타튀르크 대교)가 보이고 그 오른쪽이
이스탄불 아시아지역, 왼쪽이 이스탄불 유럽지역이다.
사진의 왼쪽 바다는 골든혼, 오른쪽 바다는 마르마라해이다.
마르마라해 입구에 크즈 쿨레시(처녀의 탑)가 보인다.
아래편에 보이는 것이 테오도시우스 해안 성벽이다. 그
앞으로 흑해와 마르마라해를 오가는 화물선과 이스탄불
지역의 주요 교통수단인 페리 여객선이 보인다. ▼

에 빠진 사람들이 다리 난간 위로 기어 올라가서 보스포러스 해협에 몸을 던져 자살하는 사람들이 급증하자 이스탄불시는 이 다리에 있는 인도를 폐지하고 차량만 통과하도록 하였으나 사실, 터키 현대화의 상징인 이 다리를 쿠르드족이 폭파할까 우려했던 점이 내심의 이유일 것이다. 여기서 우리는 터키의 고민의 일면을 짐작할 수 있다. 현재는 이 다리를 걸어서 건널 수 없고 차량도 다리 중간에서 정차할 수 없다. 이 다리 유럽쪽 아래에 스테인드글라스가 유명한 오르타쾨이 자미가 있다.

보스포러스 제2 대교파티 술탄 메흐메드 대교가 1988년 건설되어 유럽지역과 아시아지역을 연결하고 있으며, 오스만 제국의 이스탄불 정복 560주년 기념일인 2013년 5월 29일 흑해와 인접한 유럽지역의 사르예즈 가립체와 아시아지역의 베이코즈 포이라즈쾨이를 연결하는 보스포러스 제3 대교 건설을 착공했다. 우리나라 현대건설과 SK건설이 6억 9,700만 달러에 공동 수주한 제3 대교가 2015년 말 완공되면 왕복 8차로와 전철 2개 선로가 놓이며 폭 59m 길이 1,275m로 세계에서 폭이 제일 넓은 현수교가

멀리 정복자 메흐메드 2세가 1452년 보스포러스 해협을 군사적으로 장악하고 콘스탄티노플 공격을 위하여 4개월만에 세운 루멜리 히사르 성탑이 보이고 그 뒤에 검푸른 보스포러스 해협 위로 보스포러스 제2 대교(파티 술탄 메흐메드 대교)가 보인다. 왼쪽은 이스탄불의 대표적인 부촌 베벡이다. 근사한 테라스를 가진 레스토랑과 해안가에는 값비싼 요트들이 즐비하다. 오스만 제국 시대부터 고관들의 고급주택이 많았다. ▼

될 것이다. 제3 대교는 오스만 제국의 9대 술탄인 셀림1세의 이름을 따서 '셀림1세 대교'라고 불리게 될 것이다.

보스포러스 해협의 서쪽인 아시아지역은 이스탄불의 옛 실크로드의 시발점인 위스퀴다르와 카드쾨이가 들러볼 곳이며, 페리를 타고 이스탄불 컨테이너 무역항을 지나 아시아지역 서쪽 철도의 관문인 하이다르파샤역에 도착하면 이곳에서 메람 익스프레스 열차를 타고 이스탄불에서 콘야까지 갈 수 있다. 하이다르파샤역 건물은 1908년 독일황제 빌헬름 2세가 기증한 것이다.
터키의 국토는 해수면 높이의 이스탄불에서부터 동쪽의 에르주룸은 해발 2,000m가 넘어 마치 층계와 같이 이루어져 있고 땅이 넓고 지진이 자주 일어나서 철도는 그리 발달한 편이 못되고 지방으로 내려가면 거의 대부분이 단선으로 되어 있다. 대신에 쾌적한 장거리 대형버스들이 온나라를 누비고 있어 버스 여행을 선호하는 편이다.

이스탄불의 다리

구이스탄불과 신이스탄불을
이어주는 갈라타 다리

　　　　　　보스포러스 해협의 동쪽은 유럽지역으로,
골든혼을 중심으로 톱카프 궁전, 아야 소피아 성당, 블루 모스크, 그랜
드바자르 등 옛 문화유적들이 모여 있는 곳을 구이스탄불이라고 하며
비잔티움과 콘스탄티노플로 불리우던 옛지역은 콘스탄티노플 성안을
말한다. 골든혼을 가로지르는 갈라타 다리를 건너 예니자미 뒤의 갈
라타 탑이 있는 골든혼의 북쪽 언덕을 베이오울루, 신이스탄불이라고
하며 이 지역을 옛날에는 페라지구, 갈라타 언덕이라고 하였다.

오래전부터 베네치아인들과 기독교인들이 정착해서 살았던 지역이
다. 탁심 광장과 이스튀크랄 거리, 돌마바흐체 궁전이 이 지역에 자리
잡고 있다. 골든혼을 사이에 두고 구이스탄불과 신이스탄불 지역을
연결하는 다리는 갈라타 탑과 예니자미 앞에 있는 갈라타 다리, 골든
혼 안쪽의 아타튀르크 다리, 골든혼 상류의 애윱 선착장에서 가까운
할리츠 다리가 있다.

갈라타 다리는 1845년 처음으로 목재로 설치되어 골든혼을 가로질러 구이스탄불과 신이스탄불 지역을 연결하는 최초의 다리였다. 이후 2층으로 건설된 다리가 1992년 화재로 인하여 불타고 새로 건설된 현재의 다리는 2층은 인도와 차도로 구분되어 차량이 통행하고 있으며 갈라타 다리의 낚시꾼들은 이스탄불의 또 다른 볼거리가 되고 있다. 1층은 에페스 맥주와 석류쥬스, 씨푸드를 파는 식당이다.

▲ 갈라타 탑과 갈라타 다리. 오른쪽에 높이 솟아있는 탑이 갈라타 탑이다. 이스탄불에서 최고의 전망을 자랑하는 전망대 이자 랜드마크 역할을 하는 탑으로 이스탄불 시내 거의 대부분에서 보인다.

목재로 만들어진 갈라타 다리의 옛모습. 말이 모는 마차와 사람들이 분주하게 오고가는 것을 볼 수 있고 다리 아래로는 배가 다녔다. ▼

▲ 갈라타 탑 앞의
레스토랑에서
이스탄불 시민들이
야경을 즐기고 있다.

해가 골든혼의 바다로 지면 골든혼의 바다는 금빛으로 변한
다. 그래서 이곳을 골든혼이라고 한다. 이스탄불에 석양이
질 때 갈라타 다리 1층 식당에서는 한 잔의 차를 마시며 골
든혼으로 지는 태양과 석양의 아타튀르크 다리를 바라보는
관광객들로 붐빈다. 이곳은 이스탄불에서 석양을 바라보는
대표적 명소가 되고 있다.

갈라타 다리에서
바라보는 골든혼과
아타튀르크 다리의
석양 ▼

◀ 골든혼에서
바라본 석양의
모스크 실루엣

◀ 갈라타 다리
에서 바라본
쉴레이만 자미
야경

◀ 갈라타 다리
위에서 낚시꾼들의
낚시는 낮이나
밤이나 계속된다.
앞의 밝게 비치는
배에서 고등어
케밥을 만들고 있다.

무엇이 이스탄불인가?
'보스포러스 해협이 이스탄불이고, 이스탄불이 보스포러스 해협이다'

이곳과 저곳을 이어주는 것이 이스탄불의 다리다. 그러므로 이스탄불을 이스탄불답게 만들어 주는 것은 이스탄불의 다리라고 할 수 있다. 여행은 새로운 풍경을 보면서 그 속에 비친 자기를 돌아다 보는 시간인 것이다. 보스포러스 해협 유람선을 타고 보스포러스 해협에서 유럽과 아시아를 연결하는 보스포러스 대교를 바라보면 '나를 만나는' 시간과 마주 대하게 될 것이다.

국민소득 100달러에서 2만 4천달러로, 생산가능인구의 70%가 농민이었던 세대에서 IT강국의 코리아로, 3세대가 같이 사는 대가족시대에서 1인가구 시대로, 산아제한을 외치던 시대에서 초저출산을 걱정하는 시대로 숨가쁘게 바뀌어온 지난 날을 바라보면, 보스포러스 대교 위로 수많은 자동차가 유럽과 아시아를 오고가듯이, 격동의 세월을 보낸 그 시간들이 연결되어 오늘을 이룩한 것이고 그 연결이 오늘날 베이비붐 세대의 몫이었으며 그 위에 떠오르는 얼굴이 나였음을 자각할 때 나는 나 자신을 오롯이 마주 대할 수 있다.

사이먼 가펑클의 '험한 세상 다리가 되어bridge over troublded water'의 멜로디가 보스포러스 해협의 상쾌한 바람을 타고 귓가에 들려오면 멜로디를 따라 흥얼거리며 보스포러스 해협을 바라 보아도 좋을 것이다

당신이 삶에 지치고 초라하다고 느낄 때
그래서 당신이 눈물을 흘리게 되면
내가 당신의 눈물을 닦아 줄게요.
내가 당신곁에 있을게요.
당신이 고난에 처하고
친구들 마저 보이지 않을 때
당신이 험한 세파를 건널 수 있는
다리가 되어 주겠어요.

당신이 모든 사람들로부터 버림받아
거리를 헤매다가
견디기 힘든 밤이 찾아올 때
내가 당신을 위로해 줄게요.
내가 당신편이 되어 줄게요.
어둠이 몰려오고
주위가 온통 고통으로 가득할 때
당신이 이 험한 세상을 건널 수 있는
다리가 되어 줄게요.

노를 저어 나가세요.
소중한 그대여, 계속해 나아 가세요.
당신을 환하게 비추어 줄 날이 오고 있어요.
당신의 모든 꿈이 이루어지고 있는 중이랍니다.
그 꿈들이 빛나는 모습을 보세요.
당신이 친구를 필요로 하면
내가 바로 당신 뒤로 노저어 갈게요.
이 험한 세상에 당신의 다리가 되어
그대 마음을 편안하도록 해줄게요.

보스포러스 해협 유람선 투어

유럽과 아시아 대륙을 가로지르며 흑해와 마르마라해를 이어주는 보스포러스 해협은 총길이 31.5km, 해협의 좁은 폭은 550m, 넓은 폭은 3.2km이며, 최대깊이는 118m이다.

비잔틴 제국 시대와 오스만 제국 시대에 보스포러스 해협 양쪽 해안 가에 조그만 건축물들이 들어서기 시작했다. 18세기에 술탄과 대신, 장군들에 의하여 그들의 별장과 주택이 목조건물로 들어서게 되었다. 그후 목조로 된 베식타쉬 궁전 자리에 현재의 돌마바흐체 궁전이 건축되었고, 베일레르베이 궁전 역시 석조건물로 건축되어 현재 이스탄불 부유층들의 별장과 주거지가 해안가 푸른나무 언덕에 들어서게 되었다. 보스포러스 해안은 자연적인 경관과 건축물이 검푸른 보스포러스 바닷물과 잘 조화되어 이국적이며, 비교할 수 없는 아름다움을 이루고 있어 이스탄불을 방문한 관광객들은 누구나 한 번쯤은 보스포러스 해협 유람선 투어를 하게 된다.

보스포러스 해협 유람선 투어는 에미뇌뉴 선착장에서 아시아지역과 유럽지구 신시가지를 잇는 일반 페리가 있고, 보스포러스 해협을 돌고오는 관광용 유람선BOSPHORUS 크루즈와 TURYOL 크루즈이 매 시간마다 있다. 유람선 투어는 에미뇌뉴 선착장에서 출발하여 1시간 30분 정도 소요되며 아시아지구 위스퀴다르에서 1회 정박하고 보스포러스 제1 대교를 거쳐서 보스포러스 제2 대교에서 회항하여 돌아오는 코스이다.

카바타쉬 선착장에서
보스포러스 해협 투어

돌마바흐체 궁전에서는 사진에서 보는 바와 같이 근처의 카바타쉬 선착장에서 카바타쉬 ➡ 베식타쉬 ➡ 에미르칸 ➡ 큐츄슈 ➡ 베일레르베이 ➡ 카바타쉬로 돌아오는 유람선 투어를 이용할 수 있다. 시간은 1시간 40분이 소요되고 유람선 투어 가격은 1인당 12.5 터키리라다.

비잔틴 제국 시대 콘스탄티노플에는 베네치아 거류구가 있었고 갈라타에는 제노바 거류구가 있었다. 베네치아와 제노바는 해상왕국이었다. 1453년 콘스탄티노플 함락 직전에도 해상 주력은 베네치아와 제노바의 배 10척이었다. 베네치아의 부흥은 실크로드 덕분이었다. 1999년 봄 베르나르 올리비에가 이스탄불의 샹젤리제라고 할 수 있는 이스티크랄과 선착장을 연결하는 경사진 길을 내려와서 갈라타 탑 앞을 지나 이곳 카바타쉬 선착장에서 배를 타고 건너편 아시아지역 위스퀴다르 항구에 도착하여 걸어서 실크로드 여행길을 시작하였다.

배가 보스포러스 해협을 향하여 골든혼을 빠져 나가면 제일 먼저 톱카프 궁전과 '정의의 탑'이 보이고 배가 보스포러스 해협으로 나감에 따라 저 멀리 뒤로 사라진다.

◀ 보스포러스 유람선의
오른편으로 구시가지의 톱카프
궁전과 '정의의 탑'이 보인다.

◀ 보스포러스 유람선의
오른편으로 구시가지의 제일
높은 언덕에 세워져 있는 아야
소피아 성당과 블루 모스크의
미나레 6개가 보인다.

◀ 보스포러스 유람선의 왼편으로
보이는 돌마바흐체 궁전. 관람을
마친 관광객이 건물 밖으로 나오는
모습이 보인다. 사진 오른쪽의
문은 터키의 국빈 방문 시에
보스포러스 해협에서 배를 타고
와서 대연회장으로 들어가는
문이다. 돌마바흐체 궁전의 지붕이
피라미드형이라는 것을 알 수 있다.

2013년 7월에는 날씨가 매우 맑아서 보스포러스 해협 유람선을 탔을 때에는 유람선에서 차이도 한 잔씩 마시면서 보스포러스 대교와 이스탄불의 아시아지역과 유럽지역을 번갈아 보면서 상쾌한 바닷바람의 감촉을 느낄 수 있었다.

12월에 이스탄불을 두번째 방문하여 보스포러스 해협 유람선을 탔을 때는 이스탄불이 우기라서, 비가 오고 바람도 몹시 불고, 파도가 있어 배가 심하게 흔들려서 배의 난간을 잡고 있어야 하였고, 대형 크루즈선 2대가 베식타쉬 선착장 근처에 정박해 있어 이스탄불 유럽지구를 가리고 있었다. 유람선에서 차이 한 잔도 마시지 못하였다.

보스포러스 해협은 유럽과 아시아 대륙을 연결해 주고, 흑해와 마르마라해를 이어준다. 그래서 보스포러스 해협을 하나의 열쇠로 두 개의 대륙과 두 개의 바다를 열어주고 닫아준다고 말하기도 한다.

보스포러스 해협의 유람선에서 보는 바닷물은 흑해에서부터 마르마라해로 흘러가는 물이다. 바다 깊은 곳에서는 마르마라해에서 흑해쪽으로 흐르는데 이것은 마르마라해의 염분농도가 더 짙으면서 바닷물이 더 얕기 때문이다.

'보스포러스'라는 이름은 그리스 신화에서 유래하였다. 올림포스 신들 가운데 최고신인 제우스는 아내 헤라 여신 몰래 아르고스의 님프인 이오와 사랑에 빠진다. 제우스는 헤라 몰래 이오를 만나다가 헤라에게 들키자 이오를 숨기기 위해 암소로 변신하게 하였다. 그러나 이를 눈치챈 헤라가 말벌을 보내서 암소로 변한 이오를 공격하게 하자,

말벌의 공격을 받은 암소는 바다로 뛰어들어 아시아 대륙으로 건너가서 아나톨리아를 거쳐 지중해를 헤엄쳐 건너서 이집트까지 갔다고 전해온다. 그리스어로 보우스는 '소'를 뜻하며 포러스는 '건넌 곳'이므로 보스포러스는 '소가 건넌 곳'이란 뜻이다.

▲ 보스포러스 유람선의 오른편으로 베식타쉬 선착장이 보인다. 돌마바흐체 궁전에서 가로수 길을 따라 베식타쉬 선착장으로 오는 길이 있고, 여기서도 보스포러스 해협 유람선을 탈 수 있다.

보스포러스 유람선의 오른편으로 포시즌 호텔 보스포러스가 보인다. 포시즌 호텔 앳 술탄 마흐멧은 유서깊은 구시가지의 중심에 있다.▼

▲ 보스포러스 유람선의 오른편으로 츠라한 궁전이 보인다. 이곳은 오스만 제국의 34대 술탄 압둘 허밋트의 손자 오스만이 태어난 곳이다. 오스만은 1924년 터키에서 추방되었다. 그후 이곳은 국회의사당으로 사용하다가 1919년 화재로 소실되어 재건축을 하였으며, 현재 최고급 호텔로 개조하여 사용 중이다. 2005년 노무현 대통령 터키 국빈 방문 시 숙소로 사용하였고 반기문 UN 사무총장도 터키 방문 시 숙소로 사용한 바 있다.

▲ 복원공사 중인 보스포러스 제1 대교 아래 오르타쾨이 자미

이스탄불은 수세기 동안 서로 다른 기원을 가진 사람들과 종교가 이곳에서 조화롭게 어울렸다. 오르타쾨이 자미 뒤쪽의 오르타쾨이 마을은 이러한 공존의 모범을 보여주고 있다. 100m 안의 좁은 거리에 교회와 모스크, 그리고 유대교회가 밀집되어 있다. 바로 관용과 조화의 명백한 현장을 이 마을에서 볼 수 있다. 보스포러스 제1 대교 위에서 내려다 본 복원공사 중인 오르타쾨이 자미 ▶

보스포러스 제1 대교와 오르타쾨이 지미. 아름다운 보스포러스 해협과 보스포러스 제1 대교를 배경으로 하는 오르타쾨이 자미의 야경은 이스탄불을 소개하는 대표적인 이미지로서 전세계에 널리 알려져 있다. ▶

▲ 보스포러스 제 1대교 뒤로 보스포러스 제 2대교가 보인다. 오른쪽에 아시아지역의 아나돌루 히사르와 유럽쪽의 루멜리 히사르와 연결되는 지점은 보스포러스 해협에서 폭이 가장 좁은 지점으로 698m이다.

▶ 보스포러스 제1 대교 아시아쪽 아래에 베일레르베이 궁전이 보인다. 베일레르베이 궁전은 1865년 술탄 압둘 아지즈에 의해 건축되어 술탄의 여름 궁전으로 사용하였다. 길이 65m, 폭 40m에 내부에 24개의 방과 6개의 큰 홀이 있다. 영국 빅토리아 여왕이 묵기도 하였으며 현재 터키 국회에서 관리하고 있다. 그 옆에 미나레 2개가 서 있는 라비아 술탄 자미가 보인다. 1778년 술탄 압둘 하미드 1세가 그의 어머니인 라비아 공주를 위하여 지었다. 맨앞에 보이는 마을이 첸겔쾨이이다. 쾨이는 영어의 '타운'과 같이 마을을 의미한다.

보스포러스 해협은 세계에서도 아름다운 해안으로 알려져 있다. 보스포러스 해협의 해안 주변은 높지 않은 언덕까지 숲이 우거져 있고, 곳곳에 있는 별장 건물들은 집 앞의 선착장까지 요트를 타고 가기도 한다. ▶

보스포러스 해협 아시아쪽 위스퀴다르 선착장. 먼 옛날부터 20세기 초까지 위스퀴다르는 실크로드를 따라 중앙아시아로 떠나는 대상들의 집결지였다. 이 지역은 언제나 거대한 정류장으로 오고가는 여행을 이어주는 곳이다. 이곳에 서면 반대편 톱카프 궁전과 이슬람 자미가 저멀리 안개 속으로 사라진다. ▶

보스포러스 해협 이스탄불 아시아지역의 주택들 풍경 ▶

위스퀴다르는 14세기에 오스만 투르크가 점령하여 아나톨리아 지역으로 출정할 때 출발지였던 곳으로 중앙아시아의 실크로드와 유럽지역의 해상무역을 잇는 중개지이며, 전초기지였다. 1854년 백의의 천사 나이팅게일이 이곳에 야전병원을 설치하여 크림전쟁의 부상자들을 치료하였고, 현재 위스퀴다르는 건너편 유럽지역으로 오고가며 출·퇴근 하는 사람들로 선착장은 언제나 붐빈다. 한국전쟁에 참전했던 터키군인들이 터키민요 '캬팁'의 멜로디와 가사^{캬팁은 하급관리를 의미하며, 사}랑하는 님을 떠나 보내면서 붙잡지 못하고 그의 앞날을 기원하는 간절한 위스퀴다르 지역 처녀의 노래이다를 전해주어 우리에게 오래전부터 친숙해진 멜로디이며 가사이기도 하다.

님을 떠나 보내는 마음을 노래한 우리나라의 민요는 애환을 담아 느린 곡조에 한서린 마음을 표현하고 있으나, 보스포러스 해협 유람선이 위스퀴다르 앞 선착장을 지나가자 뱃머리에 설치된 스피커에서 흘러 나오는 터키 민요 위스키다르의 노래는 메조피아노^{조금 여리게}로 노래하는 것으로 들렸다.

> 위스퀴다르로 가는 길에 비가 내렸네.
> 내님의 긴 외투자락은 비에 젖고, 얼굴에는 슬픔이 있네.
> 내님은 잠에서 깨어나 눈은 아직도 부어있네.
> 내님은 나, 나는 내님인 것을…
> 사람들이 우리를 떼어 놓을 수 없네.
> 내님의 풀먹인 셔츠가 얼마나 잘 어울리는지.
> 위스퀴다르로 가는 길에 손수건을 놓았네.
> 그 손수건에 내가 로쿰젤리로 가득 채웠네.

크즈 쿨레시의 크즈는 '처녀' 쿨레시는 '성탑'
이라는 뜻으로 '처녀의 성탑'이라는 의미이며
비잔틴 제국 시대에는 해양감시 초소로 쓰였고,
오스만 제국 시대에는 보스포러스 해협을 통
과하는 선박의 통행세를 받는 곳이었다. 19세

▲ 보스포러스 해협 입구에 있는 크즈 쿨레시(처녀의 탑). 저 넘어 보이는 바다가 마르마라해이다. 위스퀴다르 선착장에서 버스를 타고 와서 크즈 쿨레시까지 해안에서 배를 타고 200m 정도 들어간다. 1층, 2층은 레스토랑이고 꼭대기는 전망대 겸 카페이다. 뒤편에 보이는 여객선 쪽으로 하이다르파샤역이 있다. 그 곳에서 보는 이스탄불의 석양은 영화 '오리엔트 특급 살인사건'의 오프닝 장면에 소개된 숨겨진 비경이다.

기 초 현재의 모습으로 지어서 감옥이나 격리병동으로 사용하던 것을
1945년부터 터키 전통음식을 판매하는 고급식당과 전망대로 사용하
고 있다.

이곳에는 슬픈 전설이 전해져 온다. 이 지방 영주의 딸이 16세가 되기
전에 독사에 물려 죽을 것이라고 점쟁이가 예언을 하였다. 영주는 사
랑하는 딸을 뱀이 닿을 수 없는 바다 한가운데인 이곳에서 살도록 하
였다. 세월이 흘러 딸이 무사히 16세 생일을 맞이하게 되자 영주는 생

일을 축하하는 과일 바구니를 생일 전날 보내 주었는데 그 바구니에서 독사가 나와서 딸은 16세가 되기 전에 죽었다는 슬픈 이야기이다. 이스탄불과 아나톨리아를 여행하면서 만나게 되는 전설과 이야기들은 인간의 운명과 영웅들의 전쟁도 그 모두가 신들이 인간 앞에 정해 놓은 순리에 따라 이루어진다는 사실이다. 점쟁이의 예언과 신탁에 따라 정해진 운명의 수레바퀴 앞에서 인간들은 몸부림치면서 피하려고 애쓰지만 인간은 결국 정해진 운명의 순리 앞에서 한치도 피해갈 수 없다는 것을 보여주고 있다.

이것이 인간 존재의 실상인지, 이스탄불과 아나톨리아인들이 그 먼 시간 동안 신화와 역사의 퇴적 속에서 체득한 지혜인지는 각자 생각해볼 일이다.

크즈 쿨레시

보스포러스 해협과 마르마라해,
골든혼 사이에 있는 크즈 쿨레시

보스포러스 해협 입구에 정박된 크루즈선(2013.12월). 이스탄불이 세계적인 항구임을 실감하게 되는 장면이다.
터키는 세계 10대 항구 중 1개 이상을 보유하려는 비전을 가지고 있다. ▲

보스포러스 해협 유람선 출발지 선착장에서 바라본 골든혼의 일출. 수상 비행기는 관광용이다. ▼

550여년 역사의 지붕으로 덮여있는 시장, 카파르 차르시

카파르 차르시는 터키어로 '덮여있는 시장'이라는 뜻이다. 외국인들은 '그랜드 바자르'라고 부른다. 1453년 이스탄불을 정복한 술탄 메흐메드 2세는 1455-1461년 상점과 노점들이 즐비하고 골목길이 에워싸고 있는 이곳에 동·서양의 상인들이 날씨에 상관없이 실크로드와 지중해로 연결되는 교역을 할 수 있도록 지붕이 있는 거대한 베데스텐^{시장}을 지었다. 지금도 중앙에는 제와히르 베데스텐이 술탄 메흐메드 2세가 건축했던 상태 그대로 보존되어 있다.

당시 대규모 바자르가 낮에는 거래가 활발하게 이루어져 붐볐고 밤이 되면 시장은 텅 비고 상가들은 문을 굳게 잠그고 협동조합의 야경꾼

카파르 차르시(그랜드 바자르)
1번 게이트 모습(2013.7월)

카파르 차르시(그랜드 바자르)는
토요일과 일요일에는 휴장하며 영업은
08:30 ~ 18:30분, 계절에 따라 조금씩
달라진다. 1461년 처음 지어질
당시에는 실크로드와 지중해로 연결되는
무역상품들이 주된 교역상품이었으나,
현재는 관광상품들이 주된
거래상품으로 변화되어 가고 있다.

들이 남아 시장을 지켰듯이 지금도 이곳은 값비싼 물품들을 팔고 밤에 문을 잠그고 지키고 있는 곳이다.

당시 베데스텐은 작은 돔지붕의 크고 견조한 석조 건물로 내부는 통로들이 가로지르고 꽉 들어찬 노점들에는 양탄자, 도자기, 금은 세공품, 보석, 화려한 직물 등 사치스런 물품들이 넘쳐났다. 베데스텐에서는 대규모 상거래와 금전거래가 이루어지기도 했다. 베데스텐 주위에는 노점상들이 늘어선 차르시복합 상가단지 골목이 67개나 있었다. 상인들이 동업조합을 따라 모여 있었기 때문에 재단사의 거리 등 업종에 따라 이름이 붙여졌다.

베데스텐에는 카라반대상들의 숙소인 칸스가 있었는데 상인들은 이곳에 물품을 맡겨두고 자연스레 대규모 거래가 행하여졌다. 그랜드 바자르에는 옛날 대상들의 숙소였던 진지들리 칸스가 있는데 지금 그 건물은 카펫과 골동품을 팔고 있는 상점이다.

1번 게이트 앞에 누루오스마니예 자미가 있다. 1번 게이트에서 그랜드 바자르 안쪽으로 직진하면 7번 게이트가 나오고, 1번 게이트에서 좌측으로 가면 20번 게이트를 볼 수 있다. 20번 게이트 부근에 파출소(police)가 있으므로 소지품 분실 시 도움을 받을 수 있다. ▼

1번 게이트에서 그랜드 바자르 바깥쪽으로 직진하면 길건너 아야 소
피아, 블루 모스크로 갈 수 있고 1번 게이트 앞에 누루오스마니예 자
미의 미나레가 우뚝 솟아있어 1번 게이트는
만남의 장소로 많이 이용되고 있다.

내리는 보슬비를 맞으며
그랜드 바자르 1번 게이트
앞에서 사진을 찍는
관광객(2013.12월)

1번 게이트

구이스탄불 지역은 술탄 아흐멧 광장 주변에 톱카프 궁전, 아야 소피아, 블루 모스크, 오벨리스크와 뱀기둥, 콘스탄티누스 기념탑이 있는 전차 경주장 히드포럼 유적지, 지하 물 저장고 예레바탄 시르니츠, 이스탄불 고고학 박물관, 귈하네 공원이 있다. 베야짓 쪽은 여행객이 빼놓지 않고 가장 많이 가보는 그랜드 바자르와 누루오스마니예 자미, 베야짓 타워, 베야짓 광장과 이스탄불 대학이 있다.

그랜드 바자르에 갔다가 1번 게이트에서 직진하여 누루오스마니예 자미를 보고 나서 조금 가면 아야 소피야, 술탄 아흐멧 광장, 톱카프 궁전 관광안내판이 보인다.
이스탄불 공항에 도착하는 시간^{오전, 오후 등}에 따라 이스탄불 시가지 여행은 술탄 아흐멧 광장 방향으로 쭉 가서 아야 소피야, 블루 모스크, 오벨리스크가 있는 전차 경주장 히드포럼 유적지 순으로 동선을 짜면 알찬 시간을 보낼 수 있다.

1461년 술탄 메흐메드 2세에 의하여 건축된 카파르 차르시는 언제나 외국 관광객과 터키 현지인으로 붐비고 활력이 넘친다.

카파르 차르시

카파르 차르시 내부의
덮여진 천장 모습

카파르 차르시 내
금은 세공품 판매 상가

카파르 차르시 내 환전소
카파르 차르시 내 상점 주인

'3개 10TL'이라고 써붙인 가격표가 보인다.

터키인들은 아시아 여성들에게 특히 친절하다.

카파르 차르시 내 조명가게

이스탄불이 그리워지면

격자로 된
그랜드 바자르 내부통로

구엘 차이(와서 차나 한 잔 하시오)

그랜드 바자르는 지금까지 수많은 지진과 대화재를 겪었으나, 그때마다 재건하여 지금에 이르고 있다. 현재 그랜드 바자르는 20여개의 입구와 60여개의 격자로 된 통로에 5,000여개의 상점이 있는 세계에서 가장 오래되고 큰 실내시장으로 하루 평균 20만-30만명, 많게는 40만명의 관광객이 방문하여, 이곳은 '글로벌 경제는 글로벌 유통'임을 현장에서 직접 보고 체험하는 살아있는 학습현장임을 느낄 수 있다.

이스탄불은 유럽과 아시아, 아프리카를 잇는 해양과 실크로드의 교차로에 위치하여 상품 유통의 요충지였으며, 그랜드 바자르는 그 최종 목적지였고 물품이 교역되어 나가는 그 시발점이었다. 몇백년간 이곳은 수많은 사람들과 상품들이 분주하게 오고갔던 장소이다. 그 수많은 사람들과 그 상품들은 어디에서 왔으며 다 어디로 갔을까?

그랜드 바자르는 여기 이대로 있는데 사람도 바뀌어가고 상품도 잠시 이곳을 거쳐 제 갈 곳으로 흘러 갔다. 그때나 지금이나 변하지 않은 것은 건물과 골목과 저기 무심히 흘러가는 보스포러스 바닷물뿐이다. 여행은 우리들의 삶과 생각을 한층 성숙하게 만들어 주는 것이다. 그랜드 바자르 통로를 지나면서 수백년 전 나보다 앞서 이 통로를 걸어간 사람들과도 자연스럽게 교감해야 한다.
현재 이곳 그랜드 바자르는 대부분 관광객들을 위한 기념품 상점이 대중을 이루고 있다. 이곳을 방문하는 대부분의 여행객들은 이곳에서

1시간 정도 머문다. 그래서 대부분의 여행객들이 선호하는 도자기로 된 그릇 받침대, 목걸이, 귀걸이 등 장신구, 지갑 등 작은 가죽제품, 작은 카펫 등은 미술관 회랑벽에 전시된 그림처럼 통로를 따라 쭉 걸려 있다.

통로를 벗어나서 조금 안쪽으로 들어가면 상품을 쌓아놓고 거래하는 조그만 가게들을 볼 수 있다. 가게를 구경하면 가게 안에서 구엘 차이 와서 차나 한 잔 하시오! 하고 말한다. 터키에서는 차이가 생활의 일부이고, '차 한 잔 하시오'가 인사다. 따뜻하면서도 달콤한 차이 한 잔으로 상거래가 이루어진다. 차이는 19세기 후반 인도에서 실크로드를 통하여 터키에 전해진 것으로 알려져 있다. 터키 사람들은 오랜세 월을 일상 속에서 차이와 함께 해왔다고 할 수 있다. 터키사람들은 다정다감하고 수다스럽기도 하다. 흥정이 시작되면 이곳 저곳에서 사람들이 모여든다. 차이를 알면 터키를 이해하는 데 한걸음 더 다가설 수 있다.
구엘 차이!

그랜드 바자르 1번 게이트에서 직진하여 조금 가면 아야 소피아, 술탄 아흐멧 광장, 톱카프 궁전 관광 안내판이 보인다.

아야 소피아,
술탄 아흐멧 광장 관광 안내판 ▼

이스탄불이 그리워지면

콘스탄티노플 그리고 이스탄불

복원공사 중인 성스러운 지혜 '아야 소피아'

537년 유스티니아누스 1세에 의해 완공된 아야 소피아는 916년 동안 기독교 교회, 1453년 콘스탄티노플을 정복한 술탄 메흐메드 2세에 의해 이슬람 모스크로, 1934년 아타튀르크에 의해 박물관으로 개방되었다. 기둥 없이 세워진 중앙돔의 직경은 32.5m, 창문 40개에서 빛이 들어오며 높이는 55.6m(15층)로 중세시대 세계 7대 불가사의 건축물로 오스만 제국 건축사에 많은 영향을 미쳤다. 블루 모스크를 건축한 미마르 시난도 이를 모방하여 커다란 벽돌에 빛이 투사되도록 창을 내었다. 현재 복원공사 중이다.

흑해

보스포러스 해협

이스탄불

마르마라해

● 차낙칼레

● 샤프란볼루

● 아이발륵

● 앙카라

TURKEY

● 에페스

● 카파도키아

에게해

● 파묵칼레

● 콘야

● 안탈랴

지중해

술탄 마흐멧 광장의 아야 소피야 전경. 1453년 콘스탄티노플을 정복한 술탄 메흐메드 2세에 의해 모스크로 사용되면서 4개의 미나레(첨탑), 미흐랍(메카 방향을 가리키는 문), 밈베르(설교단)가 세워졌다.

아야 소피아

▼ 그림에서 아야 소피아 성당 입구에서 바라본 전경의 윤곽을 볼 수 있다.

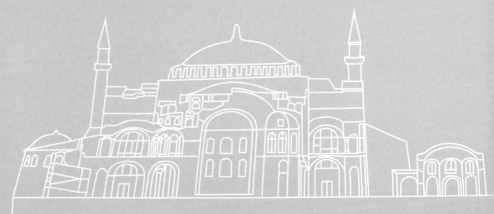

AYASOFYA
HAGIA SOPHIA

아야 소피아는 이스탄불 여행의 절반이라고 말한다. 비잔틴 제국 최대의 걸작품인 아야 소피아 성당을 제대로 감상하면 이스탄불 여행의 절반을 소화했다고 말할 정도로 아야 소피아는

★ TIP 아야 소피야 관람하기
★ 관람시간
■ 4월 15일부터 9월 30일까지(여름) 09:00~19:00
■ 10월 1일부터 4월 14일까지(겨울) 09:00~17:00
★ 매표소 : 표 판매는 16:00까지
★ 휴관일 : 매주 월요일

비잔틴 제국과 오스만 제국, 성스러움과 세속적인, 고대와 현대, 동양과 서양, 유럽과 아시아의 모든 것을 함축적으로 보고 느낄 수 있는 곳이다.

아야 소피아의 '아야 Aya'는 터키어로 '성스러움'을 뜻한다. 360년 콘스탄티누스 2세에 의하여 이 자리에 처음 완공됐을 때, 그리스어로 하기아 소피아성스러운 지혜로 부르게 되었다. 현재는 터키어로 아야 소피아로 불리워지고 있다.

첫번째 교회가 불타고 415년 테오도시우스 2세가 두번째 교회를 건축하였으나 532년 '니카의 반란' 중 화재로 불타 버렸다. 유스티니아누스 1세는 반란을 진압하고, 불탄 교회보다 더 큰 교회를 5년 10개월의 짧은 공사기간으로 537년 12월 26일에 완공하였는데 현재의 아야 소피아다. 교회가 완공되자 웅장하고 장엄함에 감탄한 유스티니아누스 1세는 감격에 겨워 '예루살렘 대성전을 지은 솔로몬이여, 내가 그대를 이겼노라!'고 외쳤다는 이야기가 전해온다.

아야 소피아 건축에 사용된 석재는 고대 7대 불가사의로 불리는 에페스의 아르테미스 신전과 이집트, 시리아, 아나톨리아에서 가져와서 사

아야 소피아 성당의 중앙돔

현존하는 성당 건물 중 가장
큰 중앙돔을 가지고 있다.

용하였다고 전하여진다. 수학자이자 물리학자인 안테미
우스와 기하학자인 이시도로스가 설계하여 건축하였으
나, 지진과 부실공사 등으로 그후 수차에 걸쳐 보수와 개축을 하였다.
아야 소피아는 916년 동안 기독교의 교회로 사용되었으나 1453년 5월
28일 콘스탄티누스 11세가 마지막 예배를 드린 것이 끝이었다.

1453년 5월 29일^확 파티^{정복자} 술탄 메흐메드 2세가 콘스탄티노플을 정
복하자 아야 소피아에 제일 먼저 달려가 성당의 흙을 머리에 뿌리면
서 '그리스도인들이 믿는 하나님은 없고, 오직 알라만 존재한다.'고 외

쳤다고 한다.

콘스탄티노플 정복 후 무슬림의 聖戰성스러운 전쟁 관습에 따라 3일간의 약탈이 허용되었으나, 술탄 파티 메흐메드 2세는 성당 건물을 파괴하지 말 것을 명령하고 아야 소피아를 모스크로 바꾸도록 하였기 때문에 성당건물은 파괴되지 않았지만, 성당 내부의 십자가는 내려지고 모자이크로 된 기독교 성화는 회칠로 덮여졌으며 1453년 6월 1일금 처음으로 금요예배를 드림으로써 481년간 이슬람 모스크로 사용되었다.

아야 소피아에는 4개의 미나레첨탑 와 미흐랍메카 방향을 가리키는 문, 밈베르설교단가 세워졌으며 그 이름을 아야 소피아 자미로 불리게 되었다. 아야 소피아 4개의 미나레 중 1개는 벽돌로 된 것이며1453년 메흐메드 2세의 명령에 의해 모스크로 만들 때 세운 목조 미나레를 그후 벽돌로 세움, 3개의 석조 미나레는 16세기 후반 미마르 시난이 건축한 것이다.

1923년 터키공화국이 수립되자 그리스를 비롯한 유럽 각국에서 아야 소피아의 성당 복원을 요구하였다. 1934년 터키의 초대 대통령 아타튀르크는 석회로 덮힌 모자이크 복원작업을 거쳐서 아야 소피아를 '아야 소피아 박물관'으로 일반인들에게 개방하고 모든 종교 활동을 금지시켰으며, 현재 박물관으로 사용 중이다.
아야 소피아에서 술탄 메흐메드 2세와 터키공화국 초대 대통령 아타튀르크의 흔적과 숨결을 느낄 수 있다.

아야 소피아 본당으로 들어가는 9개의 문 중에서 중앙의 가장 큰 문은 '제국의 문'으로 황제만 이용했던 문이다. '황제의 문'으로 불리기

아야 소피아 본당 건축에 사용된 대리석의 색깔이 다양한 것은 석재를 가져온 지역이 여러 곳임을 알 수 있다.

아야 소피아 본당
입구 '제국의 문'

도 한다. 7m의 높이로 참나무로 만들어졌으며 테두리는 청동으로 되어 있다.

제국의 문 위에는 레오 4세의 모자이크가 있다. 가운데 의자에는 예수가 성서를 들고 앉아 있고 성서에는 '너희에게 평화를! 나는 세상의 빛이라'라고 쓰여 있다. 그 오른쪽에는 성모 마리아가, 왼쪽에는 천사 가브리엘이 있고 예수의 발 아래 무릎을 꿇고 있는 사람은 비잔틴 제국의 황제 레오 4세이다.

본당은 가로 100m, 세로 69.5m, 넓이가 6,950 평방미터이다. 중앙 내부로 들어가면 기둥을 많이 쓰지 않는 돔 건축물의 특성상 중앙부가 아주 넓어 보이고 위로 보이는 기둥 없이 세워진 거대한 중앙 돔의 직경은 32.5m이며, 40개의 창문에서 빛이 들어오고 높이는 55.6m, 15층 건물 높이로써 세계 7대 불가사의 건축물로 불리워지고 있으며 오스만 제국 건축사에 지대한 영향을 미쳤다. 블루 모스크를 건축한 미마르 시난도 아야 소피아 건축물을 모방하여 중앙 돔에서 커다란 벽

금빛으로 빛나는 아기예수와 성모 마리아, 7.5m 둥근
나무판에 금색으로 쓴 아랍식 서예 '핫'. 오른쪽은 알라.
왼쪽은 무함마드를 나타낸다. 아래 왼쪽은 술탄의 전용좌석,
중앙의 미흐랍. 오른쪽으로 민바르가 보인다.

돌에 빛이 투사되도록 창을 내었다. 아야 소피아 내부는 사진에서 보는 것처럼 현재 복원공사 중이다.

아야 소피아에는 성모 마리아의 품안에 앉아있는 아기예수에게 콘스탄티노플 성을 바치는 콘스탄티누스 황제와 아야 소피아를 바치는 유스티니아누스 1세의 모습을 그린 모자이크가 있어 비잔틴 제국 시대의 기독교 신앙을 알 수 있는데 동선을 따라 관람을 마치고 1층의 남쪽 문으로 나오면 출구 벽면에 설치된 거울에 비친, 뒤편 벽면 위에 모자이크로 그려진 아기예수와 유스티니아누스 1세와 콘스탄티누스 1세의 모자이크를 감상해 볼 수 있다.

본당 안 2층의 벽면에는 7.5m 크기의 둥근 나무판에 금색의 아랍식 서예^한로 글씨를 쓴 원판 8개가 벽면 기둥에 붙어 있는데 서예가인 무스타와 이젯 에펜디¹⁸⁰¹⁻¹⁸⁷⁶의 작품이다. 그 내용은 알라, 선지자 마흐메트, 초기 칼리프^{이슬람 지도자} 에부베크르, 외메르, 오스만, 알리 4인의 이름을 나타낸다.

아기 예수에게 콘스탄티노플성을 바치는 콘스탄티누스 황제와 아야 소피아를 바치는 유스티니아누스 1세의 모자이크.▶

본당 안쪽에 있는 돔에는 아기예수와 성모 마리아의 모자이크가 있고 그 옆에는 훼손된 미카엘 천사상이 프레스코화로 남아 있으며, 이층 갤러리로 올라가서 본당 2층의 왼쪽 복도 끝에 가면 가까이에서 더욱 잘 볼 수 있다. 이슬람교의 창시자 무함마드에게 신의 계시를 전한 천사 가브리엘은 기독교의 성경에 나오는 천사 가브리엘과 같다. 따라서 이슬람교와 기독교는 그 뿌리가 같다는 것을 알 수 있다.

아야 소피아 성당의 본당 안쪽의 아기예수와 성모 마리아 모자이크와 본당 1층 오른쪽 문 외벽 위의 아기예수를 안고 있는 성모 마리아와 유스티니아누스 1세와 콘스탄티누스 1세의 모자이크는 아야 소피아 성당의 가장 대표적인 모자이크라고 할 수 있다.

본당 안에 있는 술탄의 전용좌석은 술탄의 전용 예배장소로 다른 사람들이 보지 못하게 가려져 있다. 미흐랍은 이슬람에서 기도 시 메카의 방향을 가리키는 벽감이다. 이슬람 사원은 반드시 미나레^{첨탑}와 미흐랍이 갖추어져 있어야 비로소 모스크로 인정된다. 아야 소피아의 미흐랍은 제단의 중앙 정면에서 오른쪽으로 15도 정도 틀어진 방향으로 만들어져 메카 방향으로 향하고 있다.

아야 소피아는 기존에 기독교 교회로서 메카의 방향을 고려하지 않고 지어졌으며, 이슬람 모스크의 모든 미흐랍은 반드시 메카 방향으로 향하여 지어진다는 것을 알 수 있다. 사진 아래 오른쪽 민바르는 이슬람의 종교적 지도자인 이맘이 올라가 설교하는 설교대이다.

2층 갤러리에서 예수와 성모 마리아와
세례요한의 모자이크를 감상하는 관광객

우리는 아야 소피아에서 비잔틴 제국과 오스만 제국의 정복과 파괴의 문명충돌 속에서 그리스의 동방 정교회와 오스만 제국의 이슬람 모스크가 한 건축물 내에서 공존하였던 현장을 볼 수 있다. 아야 소피아는 비잔틴 제국의 붉은 보석이라고 한다. 그리스도의 보혈을 상징하여 붉게 칠해진 외벽과 불꽃무늬 대리석이 비잔틴 제국의 붉은 보석이었음을 보여주고 있다.

이것은 아야 소피아 분수대 잔디 광장을 사이에 두고 아야 소피아 건너편에 6개의 미나레를 하늘 높이 뻗으며 서 있는 술탄 아흐멧 모스크의 거대한 내부 벽면이 푸른색의 이즈닉 타일로 치장돼 있어 블루 모스크라고 불리는 것과 대비하여 상호 대칭성과 색채의 균형성을 상상해 볼 수 있다.

▼ 예수와 성모 마리아와 세례 요한의 모자이크

조에 여제와 콘스탄티누스 9세의 모자이크 ▼

▼ 본당 1층 왼편에 있는 소원의 기둥

본당 입구 황제의 문 위에 있는 레오 4세의 모자이크 ▼

본당 1층 왼편에 있는 소원의 기둥은, 대리석 기둥에 청동판으로 감싸여 있는데, 유스티니아누스 1세가 기둥에 머리를 기댔더니 두통이 나았다고 전해져 오고 있다. 이후 소원의 기둥에 엄지 손가락을 구멍에 넣고 나머지 네 손가락을 원래의 자리로 올 때까지 완전히 한 바퀴 돌리면서 소원을 빌면 한 가지 소원은 꼭 이루어준다는 전설이 있다. 이때 소원을 비는 행위에 집중하다가 정작 소원은 잊어 버리지 않도록 주의해야 한다. 이곳은 항상 긴 줄을 서서 각자의 소원을 비는 광경을 볼 수 있다.

성스러운 지혜 '아야 소피아'를 방문하는 여행객에게 마태복음 10장 16절너희는 뱀같이 지혜롭고 비둘기같이 순결하라의 지혜가 그 앞길을 밝혀줄 것이다. 1,470여년 전에 지어진 아야 소피아 돔의 창으로 들어오는 햇빛이 여행자의 앞날에 빛을 비춰 주는 것 같다.

본당을 비추는 불빛과
창으로 들어오는 햇빛 ▼

아야 소피아 돔의 창으로 들어오는 햇빛이
여행자의 앞날에 빛을 비춰 주는 것 같다.▼

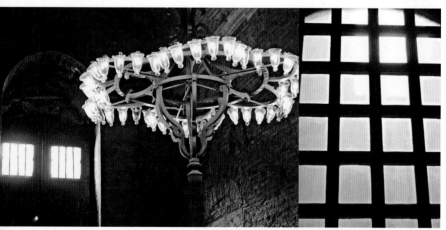

▲ 2층 갤러리로 올라가는 통로의 창과 불빛

아야 소피아 야경

▲ 예레바탄 사르니치(지하 저수지)에서 바라본 아야 소피아 측면 모습.
아야 소피아 성당옆 노란색 3층 건물은 이스탄불 관광경찰국 본부 건물이다.

예레바탄 사르니치(지하 저수지) 입구에
세워져 있는 예레바탄 사르니치 안내판 ▼

여행은 그 현장을 찾아가서 그 곳의 흙과 나무를 바라보고 함께 비와
바람을 맞으며 안내판을 바라보면 그곳에 깃든 오랜 세월의 이야기를
들려준다. 보슬비 내리는 12월의 오후에 예레바탄 사르니치 입구 주
변의 집과 나무들은 내게 1,000년 전 비잔틴 제국 시절의 어느 날도
이렇게 보슬비가 내렸다고 이야기해주고 있었다.

터키어로 '예레바탄 사르니치'는 '가라앉은 저수지'라는 뜻이다. 지하
저수지는 가로 70m, 세로 40m, 높이 8m로 336개의 코린토스 양식의
기둥이 벽돌 천장을 받치고 있다. 아야 소피아 북서쪽에 위치한 예레
바탄 사르니치는 수백년 동안 쌓여있던 진흙과 퇴적물 찌꺼기 제거작
업을 하고 1987년에 복원하였다.
본래 비잔틴 제국 황실의 수도공급을 위하여 콘스탄티노플 대제 때
공사를 시작하여 532년 유스티니아누스 1세 때 주변 사원의 기둥들
을 가져다 사용하여 완성하였다. 현재까지 존재하는 로마시대 저수지

중에서 가장 규모가 크고 유네스코가 지정한 세계문화유산으로 이스탄불 역사지구에 등록되어 있다.

'바실리카 시스턴'이라고도 불리워지는데 바실리카 양식의 저수지라는 의미이다. 바실리카는 로마 건축물의 특징으로 로마에서는 바실리카 평면도측랑(아일), 건물 내부에 반원형 돌출부(앱스) 등으로 구성에 따라 특정 교회를 짓고 건축물에 바실리카라고 이름을 붙이고 명예롭게 생각하였다.

8만톤의 물을 저장할 수 있으나, 이슬람에서는 고여있는 물을 부정적으로 생각하여 오스만 제국 시대부터 사용하지 않았다. 현재는 밑바닥 아래 얕게 차있는 물에 물고기가 살고 있어 물에 독을 풀었는지 검사하는 용도로 사용하고 있다. 안쪽에는 메두사의 머리가 하나는 거꾸로 박혀 있고, 하나는 옆으로 뉘어져 있다.

페르세우스는 메두사의 머리를 세금으로 내었다. 신화 속에서 그 이야기는 이렇게 전해온다.

다나에는 장차 결혼하여 아들을 낳으면 그 아들이 왕을 죽이게 될 것이라는 신탁에 따라 왕인 그의 아버지에 의해 청동탑에 갇히게 되었다. 하늘에서 청동탑에 갇힌 아름다운 다나에를 본 제우스는 황금비로 변하여 다나에와의 사이에 페르세우스를 탄생시키게 한다. 페르세우스의 아버지는 제우스인 셈이다.

왕인 다나에의 아버지는 다나에와 페르세우스를 바구니에 태워서 바다에 떠내려 보냈고 바구니는 딕티스섬에 닿게 되었다. 딕티스섬의 폴리데크테스왕은 '섬에 사는 사람은 누구나 말을 세금으로 바쳐라'

고 하였으나, 말이 없는 페르세우스에게 폴리데크테스왕은 메두사의 머리를 가져오라고 하였다.

길을 떠나는 페르세우스에게 아테나 여신은 거울처럼 번쩍거리는 청동방패를 주었다. 메두사는 불사의 존재가 아닌 대신 아름답고 젊었다. 그녀는 아름다운 머리카락을 매우 자랑스러워 하였으나 아테나 여신과 아름다움을 겨루려고 하다가 머리카락이 여러 마리의 뱀으로 바뀌고 몸은 멧돼지로, 엉덩이는 말처럼 무시무시하게 바뀌었고 누구든지 메두사를 보면 돌로 변하게 되었다.

메두사가 있는 곳에 이르러 페르세우스는 메두사를 직접 보지 않고, 길을 떠난 도중에 만난 헤르메스에게서 받은 칼로 메두사의 머리를 내려쳤고 길을 떠난 도중에 요정에게서 받은 자루에 집어 넣었다. 머리가 잘릴 때 메두사가 흘린 피에서 날개 달린 말 페가수스가 태어났다.

집으로 오는 도중에 바다괴물의 제물이 되어 있는 안드로메다를 만나자, 메두사의 머리를 이용해 바다괴물을 돌로 만들어 안드로메다를 구하고 안드로메다와 결혼하여 욕심많은 폴리데크테스왕을 찾아갔다.

'메두사의 머리를 가져왔습니다'
'거짓말마라! 메두사의 머리는 아무도 가져오지 못한다'

페르세우스는 고개를 돌리고 자루를 열어 메두사의 머리를 꺼냈다. 이를 바라본 폴리데크테스왕은 돌이 되었다.

고향인 아르고스에 돌아온 페르세우스를 백성들은 왕으로 받들었고 안드로메다는 왕비가 되었다. 신탁이 실현된 것이다. 그후 페르세우스는 메두사의 머리를 아테나에게 바쳤고 전쟁의 여신인 아테나는 그 머리를 자기 방패에 달고 다녔다.

페르세우스는 아르고스를 떠나 미케네를 건설하고 헤라클레스를 비롯한 자손들을 남겼다. 페르세우스와 메두사의 이야기는 고대 조각과 회화에 널리 쓰이던 주제였다. 죽어서 하늘로 올라간 페르세우스는 큰별자리가 되고 안드로메다는 작은별자리가 되었다. 페르세우스 자리는 왼손에 메두사의 머리를 들고 있다.

비잔틴 제국 시대에 모든 길은 콘스탄티노플로 통했다. 비잔틴 제국의 수도 콘스탄티노플은 세계로 통하는 길의 출발점이었다. 술탄 아흐메드 광장의 아야 소피아 성당 옆에 서 있는 4세기의 돌기둥 '밀리온'을 비잔틴 제국 사람들은 세계의 중심이라고 생각하였다. 광대한 비잔틴 제국의 영토는 이곳을 시작점으로 거리를 계산하여 기록해 놓았다.

오스만 제국을 표시한 세계지도

지도의 중앙에 아야 소피아, 왼쪽에 블루 모스크, 오른쪽에 톱카프 궁전이 그려져 있어 오스만 제국 시대 사람들의 세계관을 짐작해 볼 수 있다. 1513년 오스만 제국의 해군제독 피리 레이스가 작성한 지도가 세계 최초의 세계지도이다.

그래서 비잔틴 제국 시대 사람들은 아야 소피아가 세계의 중심에서도 한 가운데 세워진 것으로 생각했다. 콘스탄티노플은 마르마라해와 골든 혼 사이의 '차탈라' 반도인데, 이곳에는 비잔틴 제국과 오스만 제국의 건축물이 공존하고 있다. 비잔틴 제국의 '밀리온' 돌기둥을 보면서 새삼 역사란 무엇이며, 제국이란 무엇인가? 하는 질문을 하고 융합과 글로벌, 다문화 시대에 동양과 서양, 과거와 현재, 성聖과 속俗의 교차점인 이스탄불은 우리에게 많은 가르침과 답을 주고 있음을 생각하게 된다.

우리나라의 도로원표는 1914년에 마련되어 현재 서울시 중구 태평로 조선일보 건물 옆에 옮겨져 세워져 있는데, 도로원표의 위치변경 내용이 그 앞에 세워져 있는 '도로원표의 표석'에 적혀 있다.

> 이곳은 서울과 전국 주요 도시 간의 도로상 거리를 표시하는 기준점입니다. 1914년 도로원표가 마련될 당시의 설치점은 세종로 광장 중앙이었으나, 1935년에 새로 제작되면서 세종로 양편으로 옮겼던 것을 다시 1997년 12월 이곳으로 변경하였습니다 이 광장의 표석은 도로원표의 위치를 변경하면서 서울특별시에서 새로 제작 설치한 것입니다.

비잔틴 제국의 붉은 보석 아야 소피아, 비잔틴 시대의 예레바탄 지하 저수지, 오스만 제국의 황제가 통치하던 톱카프 궁전, 오스만 제국의 푸른 보석 '술탄 아흐메드 모스크'가 모두 이 지역에 모여 있다. 그래서 이 지역을 '술탄 아흐메드 지역' 또는 구도시라고 부른다. 이스탄불 구시가 '역사지구'는 유네스코에 의해 도시 전체가 세계문화유산으로 지정되어 보존되고 있다.

터키 정부에서는 아야 소피아, 블루 모스크, 히드포럼을 분리하여 각각 유네스코 세계문화유산으로 지정하여 줄 것을 유네스코에 요청하고 세계문화유산 신청서를 제출하여 현재 진행 중이다.

터키에는 현재 유네스코가 지정한 세계문화유산 13개가 보존되고 있다.

◀ 아야 소피아 성당 왼쪽에 서 있는
비잔틴 제국 시대의 밀리온 돌기둥

유네스코가 지정한 터키 세계문화유산 13개

① 이스탄불 역사지구, 1985
② 괴레메 국립공원과 카파토키아 바위 유적, 1985
③ 디브리이의 대 모스크와 병원, 1985
④ 히타이트의 수도 하투샤, 1986
⑤ 넴루트 산, 1987
⑥ 고대도시 히에라폴리스와 파묵칼레, 1988
⑦ 레툰 신전이 있는 크산토스의 유적, 1988
⑧ 사프란 볼루, 1994
⑨ 트로이 고고 유적, 1998
⑩ 에디르네의 셀리미예 사원 복합유적(모스크와 부속건물), 2011
⑪ 콘야의 차탈회육, 2012
⑫ 부르사와 주말르크즉 마을, 2014
⑬ 이즈미르의 베르가마, 2014

오스만 제국의 푸른 보석 블루 모스크

블루 모스크는 아야 소피아의 건너편에 마주보고 서 있다. 히드포럼의 동쪽편이다. 이스탄불은 모두 440여개에 이르는 이슬람 모스크의 화려한 미나레와 웅장한 돔으로 세계에서 가장 멋지고 신비한 도시풍경을 나타내고 있다.

이스탄불의 주요 건축물은 로마를 흉내내어 일곱 개의 언덕에 세워졌다. 일곱 개의 언덕은 프랑스 학자로 비잔틴 제국의 역사를 연구하던 피에르 기이[1490-1555]가 말한 이름이다. 첫번째 언덕에는 톱카프 궁전과 아야 소피아가 있고 비잔틴 제국의 고대도시 성벽이 있는 곳이다. 두

오스만 제국에서 이슬람은 일상생활 그 자체이고 그 일상생활은 모스크를 중심으로 이루어졌다.
블루 모스크에서 예배 보고 명상하고 담소하는 터키 현지 주민과 관광객들의 모습이다.
블루 모스크 돔의 창으로 들어온 빛이 벽면의 이즈닉 타일에 투사되어 푸른 빛이 나오고,
벽면 창의 스테인드글라스로 들어온 빛이 식물무늬를 무한히 반복하여 표현된 아라베스크화로
만들어진 바닥의 붉은 카펫과 자연스럽게 어울려 영혼의 평안과 육신의 편안함이 함께하는 광경이 잘 어우러져 보인다.

블루 모스크에서 예배를 보고
명상을 하고 담소를 나누는 모습

아야 소피아의 건너편에 마주보고
있다. 블루 모스크의 벽에는 이즈닉산
푸른색과 흰색의 타일 21,000여장을
사용하여 푸른 빛으로 꾸며져 '블루
모스크'로 불린다.

오스만 제국의 푸른 보석
술탄 아흐메드 1세 자미

번째 언덕에는 누루오스마니예 모스크가 있다.
블루 모스크와 히드포럼은 첫번째 언덕과 두번
째 언덕의 사이에 위치하고 있다.

　　종교적 성향이 강했던 술탄 아흐메드 1세[1603-1617]
는 오스만 제국의 영광을 위하여 맞은편에 있는 유스티니아누스 황제
가 세운 아야 소피아보다 더 웅장한 모스크를 오스만 제국의 옛 궁전
터였던 이곳에 세우고자 하였다. 술탄 아흐메드 1세는 미나레를 황금
[알툰]으로 지으라고 명령하였으나, 오스만 제국의 재정 고갈을 우려한
건축가 메흐메드 아아는 6개[알트]로 잘못 알아들었노라고 변명하였다
는 일화가 전해져 오고 있다. 블루 모스크는 세계에서 유일한 미나레
6개의 모스크이다.

블루 모스크의 중앙돔의
크기는 직경 27.5m이다.

블루 모스크의
중앙돔

터키에서 가장 큰 모스크이며, 화려한 미나레
6개를 가진 블루 모스크가 완성되자 당시 미나
레가 6개이던 이슬람의 성지 메카의 모스크는 권위 유지를 위해서 미
나레를 7개로 늘려서 세웠다. 6개의 미나레가 하늘을 향해 뻗쳐 있는
블루 모스크는 여러 면에서 걸작으로 평가받고 있다. 먼저 6개의 미나
레와 중앙 돔이 눈길을 끈다. 아야 소피아와 블루 모스크의 공통점은
중앙 돔에 있다. 내부도 넓은 공간과 중앙의 큰 돔 때문에 아야 소피
아와 비슷하다고 느낄 수 있다. 그러나 아야 소피아의 중앙 돔이 블루
모스크보다 높고 더 크다. 블루 모스크의 중앙 돔은 직경 27.5m, 높이
43m이며 본당 내부는 2,700여 평방미터이다.

블루 모스크 이즈닉산 타일을 사용하여
푸른 빛이 나는 블루 모스크

블루 모스크 외당의 중앙에
있는 육각형 분수대 육각형 분수대

블루 모스크의 본래 이름은 오스만 제국 14대 술탄인 아흐메드 1세의 이름을 따서 '술탄 아흐메드 1세 자미'이다. 오스만 제국의 천재적 건축가 미마르 시난이 설계하고 그의 제자인 메흐멧 아아에 의해 1609년에서 1616년 사이 건축된 블루 모스크의 가장 볼 만한 장식은 광택제를 바른 타일 작품이다. 이 타일은 광택타일의 중심지로 전성기를 구가하던 이즈닉^{고대 니케아}에서 만든 것으로 블루 모스크의 벽에는 이즈닉산 푸른색과 흰색의 타일 21,000여장을 사용하여 푸른 빛으로 꾸며져 유리창으로 들어오는 빛이 푸른 빛을 띠어 '블루 모스크'로 불린다.

블루 모스크는 본당과 내당, 외당으로 구분되는데 외당 부분은 26개의 기둥이 있고 그 위의 지붕은 30개의 작은 돔으로 덮고 있다. 외당의 중앙에는 육각형의 분수대가 서 있다.

블루 모스크는 '술탄을 위한 예배당'이다. 술탄은 오스만 제국 통치의 심장부인 톱카프 궁전에서 나와 현재 카펫 박물관으로 사용되고 있는 황실 전용 쉼터에서 예배준비를 하고 블루 모스크의 왕좌에서 기도를 드렸다. 블루 모스크는 부속건물도 갖추고 있다. 부속건물에는 술탄 아흐메드 1세와 일가족의 묘, 아라스타 바자르, 레스토랑, 율법학교 등이 있다. 모스크로서의 본질을 강조하기 위하여 모스크 이외의 건축물들은 주변건물로서 그 일부를 이루고 있다.

술탄이 톱카프 궁전에 들어갈 때에는 톱카프 궁전의 문들을 말을 타고 들어갔지만, 술탄이 블루 모스크에 예배하러 갈 때에는 블루 모스

◀ 술탄이 블루 모스크에 예배드리러
갈 때에 말에서 내리도록 드리워진 쇠사슬

크 문 앞에서는 반드시 말에서 내려 고개를 숙이고 들어 가도록 블루 모스크 정문 앞에 쇠사슬을 늘어뜨려 걸어 놓았다. 신 앞에 서는 오스만 제국의 술탄 조차도 머리를 숙여야 한다는 무언의 경계이며 가르침이었다.

이슬람은 일상 속에 스며든 생활의 형태이다. 무슬림은 5가지 의무^{황금규칙}가 있다. 이를 이슬람의 5가지 기둥이라고도 한다.

❶ **샤하다**^{신앙고백} ▶ 라 일라하 일라~ 알~라 무함마드 아술~ 알~라^{알라 이외에 신이 없음을 증언하노라. 무함마드는 알라의 예언자임을 증언하노라} 이슬람 신자^{무슬림}들의 예배는 코란의 첫 구절인 이 말로 시작되고 이 말로 끝난다. 이는 이슬람교의 가장 중요한 기둥인 '신은 하나뿐이고, 무함마드는 그의 예언자'라는 신앙고백이다. 매일 5번의 기도 맨 처음과 마지막, 그리고 명상할 때 반복한다.

❷ **살라트**^{기도} ▶ 무슬림은 적어도 하루 다섯 번^{해 뜰 때, 정오, 늦은 오후, 저녁, 밤} 알라에게 기도하여야 한다. 매일 다섯 번 기도하고, 기도 시에는 메카의 카바를 향하여 기도하라는 규정은 무함마드 자신이 정하였

다. 기도시간이 되면 무에진^{애잔을 낭독하는 무슬림}이 애잔^{기도시간을 알리는 소} 리을 미나레^{첨탑}에서 애잔하게 낭독한다^{현재 블루 모스크에서는 애잔이 스피커를 통하여 울려 퍼진다} 초원과 사막, 목축이 많았던 그 옛날 이슬람국가에서 여행자는 미나레에서 울려 퍼지는 애잔 소리를 들으면, 근처에 있는 모스크에서 기도도 하고, 모스크에 딸려 있는 숙소에서 쉴 수 있다는 마음의 평안을 느낄 수 있었다. 애잔은 알라후 아크바라^{알라께서} ^{는 위대하시도다}를 4차례 반복하면서 시작한다.

❸ **자카트**^{자선} ▶ 항상 가난한 사람들에게 자비를 베풀어야 한다. 코란 은 탐욕이 죄의 근원이라고 하였다. 자카트는 마음에서 탐욕을 억 누르는 장치가 된다. 자카트는 이슬람교가 규정하는 인도주의적 세 금이다. 자선을 함으로써 자선하는 사람은 이기심을 정화시키고 자 신의 죄를 속죄하는 것이 되고, 도움을 받는 사람은 가진 자에 대한 시기심과 적개심을 극복할 수 있다. 자카트는 보통 수입의 2.5%^{40개 중 1개}를 지출한다.

❹ **사움**^{금식} ▶ 라마단 기간에는 금식해야 한다. '라마단'은 아랍어로 더 운 달이라는 뜻이며 무함마드가 신의 계시를 받은 달이다. 이슬람 력으로 9월인 라마단 기간 동안 해가 뜰 때부터 해가 질 때까지 음 식을 먹지 않고 금식한다. 해가 지면 라일라 알바르^{허락의 밤}가 되어 특별한 식사를 하고 축제를 즐긴다. 라마단 기간 중에도 임신부, 환 자, 노인, 젖 먹이는 어머니 등은 먹는 것이 허용된다.

라마단 기간 중 해가 지자 에미뇌뉴 선착장 주변 공원에서 가족과 친척들이 모여 음식을 먹고 있다. ▼

MERHABA
YA SEHRI
RAMAZAN

라마단 기간의
블루 모스크 야경
라마단 기간 중 해가 뜰 때부터 금식하고 해가 지면 블루 모스크 주변 공원에서
가족과 친척들이 모여 가져온 음식을 먹고 축제를 즐긴다. 2013년 7월 라마단
기간의 블루 모스크 야경

❺ 하지^{순례} ▶ 무슬림은 일생에 한 번은 메카로 성지순례를 하여야 한다. 하지란 이슬람력의 12월 8일에서 12월 13일에 숭배의 장소인 카바가 있는 메카에 순례여행을 하는 것을 말한다. 하지 기간 동안 메카에 수백만명의 사람들이 몰려들기 때문에 종종 대형사고가 발생하기도 한다.

기도 후, 블루 모스크 본당 밖으로
나가는 히잡을 쓴 여성이 신비롭다.

히잡을
쓴 여성

블루 모스크에서 만난 예쁜 이스탄불 소녀. 왼손에
내가 건네준 모나미 153 볼펜을 들고 즉석에서
자연스런 포즈를 취해 주었다.

이스탄불 소녀

120

블루 모스크
& 오벨리스크

6개의 미나레를 가진 블루
모스크와 술탄 아흐멧
광장의 오벨리스크

블루 모스크 야경

(2013년 12월)

비오는 날
블루 모스크

보슬비가 내리는 12월의 저녁
무렵 성스러운 아야 소피아 앞에서
블루 모스크를 바라보며 시미츠
장수는 무엇을 생각하고 있을까.
이곳 또한 삶의 현장임을 알 수
있는 광경이다.

비잔틴 제국의 이륜마차 경주장, 히드포럼(술탄 아흐메드 광장)

블루 모스크의 정문 앞에 있는 히포드럼은 비잔틴 제국 시대 이륜마차 경주장이었다. 이륜마차 경주는 영화 '벤허'에서 보는 것처럼 현재 독일 분수대가 있는 술탄 아흐메드 광장 입구에서 경주마차가 입장하여 U자형의 트랙을 돌았다. 트랙의 동쪽 끝은 당시 비잔틴 제국의 궁전과 맞닿아 있어 황제가 그 가족들을 이끌고 입장하여 히포드럼 옥좌에 앉아 경기를 관람하고 황제가 승리자에게 금관을 씌워 주었다. 술탄 아흐메드 광장에 있는 오벨리스크 기단의 동·서·남·북 4면에는 그 모습이 생생하게 조각되어 있다.

술탄 아흐메드 광장에 있는 이집트의 오벨리스크. 테오도시우스 황제가 현재의 자리에 옮겨 세웠다. 블루 모스크의 미나레가 보인다.

오벨리스크

히포드럼 광장은 3세기 세베루스 황제가 전차 경기장을 건설하여 '히포드럼'이라 불렸으며 비잔틴 제국 시대 도시민들이 여가를 즐기는 곳이었다. 그후 콘스탄티누스 1세 때 길이 480m, 폭 117.5m로 확장하여 그 수용규모가 10만명에 이르렀다. 가장 인기있는 이륜전차 경주는 영화 '벤허'에서 보는 것처럼 4마리

말이 이륜전차를 끄는 경주로 트랙을 일곱 바퀴 돌았으며 그 길이는 약 2.5km에 이르렀다.

이륜전차 경주는 지나친 열기로 인하여 재산을 탕진하고 범죄가 발생하는 부작용이 있었다. 이륜전차 경기를 청팀, 녹팀으로 나뉘어 응원하던 시민들은 비잔틴 제국의 종교문제, 정치문제에 이르기까지 편을 갈라 격렬하게 싸우고 적대관계로 폭동을 일으키기도 하였다. 히포드럼에서 532년에 일어난 '니카의 반란'으로 화재가 발생하여 아야 소피아가 불에 타서 소실되고, 황제의 폭동진압 명령으로 하루아침에 3만명이 목숨을 잃은 사건이 대표적이라고 할 수 있다.

히포드럼의 외벽에는 아치형 기둥들이 경기장 전체를 빙 둘러 세워져 있었다. 이 기둥들은 1550년까지 남아 있었으나 그 이후 건축자재로 사용되었고, 1609년 술탄 아흐메드 1세가 블루 모스크를 짓기 위해서 히포드럼의 관중석과 남은 부분들을 철거하여 히포드럼 광장 석재들은 블루 모스크 부속건물 건축 등에 사용되었다.
히포드럼은 터키어로 아트^말 메이다느^{광장}, '말의 광장'으로 불리게 되었다. 현재는 '술탄 아흐메드 광장'으로 불리고 있으며, 이스탄불을 찾는 여행객들이 벤치에 앉아 담소하고 휴식을 취하는 광경을 곳곳에서 볼 수 있다. 술탄 아흐메드 광장에는 테오도시우스의 오벨리스크, 세 마리 뱀의 기둥, 콘스탄티누스 황제의 돌기둥, 독일 빌헬름 2세의 분수대가 있다.

술탄 아흐메드 광장에 있는 테오도시우스의 오벨리스크는 높이가 19m이며, 기단을 포함하면 25m이다. 3천 5백여년 전 메소포타미아까지 정복한 이집트 투트모스 3세의 전쟁승리를 기념하기 위하여 이집트 룩소르에 세워졌으나, 4세기 후반에 테오도시우스 황제가 이집트의 알렉산드리아에서 나일강을 거쳐서 콘스탄티노플에 가지고 와서 AD 390년 현재의 자리로 옮겨서 세웠다. 그래서 '테오도시우스의 오벨리스크'라고도 부른다.

파손된 세 마리 뱀의 기둥. 파손된 뱀의 머리 중 한 마리는 이스탄불 고고학 박물관에 전시되어 있다.

파손된
세 마리 뱀의 기둥

술탄 아흐메드 광장에는 청동으로 만든 세 마리 뱀의 기둥이 서 있는데 세 마리의 뱀이 서로 몸을 꼬면서 위로 올라가서 세 마리 뱀의 머리는 서로 다른 방향으로 향하고 있는 형상이다. 콘스탄티누스 황제가 그리스 델포이에서 가져와서 이곳에 세웠으나 18세기경 뱀의 머리가 파손되었다. 뱀 세 마리 중 한 마리의 머리는 19세기 아야 소피아 성당 보수공사 중 발견되어 현재 이스탄불 고고학 박물관에 전시되어 있으며, 한 마리는 영국 런던의 대영박물관에 전시되어 있다.
세 마리 뱀 기둥의 기단이 땅 아래 움푹하게 들어간 것을 볼 수 있는데, 이것은 블루 모스크를 세울 때, 히포드럼이 헐리고 히포드럼 광장과 관중석 등의 석재를 블루 모스크 부속건물 건축 등에 사용하고 블루 모스크 공사를 위하여 파헤친 흙으로 히포드럼 광장을 메워서 최초의 뱀기둥의 기단 보다 높아진 흔적이다. 세 마리 뱀의 기둥이 세워진 역사는 다음과 같다.

기원전 6세기 페르시아는 인도 북부에서 지금의 불가리아 남부까지 영토를 확장하여 대제국을 건설하였다. 영토만을 기준으로 하면 인류 역사상 가장 넓은 영토의 제국을 세운 것이 칭기즈칸의 몽골 제국이며, 그 다음이 페르시아 제국, 그 다음이 알렉산더 대왕이라고 알려져 있다.

기원전 5세기에 당시 소아시아 지역, 그리스 식민도시들이 페르시아 제국의 지배에 반란을 일으켰고 아테네를 비롯한 그리스 도시국가 polis들이 반란을 지원하자 페르시아와 그리스 간에 전쟁이 일어나게 되었다.

1차 전쟁은 기원전 492년 페르시아의 다리우스 1세가 보낸 페르시아 함대가 해상으로 그리스 북쪽의 트라키아 지방을 침공하였고,

2차 전쟁은 기원전 490년 페르시아 원정군이 그리스 본토를 침공하여 아테네 북쪽에 상륙하였으나, 마라톤 평원에서 그리스 군에게 패하여 철수하였다. 마라톤 전투는 그후 올림픽의 꽃인 마라톤의 기원이 되며, 페르시아의 후예인 이란은 오늘날 평화와 화합의 제전인 올림픽에서 마라톤 종목에는 출전하지 않는다.

영화 '300'의 배경이 된 기원전 480년의 페르시아 3차 원정은 크세르크세스가 이끄는 페르시아의 100만 대군이 바다를 피하여 수천km를 걸어서 지금 터키의 차낙칼레 해협에 배다리를 설치하여 육상을 통하

여 아테네로 진격하였으나 아테네는 텅비어 있었다. 이어 페르시아는 페니키아 용병을 주축으로 하여 살라미스섬으로 함대를 몰고 가서 기원전 480년 9월 25일 그리스와 10시간에 걸친 해전을 하였으나 크게 패하였다. 이 전쟁이 고대 세계 역사의 방향을 바꾼 '살라미스 해전' 이다.

전쟁을 승리로 이끈 아테네는 델로스 동맹을 만들었고 아테네가 제국으로 크게 성장하는 계기가 되었다. 이때 그리스는 3차에 걸친 페르시아와의 전쟁에서 태풍으로 인한 페르시아 함대의 난파, 살라미스 해전의 승리 등을 그들의 신인 '아폴로'의 가호로 생각하여 페르시아 병사들에게서 획득한 전리품인 방패와 무기들을 모아서 녹이고 세 마리 뱀의 기둥을 만들어 그리스 델포이의 '아폴로' 신전에 바친 것이다.

델포이 신전에 세워진 기둥은 세 마리의 뱀이 서로 몸을 꼬면서 위로 올라가서 세 마리 뱀의 머리가 서로 다른 방향으로 향하고 있는데, 그 위에는 황금으로 된 큰 그릇이 있었다고 전해지고 있으나 그후 황금으로 된 그릇은 찾을 수가 없었다.

하나의 부러진 청동 기둥에 2,500여년의 역사와 전쟁과 제국의 이야기가 담겨 있다. 그 이야기는 강물에 흘러간 지나간 역사와 신화에 그치지 않고, 세상 만사가 그 원인과 조건지어진 데 따라 변해가면서 끝없이 이어지고 있으며 오늘날까지 엄연히 살아있는 이야기임을 느낄 수 있다. 7월의 뜨거운 햇빛 아래 이스탄불 히드포럼 광장을 거닐면서 '햇빛에 비치어 역사가 되고 달빛에 물들어 신화가 되었네'라는 상념이 떠나지 않았다.

술탄 아흐메드 광장 남쪽 끝에 서 있는 콘스탄티누스 황제의 벽돌기둥은 콘스탄티누스 7세가 10세기 초 벽돌 기둥에 청동으로 둘레를 입혀서 만들었으며, 청동에는 선왕의 전쟁 승리를 기록한 그림이 있었으나, 1204년 제4차 십자군 전쟁 때 콘스탄티노플을 침략한 십자군이 동전을 만들기 위하여 청동부분을 약탈하여 벗겨서 가지고 갔기 때문에 현재는 32m 높이의 벗겨진 벽돌기둥만 남아있다.

셀주크 투르크족의 위협을 받고 있던 비잔틴 제국이 로마 교황에게 군사원조를 요청함으로써 시작된 십자군 전쟁은 200년에 걸쳐 이슬람을 상대로 벌인 서유럽의 군사원정으로 성지 예루살렘과 성스러운 묘지를 이슬람의 지배로부터 탈환하려는 것이었다.

8차에 걸친 십자군 전쟁은 이슬람의 성지반환으로 막을 내렸으나 이로 인한 상호 간의 적의와 불신은 수백년간 지속되었다. 유대교, 기독교, 이슬람 모두에게 '성지'인 예루살렘은 1091년에는 살라딘에게, 1099년에는 1차 십자군 병사들에게 점령되었다.

- 1차 십자군 전쟁[1096-1099년]은 1095년 11월 27일 클레르몽 공의회에서 교황 우르바누스 2세가 신부들과 주교들에게 십자군 소집을 위한 최초의 호소를 하였다. 1차 십자군 전쟁은 유럽의 기사와 농민들이 참가하여 1099년 예루살렘을 점령하고 오리엔트 라틴 국가를 세웠다.

- 2차 십자군 전쟁[1147-1149년]은 1차 때와 달리 교황이 아니라 성 베르나르두스가 앞장섰고 프랑스 왕 루이 7세와 독일 황제 콘라드 3세같은 군주들이 조직했으나 출발 당시 2만 5천명인 십자군 병

콘스탄티누스 황제의 벽돌기둥

술탄 아흐메드 광장 남쪽에 있는
콘스탄티누스 황제의 벽돌기둥

사들이 1148년 봄 시리아에 도착했을때는 5,000명에 불과할 정도로 몰살당하였고 콘라드 3세는 1148년 9월 그의 병사들을 배에 태워 돌아가서 2차 십자군 전쟁은 실패하였으며 프랑크족^{이슬람이 서유럽을 부르는 말}의 무적의 신화는 무너졌다.

🏮 3차 십자군 전쟁^{1189-1192년}은 하틴의 뿔 전투^{1187년 7월}로 예루살렘 왕국이 멸망하고 성지 예루살렘이 이슬람 군주 살라딘에게 점령 당하자 성지 탈환을 위해서 결성되어 1189년부터 약 3년 동안 계속되었다.

🏮 4차 십자군 전쟁^{1202-1204년}은 교황 인노첸시오 3세가 줄곧 성전을 고집하여 당시 이슬람의 본거지였던 이집트 공략을 목표로 4차 십자군이 마침내 출정하게 되었다. 그러나 만연된 왕실의 분열과 복잡다단한 사정 때문에 십자군은 방향을 바꾸어 콘스탄티노플을 습격^{1204년}하기에 이른다. 1204년 4월 12일 십자군은 해상에서 콘스탄티노플을 공격하여 알렉시우스 두카스가 지휘하는 그리스 군을 격멸하고 비잔틴 제국은 이때의 타격에서 다시는 회복하지 못하게 된다. 그들이 콘스탄티노플을 점령하고 약탈하며 오리엔트의 라틴 제국을 세울 동안, 그리스인들은 니케아에서 망명 동로마 제국을 세운다.

기독교의 관점에서 보면 제4차 십자군 전쟁은 치욕적인 사건이다. 이교도를 점령하라고 보낸 십자군이 당대의 가장 큰 기독교 도시인 콘스탄티노플을 점령해 버린 것이다. 벗겨진 콘스탄티누스 황제의 벽돌 기둥은 800여년 전 그 당시의 상황을 우리에게 생생하게 알려 주고 있었다.

히드포럼 광장에서 영화 '벤허'에서 보았던 이륜전차의 말발굽 소리가 들려오고 이어서 영화의 장면 장면들이 떠 올랐다. 영화 '벤허'에서 유다 벤허는 나병에 걸려서 동굴 안의 천막 속에 버려져서 죽음만을 기다리고 있는 어머니를 구하고 여동생을 품에 안고 시내로 들어온다. 그의 어머니와 여동생에게 죽음만을 기다리는 어둠 속에서 삶의 빛으로 인도하는 구원은 아들이며 오빠인 '가족'인 것이다.

무거운 십자가를 지고 골고다 언덕을 오르다 십자가에 깔린 목마른 예수님에게 벤허는 바가지에 물을 떠서 건네주지만 로마병사가 물바가지를 걷어차서 물이 엎질러지고 만다. 골고다 언덕에서 십자가에 예수님이 못 박히던 날 저녁, 벤허는 그의 가족들에게 십자가에 못 박혀 죽어간 예수님이 마지막으로 남긴 말은 '아버지, 저들을 용서해 주십시오. 저들은 자기들이 무슨 일을 하는지 모릅니다'였다고 전해준다. 예수님의 길을 따르는 이들은 예수님이 마지막으로 남기신 이 말씀을 묵상하여야 한다.

이슬람의 창시자인 예언자 무함마드는 그의 부인 이사야에게 '집에 있는 것은 모두 구호를 필요로 하는 자에게 주어라. 알라와 함께 있고 싶다'고 마지막으로 말씀하였다. 무함마드의 길을 따르는 이들은 이 말씀을 늘 따라야 한다.

부처님은 제자들에게 '그럼 비구들이여, 너희들에게 작별을 고한다. 모든 것은 변천한다. 게으르지 말고 부지런히 힘써 정진 하여라'라고 최후의 유훈을 남겼다. 부처님께 귀의한 이들은 부처님의 이 말씀을 늘 마음으로 새겨야 한다. 100번 듣는 것보다 1번의 깨달음이 중요하고, 깨달음보다 실행이 더없이 소중한 것이다.

미래를 알려면 과거를 알아야 한다.
연구할 만한 미래는 현재에 존재하지 않는다. 실제로 현재에 존재하는 것, 그래서 우리가 미래를 위하여 연구할 수 있고 또 가끔은 실제로도 연구하는 것은 바로 미래에 대한 대중들의 마음 속의 이미지, 인식도 등이다. 이렇게 역사 현장의 하나의 유적에서 우리는 대중들의 마음 속의 이미지를 볼 수 있고 미래에 대한 교훈을 얻는 것이다.
미래를 얻고자 하는 자여! 역사를 두려워 하라! 돌아서는 발걸음이 무겁게 느껴진다.

콘스탄티누스 황제의 돌기둥 뒷쪽에 보이는 건물은 터키 정부 부처 건물로 사용되었으나, 현재는 대학교 부속건물로 사용하고 있다.

독일의 빌헬름 2세는 베를린과 이스탄불, 바그다드를 연결하는 철도를 추진하고 있었다. 1895년 이스탄불을 방문한 그는 오스만 제국의 술탄 압둘 하미드 2세에게 우정의 표시로 우물을 선물하였다. 이것이 '빌헬름 2세의 우물'이다. 7월에 왔을 때는 술탄 아흐메드 광장 동쪽에 위치한 빌헬름 2세 우물의 모자이크와 그 아름다움을 볼 수 있었다.
12월에 다시 오니 현재 보수공사 중으로 우물 전체를 하얀색 천으로 덧씌워 놓은 상태라, 그 모습을 볼 수 없어 매우 섭섭한 마음으로 한

참을 술탄 아흐메드 광장 주위를 거닐었다. 이스탄불은 현재 보수공
사 중이다!

술탄 아흐메드 광장 주변을 돌아다니면서 사진도 찍고 블루 모스크
아래쪽에 위치한 아라스타 시장에서 20여개의 상점들에 진열되어 있
는 도자기, 카펫, 주방용 타일, 쥬얼리 등을 살펴보았다. 아라스타 시
장은 술탄 아흐메드 2세에 의해 블루 모스크의 부속건물로 만들어졌
다. 아라스타 시장에서 블루 모스크의 뒷 벽면을 따라서 블루 모스크
를 올려다 보면 은은한 에너지와 이국의 정취가 느껴진다. 그러다 정
가이드와 터키인 엔데룬을 놓쳤다.

술탄 아흐메드 광장과 블루 모스크, 아야 소피아, 톱카프 궁전 제1문
앞까지는 다 합쳐도 서울시내 아파트 단지에 있는 마을버스 한 정거
장 거리 정도다. 한참을 이리저리 왔다갔다 하면서 찾아 헤매었다.
나중에 알고 보니, 당초 일정은 술탄 아흐메드 광장 다음 코스는 아라
스타 시장을 지나서 톱카프 궁전으로 가는 것이었는데, 점심식사를
위하여 예약한 터키 케밥식당의 사정상 점심 식사시간이 앞당겨져서
먼저 점심 식사 후, 톱카프 궁전으로 가는 것으로 일정이 바뀐 것이다.

여행이나 쇼핑 중 일행을 놓쳤을 때에는 처음 놓쳤다고 생각하는 곳
에 가만히 대기하고 있는 편이 좋다. 일행들도 찾으러 다닐 것이기 때
문에 서로 엇갈리면 더욱 만나기가 어렵다. 그리고 핸드폰에 일행의
연락 전화번호를 반드시 입력하고 다녀야 한다. 덕분에 술탄 아흐메

트 광장, 블루 모스크, 아야 소피아, 톱카프 궁전, 예레바탄 사르니치는 동네 앞길처럼 훤하게 알게 되었지만…새삼 인간만사가 새옹지마인 것을 알게 되었다.

20여분을 돌아다니다, 일행들을 만났다. 일행들은 아라스타 시장 아래 골목에 있는 케밥식당에서 점심으로 '모듬케밥'을 먹고 있었는데 식사가 다 끝나고 디저트로 나온 사과를 한 조각씩 먹고 있는 중이었다. 모듬케밥은 접시 위에 붉은색 양파를 잘게 썰어 얹고 채소 샐러드와 고추, 토마토 구운 것과 닭고기, 쇠고기, 양고기를 얇게 저며서 각각 전처럼 구워서 얹어 주는 것인데 터키 어느 지방에서나 쉽게 접하게 되는 음식이다. 시간도 없고 식욕도 없어서 접시 위에 있는 구운 토마토와 양파를 반찬으로 하여 식사 전에 나오는 바구니에 담긴 바게트 빵과 식탁 위에 있는 물로 대충 식사를 때웠다.

여행기간 동안 2인 1실로 나와 같은 방을 배정받은 룸메이트 덕현^{완전히 파르라니 깎은 머리에 군밤 모자를 쓴 비승비속의 50대 초반의 남자}이 한마디하였다.

    '자유여행보다 더 자유스럽게 술탄 아흐메트 광장을 돌아다니셨네요'

    '……'

오스만 제국의 심장부, 톱카프 궁전

콘스탄티노플을 정복한 술탄 메흐메드 2세는 1475-1478년에 비잔틴 제국의 성곽이 있던 이스탄불 제1 언덕 북쪽 끝에 톱카프 궁전을 건축하였다. 이곳은 보스포러스 해협과 골든혼, 마르마라해가 만나는 이스탄불 구시가지 최정상의 곳^{바다쪽으로 튀어나온 모양을 한 육지} 위에 세워져 있다. 톱카프 궁전은 이후 마흐무드2세¹⁸⁰⁸⁻¹⁸³⁹ 때까지 오스만 제국의 심장부인 술탄의 거처로서 정부와 중앙행정의 수뇌부였다.

톱카프 궁전^{TOPCAPI PALACE}을 영어식 발음으로 '톱카피 궁전'이라고 읽는 사람들이 있으나, 터키어에서 'I'는 발음되지 않으므로 '톱카프 궁전'이라고 읽는 것이 옳은 발음이다. 톱카프 궁전의 총면적은 160만 평

톱카프 궁전의 두번째 문인 경의의 문(밥 우 살람). 오스만 제국에서는 16세기부터 '문'이란 말은 권력과 동의어가 되어 있었고, 회의와 알현과 재판이 열리는 곳이었다. 궁전 입구 양쪽에 대포가 배치된 데 유래하여 톱(대포) 카프(문)라 불렀다. 술탄은 이 문을 말을 타고 들어갔다. 들어가서 두번째 마당에 술탄의 마구간이 있다.

> 톱카프 궁전의 두번째 문, 경의의 문

방미터이며 사방 벽의 총길이
는 5km에 달한다.

톱카프 궁전은 세 개의 문과,
문과 문 사이에는 마당인 4개
의 중정이 있다. 첫 번째 문은
황제의 문^{밥 이 후마윤}, 두번째 문

TIP   톱카프 궁전 관람하기

★ 관람시간
 ▪ 4월 15일부터 9월 30일까지(여름) 09:00~19:00
 ▪ 10월 1일부터 4월 14일까지(겨울) 09:00~17:00
★ 매표소 : 첫번째 마당을 지나 두번째 문 가까이에
  있음(두번째 문부터 입장권이 있어야 입장이 가능)
★ 휴관일 : 매주 화요일

은 경의의 문^{밥 우 살람}, 세번째 문은 지복의 문^{밥 우 사데}을 말한다. 궁전은
공적 행사에 쓰이는 곳인 비룬과 사적 공간인 엔데룬으로 이루어져
있는데, 두번째 궁정의 비룬^{외정}에서 지복의 문을 통과하여 세 번째 궁
정의 엔데룬^{내정}으로 갈 수 있으며, 지복의 문 바로 뒤에는 알현실이
마련되어 있었는데 이 때문에 시야가 가려져 접근할 수 있는 시종과
내시, 여자들 외에는 술탄의 사적 공간인 엔데룬을 볼 수 없었다.

톱카프 궁전의 첫 번째 문인 황제의
문과 술탄 아흐멧 3세의 샘.

황제의 문과
술탄 아흐멧 3세의 샘

황제의 문은 오스만 제국 시절 투르크인이든 아니든, 여자든 남자든 모든 사람들이 넓은 뜰이 있는 첫번째 궁정으로 드나들 수 있었다. 일반 백성들은 이곳까지만 자유롭게 다닐 수 있었고, 이곳에서는 술탄에 대한 존경의 표시로 모두 침묵을 지켰다. 입구 왼쪽에 있는 비잔틴 제국 때 지은 성 이레나 성당은 무기고로 쓰였다.

황제의 문 입구에 새겨진 글은 술탄 메흐메드 2세가 톱카프 궁전을 1478년에 완공했다고 적혀 있다. 아래는 술탄 메흐메드 2세의 투라(술탄의 상징)이다.

황제의 문 입구

톱카프 궁전(제1 언덕)의
첫번째 문인 황제의 문에서
블루 모스크(제2 언덕)가 내려다
보인다. 오스만 제국의 술탄은 이
길을 따라 블루 모스크 금요 예배에
참석했다. 오른쪽으로 아야 소피아
성당(제 1언덕)과 미나레가 보인다.

톱카프 궁전 첫번째 마당 왼쪽에 있는
비잔틴 제국 때 지은 성 이레나 성당.
오스만 제국 시절 무기고로 쓰였다.

성 이레나 성당

비잔틴 시대 성벽

톱카프 궁전 첫번째 마당에 있는
비잔틴 시대 성벽

톱카프 궁전은 비잔틴 제국의 성곽이 있었던 첫번째 언덕 북쪽 끝에 세워졌다. 톱카프 궁전 첫번째 마당에 있는 비잔틴 제국의 성벽은 벽을 따라가면 5km 정도 이어져 있다. 한때는 오스만 제국 술탄과 가족, 군사와 관료 등이 5만명이 넘게 거주하기도 하였으니, 톱카프 궁전 자체가 하나의 도시였으며, 사진으로 보는 성벽이 바로 도시 성벽이었다. 오른쪽으로는 해안쪽의 낮은 언덕 아래로 보스포러스 해협과 이스탄불 신시가지의 현대식 빌딩 건물들이 한눈에 들어온다.

첫번째 마당 가운데 플라타너스 우거진 길을 걸어가면 플라타너스 길 옆은 키낮은 장미가 길을 따라 피어 있고, 10대 후반의 터키 소녀 2명이 소매 짧은 옷을 입고 플라타너스가 그늘을 만들어 주는 길옆 잔디에 앉아서 책을 읽고 있다. 그 옆에는 유모차를 옆에 두고 3살과 2살짜리 아기 2명이 겉옷이 깔린 잔디 위에서 놀고 있다. 그 옆에는 약간 살이 찐 젊은 터키 엄마가 아기들을 지키고 앉아 있다.

3m 정도 옆에는 길고양이 한 마리가 엎드려서 눈을 돌려 그들을 바라보고 있다. 오스만 제국 시절부터 첫번째 마당에서 지켜져 온 침묵이 현재까지 내려와 지금 눈앞의 광경들은 무성영화처럼 소리 없이 이어지고 있다.

이곳은 오스만 제국 술탄의 근위대인 예니체리가 위치하여 궁전을 수비하였던 곳이

예니체리 복장을 하고 첫번째 마당을 거니는 모습을 볼 수 있다.

예니체리 복장

138

다. 예니체리란 전쟁터에서는 오스만 제국의 무서운 전사로서, 평화시에는 오스만 제국 술탄의 수호자로서 활약하였는데, 오스만 제국은 12-20세 사이의 기독교 출신 소년들을 징병하여 할례를 하고 이슬람으로 개종시킨 뒤 군사교육을 시켜 황제의 근위부대로 편성하고 능력있는 사람들은 관료로 기용하였다.^{오스만 제국의 이러한 제도를 '데브쉬르메'라고 한다} 16세기 중반에 들어와서는 이들이 정치적, 경제적 실권을 장악하였다. 첫번째 마당의 별칭은 예니체리의 마당이라고 한다.

두번째 문인 경의의 문 양쪽에는 성탑이 있다. 오른쪽 벽에는 사형집행자의 칼을 씻었다는 우물이 있었으나 현재는 그 흔적을 찾을 수 없다. 경의의 문부터는 일반 백성의 출입이 금지되었다. 경의의 문부터는 입장 시 티켓을 제시하여야 한다. 경의의 문을 지나면 제2 중정으로 '디반의 정원'이라고 한다. 오른쪽으로는 거대한 왕실주방이 있고, 왼쪽으로는 오스만 제국의 국사를 논의하던 '디반'^{내각} 건물이 있다.

터키 요리는 프랑스, 중국 요리와 함께 세계 3대 요리에 꼽힌다. 유럽과 아시아, 아프리카에 걸친 광대한 영토의 대제국을 건설한 오스만 제국은 넓은 지역에서 갖가지 진기한 요리재료를 풍성하게 가져왔다. 오스만 제국의 부유함이 더해져서 터키 요리는 더욱 발달하게 되었다. 톱카프 궁전의 왕실 요리사들은 하루종일 오직 새로운 요리를 개발하기 위하여 목숨을 걸었다. 술탄이 수시로 '매일 아침 새로운 요리를 하나씩 식탁에 올려라. 만약에 내 혀가 그 맛을 기억하는 음식이라면 내가 너를 죽여 버리겠다'라고 말하는 바람에 죽을 힘을 다하여 매일

현재는 도자기 박물관으로
사용되고 있다.

톱카프 궁전의
주방 건물

새로운 요리를 개발하였다. 무자비한 술탄과 하루에 하나씩
끊임없이 새로운 요리를 개발하는 왕실 요리사 덕분에 터키
의 요리는 비약적으로 발전하였다.

톱카프 궁전 술탄의 요리실^{마트바흐 아미레}에는 16세기에는 1,000여명의
요리사가 있었다고 전해온다. 이들은 수백여명의 시종들과 함께 하
루 1만여명의 음식을 만들었다. 제2 중정 오른쪽의 왕실 주방에는 신
분에 따라 열 개의 별도 주방을 갖고 있었다. 술탄의 식탁에 올려지는
음식은 주방에서 200여명의 사람들이 줄을 길게 서서 손에 손잡고 접
시를 날랐다. 오스만 제국의 궁전에서는 주로 양고기를 먹었고, 오스
만 제국의 광대한 영토에서 나오는 갖가지 진귀하고 신선한 식재료
때문에 생선은 거의 먹지 않았다.

터키 요리중 세계적으로 가장 많이 알려진 요리는 '케밥'이다. 케밥의 종류는 다양하다. 케밥은 쇠고기, 양고기, 닭고기를 구워서 만든다. 케밥은 굽는 방식에 따라, 바비큐식으로 돌려서 구운 되네르 케밥, 꼬치에 끼워서 구운 쉬시 케밥 등 다양한 케밥이 있다. 구워서 만들면 모두 케밥이다. 군밤도 케밥이다. 케밥은 구운 고기를 상추와 토마토 같은 야채에 싸서 먹는데, 얇은 빵 사이에 넣어서 먹기도 한다. 갈라타 다리와 에미뇌뉘 광장에서 파는 고등어 케밥은 이스탄불을 방문한 여행객은 누구나 한 번쯤 맛보고 싶은 별미로 알려져 있는데, 빵 사이에 구운 고등어와 채소를 넣어서 먹는다.

터키인들이 즐겨먹는 음식에는 쾨프테와 피데, 터키빵 에크맥, '튀르크 카흐베시'라는 터키 전통커피가 있다. 터키는 세계 최초로 커피를 마신 나라로서 세계 최초의 커피숍이 이스탄불에 있었다. 홍차, 로쿰, 요구르트, 아이란도 전세계에 잘알려진 터키 음식이다. 요구르트도 터키가 원조이다. 오스만 제국 시절 불가리아에 전해졌다.

왕실 주방은 현재 톱카프 궁전이 소장하고 있는 중국과 일본의 도자기 12,000여점 중 일부인 2,500여점을 전시하는 도자기 박물관으로 사용되고 있다.

디반 건물은 쿱베돔 알트아래라고 부른다. '디반' 회의는 오스만 제국의 정복사업 초기에는 술탄이 직접 참석하고 매일 열렸으나, 얼마 후 총리대신이 주재하게 되었고, 18세기 초에는 일주일에 하루만 열렸다. 디반 회의실 안 한쪽 벽면 위에는 술탄이 디반 회의가 진행되는 것을 듣고 의견을 말하기도 했던 황금색의 구멍뚫린 격자창을 지금도 볼 수 있다.

디반 건물 제2 중정 왼쪽에 있는 디반 건물. 디반 건물 지붕 위에 있는 정의의 탑은 감시용 탑이다.

술탄은 이 창으로 회의 내용을 듣고 지시하기도 하였다. 디반 회의실 안의 격자창

오스만 제국 당시 이곳을 방문한 외국인들의 견문록을 살펴보면 디반 회의가 열릴 때는 예니체리 병사와 궁전관리 등 5,000여명이 대기하였으나, 중정 내에서는 사람들의 숨소리만 들릴 뿐이고 침묵이 흘렀다고 한다. 제2 중정에서는 외국 사절 접수, 왕세자 할례식, 공주 결혼식, 출정식, 라마단이 끝난 뒤 바이람 축제 등 각종 궁정의식이 대신들과 화려한 복장의 예니체리 근위대가 참석한 가운데 열렸다.

톱카프 궁전의 세번째 문인 '지복의 문'은 술탄과 술탄의 측근만이 들어갈 수 있는 문으로 이 문 앞에서 출정식 등 오스만 제국의 궁정의식이 열렸다. 지복의 문 천장 중앙에서 내려온 황금색 추는 처마밑에 있는 술탄의 옥좌 위치THE PLACE FOR THE SACRED STANDART를 표시한다. 중요한

톱카프 궁전
세번째 문인 '지복의 문'

지복의 문

궁정의식 때 제2 중정 마당에 도열한 대신들과 예니체리 군대를 바라
보며 술탄의 황금 옥좌가 놓였고 술탄이 정복전쟁을 위하여 출정하면
그 자리에 깃발을 꽂아놓던 곳이다.

지복의 문 처마 밑에 그려진 그림들을 자세히 살펴보면, 오스만 제국
의 정신적 토대와 그 뿌리가 아시아지역임을 나타내고 있다.

이 문을 들어가면 바로 술탄이 외국 사절을 접견하는 알현실이 있고,
제3 중정에서는 황제의 즉위식이 성대하게 열렸다. 의상관과 보석관,
성물관이 제3 중정에 있다.

콘스탄티노플을 정복한 오스만 제국은 비잔틴 시대의 의상을 모방하
여 복장을 만들어 입었으며, 정복사업이 확장되어가면서 오스만 제국

술탄의 알현실

제3 중정에 있는 의상관 입구. 앞에 보이는
복도를 따라가면 보석관이 나온다.

의상관 입구

의 화려한 황제 쉴레이만[1520-1566] 시절에 만든 의전법에 따라, 궁정의
식 때 입는 의상의 종류와 색상 등이 상세하게 규정되었다. 오스만 제
국의 직물은 유럽에서 대단히 높이 평가되었다. 이러한 직물로 각자의
직책에 따라 여러 가지 장식을 달고, 머리 위에는 매우 근사하고 멋진
깃털장식이 있는 각기 다른 제복을 입고 금요일의 대집회 기도 때 술
탄의 앞쪽에서 말을 타고, 또 말탄 술탄을 지근거리에서 따라가는 행
렬은 이스탄불 주민들의 특별한 구경거리였다. 황금색 의류에 빨간색
수를 놓은 그 화려한 의상들은 지금 의상관에서 직접 볼 수 있다.

의상관을 나와서 복도를 따라가면 보석관이 있다. 보스포러스 해협이
바라다 보이는 제3 중정의 끝에 있는 보석관을 들어가면 다이아몬드,
에메랄드, 루비 등 오스만 제국 시대 각종 보석들을 전시하고 있다. 그
중에서 특히 관람객의 눈길을 끄는 것은 86캐럿[17g]짜리 다이아몬드다.
제3 중정에서는 이 다이아몬드만 보면 본전 뽑는다는 우스운 이야기
가 있을 정도로 가장 큰 관심을 받고 있으며, 보석관 앞의 긴 줄이 이
것을 말해주고 있다. 46개의 작은 다이아몬드가 둘러싸고 있는 이 다
이아몬드는 스푼장수의 다이아몬드[KOSIKCI Diamond]라는 이름이 붙어 있

86캐럿짜리
다이아몬드

톱카프 궁전 보석관에 있는
86캐럿짜리 다이아몬드

보석관 입구

보스포러스 해협이 바라다 보이는 제3 중정
끝에 있는 보석관 입구. 86캐럿 다이아몬드와
'톱카프 단검'이 있다.

다. 이것을 주운 한 어부가 시장에서 스푼 세 개와 바꾸었다고 해서
붙여진 이름이다.

톱카프 궁전의 보석관을 상징하는 것은 '톱카프 단검'이다. 이 단검은
오스만 제국의 술탄 마흐무드 1세가 페르시아 황제에게 선물[1741년] 한
것인데, 페르시아의 내분으로 다시 오스만 제국으로 돌아온 것이다.
단검의 크기는 35cm로 3개의 커다란 에메랄드와 수많은 다이아몬드
가 박힌 단검은 매우 아름답고 오스만 제국 술탄의 부유하고 화려했
던 역사를 이야기해 주는 것 같아 차마 발걸음이 떨어지지 않는다.

2013년 11월 4일부터 2014년 2월 23일까지 뉴욕 맨해튼 메트로폴리탄 박물관에서 전시되고 있는 신라금관과 국보 83호 금동반가사유상에 대하여 NYT는 '신라가 중국과 일본은 물론이고 중앙아시아와 아랍, 유럽의 지중해 문화와 교류경로에 있었음을 보여주는 유물이며, 신라는 기원전 57년부터 서기 935년까지 한반도를 지배한 세계에서 역사가 가장 오랜 왕조 중 하나인 〈천년왕국〉'이라고 소개하고 있다.

아시아와 유럽의 교차점이며, 오스만 제국의 심장부였던 톱카프 궁전에서 2013년 6월 19일부터 2013년 9월 29일까지 '한국 문화재 전시회'를 개최하고 신라금관, 고려청자 등 150여점의 국보급 유물을 선보여 세계의 관람객들에게 새로운 이야기를 접할 기회를 제공하고 감명을 안겨주었다.

7월에 왔을 때, 톱카프 궁전 두번째 문인 '경의의 문' 양쪽에 '한국 문화재 전시회' 현수막이 크게 걸려 있는 것을 보니 새삼 문화가 중요하고, 문화적 가치가 인류발전을 결정하기 때문에 전 세계인에게 적극적으로 알리고 또한 다른 문화를 존중하고 이해하는 것이 융합과 글로벌, 다문화 시대인 현재 우리의 발전에 꼭 필요한 일이라고 생각하였다. 막스 베버^{독일의 사회학자}가 말했듯이 '문화가 결정적 차이'를 만들어 내기 때문이다.

톱카프 궁전 전체를 한눈에 볼 수 있는 모형. 정면 앞에 보이는 곳이 하렘이다.

톱카프 궁전 모형

실크로드의 시작점인 신라 경주의 신라금관을 실크로드의 종착점인 이스탄불 톱카프 궁전에 '톱카프 단검'과 나란히 전시하면 천년 왕국 〈신라〉의 역사를 보듬어온 한국에 대하여 더욱 풍부한 상상을 불러일으킬 것으로 생각하면서 보석관을 나오니 보스포러스 해협과 골든혼, 마르마라해와 테오도시우스 해안 성벽이 한눈에 들어오는 시원스런 전경과 얼굴을 스치는 상쾌한 바람에 가슴이 확 뚫리는 느낌이었다.

톱카프 궁전의 술탄은 여름에는 이곳 발코니에서 보스포러스 해협을 바라보면서 식사를 즐겼다고 한다. 불어오는 시원한 바람과 탁트인 바다 풍경, 바다에 반짝이는 황금빛으로 빛나는 햇빛은 뇌파를 알파파로 바뀌게 하여 심신이 안정되고 평안한 마음상태를 느끼게 해주는 이곳이 톱카프 궁전에서 최고의 장소라고 내심 속으로 생각하였다. 보스포러스 해협을 바라보는 여행객들도 이곳을 떠날 줄 모른다. 12월

보석관앞
제3 중정 발코니

2013년 7월, 발코니에서
보스포러스 해협과 골든혼을
바라보는 관광객들.
12월에 두번째로 이곳에
와보니 발코니로 들어가는
입구가 막혀 있어
이곳으로 들어갈 수가 없고
발코니는 텅 비어 있다.

▶ 보스포러스 해협에서
바라본 톱카프 궁전.
중앙에 보이는 곳이
톱카프 궁전의 제3 중정
발코니이다.

▶ 이프탈리예에서
바라본 갈라타 탑과
골든혼. 술탄이 라마단
기간에 해가 진 후
저녁을 먹으면서 바라
보았던 풍경이다.

두번째로 와보니 7월에 왔을 때와는 달리, 이곳으로 들어가는 길은 막
혀 있고, 발코니는 텅 비어 있다. 내심 속으로 답답하고 아쉬운 마음이
들었다.

하렘은 아랍어 하람^{금지된 것}에서 비롯되었다. 하렘은 톱카프 궁전에서
남성들의 출입이 금지된 여성들의 사적인 공간이다. 술탄은 왕비가
넷이고 후궁이 많을 때는 700명 정도 될 때도 있었다. 후궁은 정복지
에서 데려오거나, 노예시장에서 사서 술탄에게 바쳐진 여성들이다.
하렘 입구를 들어서면 바로 환관의 방이 나온다. 환관들은 흑인으로
대부분 이집트에서 왔다. 하렘을 경비하는 것이 그들의 임무였다. 하
렘의 모든 권력은 술탄의 어머니인 발리데 술탄이 가지고 있었다. 하
렘에서 가장 큰 방을 소유하고 하렘에 들어올 새로운 여자들을 뽑는
권한을 가지고 있었고 때로는 대신에게 명령하기도 하였다.

하렘은 술탄의 어머니가 거주하는 곳, 왕비가 살던 곳, 후궁과 그 밖의 사람들이 살던 곳으로 나뉘어져 있다. 왕비는 가장 먼저 술탄의 남자 아이를 낳는 순서대로 첫번째 왕비에서 네번째 왕비로 순서가 정해졌다. 하렘에는 술탄의 방이 넓은 공간을 차지하고 있고, 이즈닉 장식이 있는 무라트 3세의 방, 꽃과 과일이 그려져 있는 무라트 3세의 식당이 있다.

하렘의 생활에 대해서는 우리나라에도 오래전 상영한 바 있는 '하렘 슈어'에 잘 나타나 있다. 톱카프 궁전과 이을드즈 궁전에서 촬영한 이 영화는 19세기 초 오스만 제국의 하렘의 일상을 철저하게 고증하여 보여준다. 영화는 세계정세가 요동치던 19세기 초 오스만 제국 파디샤^{술탄} 압둘 하미드 2세가 이스탄불 이을드즈 궁전에서 지낼 때를 배경으로 한다. 발칸반도를 둘러싼 이권전쟁으로 러시아에게 패하고 의회를 해산하고 전제정치를 행하자 터키의 청년장교들이 파디샤를 폐위시킨다. 청년 장교들이 하렘을 폐쇄함을 전하고 '이제 여러분들은 자유입니다'라고 전하자 '우리에게 굶어죽고 얼어죽는 자유를 말하는가요? 어떤 자유를 말하는가요?'하고 되묻는 장면은 하렘에 구속된 여성들의 처지를 잘 말해 주고 있다.

중앙의 조그만 문을 통하여 들어간다. 입구는 디반 건물 옆에 있다. 30분마다 정해진 인원만 톱카프 박물관 가이드가 인솔하여 관람한다.

하렘 입구

콘스탄티노플을 수도로 하는 비잔틴 제국의 왕조

324-1453년 콘스탄티누스 11세가 오스만 제국의 술탄 메흐메드 2세에게 정복당하기까지

- 콘스탄티누스 왕조(306-363년)
- 발렌티아누스 왕조(364-379년)
- 테오도시우스 왕조(379-457년)
- 레오니드 왕조(457-518년)
- 유스티니아누스 왕조(518-610년)
- 헤라클리우스 왕조(610-695년)
- 레온티우스-테오도시우스 3세(695-717년)
- 이사우리아 왕조(717-802년)
- 니케포루스 왕조(802-820년)
- 아모리아 왕조(820-867년)
- 마케도니아 왕조(867-1059년)
- 두카스 왕조(1059-1081년)
- 콤네누스 왕조(1081-1185년)
- 앙겔루스 왕조(1185-1204년)
- 라스카리스 왕조(1204-1261년)
- 팔라이올로구스 왕조(1261-1453년)

이스탄불을 수도로 하기 이전의 오스만투르크 왕조

- 오스만 가지(1299-1326년)
- 오르한 가지(1326-1362년)
- 무라드 1세(1362-1389년)
- 바예지드 1세(1389-1402년)
- 메흐메드 1세(413-1421년)
- 무라드 2세(1421-1444, 1446-1451년)

이스탄불을 수도로 하는 오스만 제국의 왕조

1453년 오스만 제국의 술탄 파티 메흐메드 2세가 콘스탄티노플 정복 후, 마지막 술탄 압둘 메지드 2세까지

- 술탄 파티 메흐메드 2세(1444-1446년, 1451-1481년)
- 바예지드 2세(1481-1512년)
- 셀림 1세(1512-1520년)
- 쉴레이만 1세(1520-1566년)
- 셀림 2세(1566-1574년)
- 무라드 3세(1574-1595년)
- 메흐메드 3세(1595-1603년)
- 아흐메드 1세(1603-1617년)
- 무스타파 1세(1617-1618년, 1622-1623년)
- 오스만 2세(1618-1622년)
- 무라드 4세(1623-1640년)
- 이브라힘(1640-1648년)
- 메흐메드 4세(1648-1687년)
- 쉴레이만 2세(1687-1691년)
- 아흐메드 2세(1691-1695년)
- 무스타파 2세(1695-1703년)
- 아흐메드 3세(1703-1730년)
- 마흐무드 1세(1730-1754년)
- 오스만 3세(1754-1757년)
- 무스타파 3세(1757-1774년)
- 압둘 하미드 1세(1774-1789년)
- 셀림 3세(1789-1807년)
- 무스타파 4세(1807-1808년)
- 마흐무드 2세(1808-1839년)
- 압둘 메지드 1세(1839-1861년)
- 압둘 아지즈(1861-1876년)
- 무라드 5세(1876-1876년)
- 압둘 하미드 2세(1876-1909년)
- 메흐메드 5세(1909-1918년)
- 메흐메드 6세(1918-1922년)
- 압둘 메지드 2세(1922-1924년)

탁심 광장에서 갈라타 다리까지 야경을 보며 거닐다.

이스탄불의 시내 중심인 탁심 광장에서 빨간 전차^{노스탤지어 트램바이}를 타고 튀넬^{세계에서 두번째로 오래된 지하철} 광장까지 가서 내리막길을 따라 갈라타 탑과 갈라타 다리가 있는 갈라타 지역까지 가는 길이 이스티크랄 거리이다. 이 지역을 오스만 제국 시절에는 베이올루라고 불렀으며, 그보다 과거인 비잔틴 제국 시절에는 페라^{그리스어로 '저쪽 넘어', 비잔틴 궁전에서 보면 골든혼 너머에 있는 지역을 말함}라고 불렸다. 1923년

터키공화국 건국 이후에 이스티크랄 거리로 이름이 바뀌었다.

이스티크랄 거리 야경

탁심에서 튀넬까지 운행하는 빨간 전차 중간 정류장인 갈라타 사라이 광장. 갈라타 사라이 고등학교 정문 앞에 위치하여 갈라타 사라이 광장이라고 부르고 만남의 광장 역할을 하여 언제나 붐빈다. 빨간 전차 안에서 바라본 이스티크랄 거리 야경

오스만 제국 시절에 이 지역에 베네치아 총독의 아들이 살았는데 사람들은 그를 베이올루^{고관의 아들}라고 불렀고 개방적이며 앞선 유럽 문화를 상징하는 이 지역을 가리키는 말로 사용되었다. 이스티크랄 거리는 역사적으로 16세기 말, 서구 국가들의 영사관이 이 지역에 들어서고 서양 문물을 받아들이면서 유럽적인 분위기가 물씬 풍기는 거리가 되었다.

이스티크랄 거리에는 은행과 호텔, 버거킹, 맥도널드, 환전소, 1864년에 문을 연 이스탄불에서 제일 유명한 로쿰가게, 백화점, 악기골목, 꽃가게, 생선시장, 이스탄불에 있는 가톨릭 성당 중 가장 큰 성당인 성안토니아 성당과 군밤 리어카, 레스토랑, 클럽, 바, 쇼핑상점들이 이스티크랄 거리의 대로 양옆으로 죽 줄지어 들어서 있어 이스탄불 구시가지와 다른 분위기를 느끼게 한다.

서울의 명동 분위기를 느낄 수 있는 이곳은 언제나 사람들로 북적이는 젊음의 거리로 세계 각국의 다양한 피부색과 검은머리, 금발, 히잡을 쓴 여성, 선글라스를 쓴 여성 등 다양한 복장의 사람들을 언제나 만날 수 있는 곳이다.

이스탄불의 밤의 풍경을 보고자 한다면 이곳을 방문해 보라! 밤에도 건물 안의 밝은 조명과 건물벽의 휘황찬란한 네온사인 빛을 받으며 거니는 세계 각국에서 온 사람들을 지켜보면 또 다른 이국적인 풍경을 볼 수 있다.

이스티크랄 거리에 최근 중국인 방문객들이 늘어나고 있다. 이스티크랄 거리를 걷다 보면 간혹 'are you chainese?^{중국사람 입니까?}'하면서 줄

곧 따라 다니는 사람이 있다. 터키를 방문하는 한국인이 1년에 18만 명인데, 중국인은 1년에 23만명이 터키를 방문하고 있다.

터키는 2012년을 '중국 문화의 해'로 선포하였고 이에 중국은 2013년을 '터키 문화의 해'로 선포하여 터키인의 중국 방문을 적극적으로 홍보하고 있기 때문에 자연히 동북아시아에서 방문한 관광객들을 그들이 보면 외모가 비슷해 보여서 중국인이냐?고 묻는 경우도 있다. 이 경우에는 이스티크랄 거리의 뒷골목 풍경을 안내하여 준다는 구실로 레스토랑으로 데려가서 바가지 씌우는 일^접근하는 사람들이 안내하는 곳에는 메뉴판이 없다이 최근에 빈번하게 일어나

빨간 전차는 탁심 광장 중앙의 공화국 기념비를 중심으로 순회하여 튀넬로 간다.

탁심 광장 야경

기 때문에 주의하여야 한다. 탁심 광장과 이스티크랄 거리를 거닐때는 여권과 소지하고 있는 현금을 소매치기 당하지 않도록 보관을 잘 하여야 한다.

탁심 광장은 이스탄불 신시가지의 중심광장이다. 이스탄불 유럽지역의 아타튀르크 국제공항과 이스탄불 아시아지역인 사비하 괵첸 공항으로 가는 공항버스 정류장이 근처에 있고, 탁심 광장 북쪽에 있는 조그만 게지공원은 도시민의 휴식처가 되기도 한다. 2013년 6월에는 탁심지역 게지공원 개발에 반대하는 시위가 벌어졌고 이에 대한 경찰 진압이 반정부 시위 양상으로 이스탄불과 앙카라 등 터키 전역으로 확산되기도 하였다. 탁심 광장에서는 종종 집회와 시위가 발생하기도 한다. 2013년 7월에 터키를 방문하였을 때는 주터키 대사관의 신변안전 유의 당부사항에 따라, 탁심 광장은 가지 않고 이스티크랄 거리만 거닐었다.

탁심은 터키어로 '무엇을 분배하다'라는 뜻이다. 탁심은 오스만 제국의 술탄 마흐무드 1세가 1732년 이스탄불 인근의 벨그라드 숲의 저수지에서 물을 끌어와서 탁심 광장을 중심으로 각 방향에 물을 분배하기 위한 배수시설을 이곳에 설치한 것에서 유래된 지명이다.
탁심 광장 중앙에는 1923년 터키공화국 초대 대통령이었던 국부 아타튀르크를 기념하는 기념비가 서 있다. 이 기념비는 1928년에 이탈리아 조각가 피에르토 카노니카가 만든 것이다. 탁심 광장 중앙의 2단 기단 위에 지붕이 있고 사방이 탁 트인 아치형의 대리석 안에 국부 아

탁심 광장
공화국 기념비

이스티크랄 거리를
지나가는 빨간 전차

타튀르크 대통령과 공화국 수립에 헌신한 군인들이 조각되어 있다.

이스티크랄 거리의 빨간 전차는 1920년부터 1962년까지 실제 운행되었던 전차다. 탁심광장에서 출발하여 갈라타 사라이 광장을 중간 기점으로 튀넬까지 전차를 운행하며 구세군 냄비에서 울리는 것과 같은 쇠종을 딸랑딸랑 흔들며 천천히 가면, 보행자 거리인 이스티크랄 거리의 건물들과 거리의 돌바닥들과 조화롭게 어울려서 잃어버린 옛날에 대한 향수를 불러 일으킨다.

이스티크랄 거리 한복판 전차길을 따라 거리를 가득 메운 사람들 틈을 헤집고 가다 서다를 반복하면서 천천히 갈 때에, 애를 태우게 길을 비켜 주지 않는 사람들과 길을 비키라는 전차 차장의 다급한 종소리가, 위험하다기보다 서로 장난을 거는 듯한 느낌도 든다. 그래도 전차길은 비워두고 거닐어야 하겠다.

이스티크랄 거리

이스티크랄 거리는 언제나 붐빈다.

▲ 이스티크랄 거리에서 골목으로 들어가면 즐비한 레스토랑 앞에서 노래하는 가수를 볼 수 있다. 주로 터키 가요를 노래하며, 때로는 아프리카 음악도 연주한다. 골목으로 들어가면 터키 물담배 나르길레를 피우는 사람, 터키 주사위 놀이를 하는 사람들을 볼 수 있다.

▲ 미국 허핑턴 포스트가 세계의 미식가들을 위하여 '죽기 전에 꼭 먹어야 할 음식 25가지'를 공개했는데, 번화가 길거리에서 파는 군밤이 10번째를 차지했다. 1864년 문을 연 이스탄불의 하피즈 무스타파 로쿰가게와 군밤장수가 묘한 조화를 이룬다.

`탁심 광장의 군밤장수`

`시미트 장수` 이스티크랄 거리에 있는 빨간 수레의 시미트 장수

`돈두르마 장수` 이스티크랄 거리에 있는 돈두르마(터키 아이스크림) 장수

빨간 전차의 종점 튀넬 광장

1875년부터 운행을 시작한 튀넬은 프랑스인 유진 앙리가 설계하였으며 세계에서 두번째로 오래된 지하철이다세계 최초의 지하철은 영국 런던의 지하철임. 빨간 전차의 종점인 튀넬 광장에서 골든혼 쪽의 카라쾨이까지 총 573m를 운행하는데, 운행시간은 1분 30초다. 튀넬은 제톤토큰으로 이용 가능하다.

아나톨리아 반도로 가는 길

터키의 영토는 아나톨리아 반도^{97%}와 유럽 발칸 반도의 동부 트라키아 반도^{3%}에 걸쳐 있다. 다음 여행지인 샤프란볼루로 가려면 이스탄불 유럽지역에서 보스포러스 해협을 건너서 이스탄불 아시아지역을 거쳐 북동쪽으로 버스로 6시간을 가야 한다.

터키 일주여행은 이스탄불에서 시계 반대방향으로 에게해와 지중해를 거쳐서 카파도키아와 흑해연안으로 도는 코스가 있고, 시계방향으로 이스탄불 ➡ 샤프란볼루 ➡ 앙카라 ➡ 카파도키아 ➡ 콘야 ➡ 안탈랴 ➡ 파묵칼레 ➡ 에페스 ➡ 트로이 ➡ 차낙칼레 ➡ 이스탄불로 가는 코스가 있다. 지금 가는 여행은 시계방향으로 아나톨리아 반도를 도는 것이다.

오리엔트 특급열차의
종착지 시르케지역. 비오는
시르케지역은 보수공사 중이다.

시르케지역

이스탄불의 하늘은 온통 잿빛 구름이 낮게 끼어있고 비가 부슬부슬 내리고 있다. 비는 점점 더 거세져서 버스 유리창의 윈도우 브러시가 빠르게 왔다갔다 하며, 흘러내리는 빗물을 닦아내고 있다. 왼쪽으로 시르케지역이 보인다. 시르케지역은 오리엔트 특급열차의 종착지이다. 시르케지역은 중앙을 흰색 천으로 덮어 보수공사 중이다. 버스가 왼쪽으로 돌자 골든혼의 파도가 높이 출렁이고 있는 것이 보인다. 바람도 세게 불고 있다.

비가 많이 오는데도 히잡을 쓴 이스탄불 여성들은 머리에 쓴 히잡을 펼치고 코까지 올려서 가리고 우산도 쓰지 않고 길을 걷고 있다. 그러고 보니 길을 가는 이스탄불 사람들 중 우산을 쓴 사람은 열에 한둘 정도이다. 터키는 여름이 건기로 1년에 5개월은 비가 오지 않고 흑해와 지중해를 비롯한 해안지방을 제외하고는 아나톨리아 지역의 1년 강수량이 700mm에 지나지 않아서 비가 내리면 알라의 축복이라 여기고 그 비를 맞는다고 한다.

2002년 태풍 루사로 강원도에 1일 강우량이 870mm가 쏟아져서 5조원의 피해를 가져오고, 2010년 9월 21일 서울 강서구에 103년만의 강우량으로 1시간당 100mm의 물폭탄을 2시간 직접 경험한 바있고, 2012년에 50년만에 한반도에 볼라벤 등 4개의 태풍이 상륙한 것을 지켜본 나로서는 지정학적으로 태풍을 모르는 아나톨리아 반도는 축복받은 풍요의 땅임을 새삼 느끼게 되었다.
갈라타 다리 위의 낚시꾼들은 비를 맞으며 손에 잡은 낚시대를 지켜보고 있다. 자미와 미나레의 회색빛과 완전하게 조화된 회색빛 이스탄불은 평화롭다. 아타튀르크의 영묘에는 그의 말이 새겨져 있다. '가정에 평화를! 세계에 평화를!'

버스가 오른쪽으로 돌마바흐체 궁전 후문을 지나서 보스포러스 제1대교에 들어섰다. 대교 아래를 내려다 보니 흑해에서 온 화물선 2척이 크즈 쿨레시 옆을 지나 마르마라해로 빠져 나가고 있다. 오르타쾨이자미는 아직도 보수 중이다. 2013년 7월에 왔을 때도 근처에 가서 보수 중인 오르타쾨이 자미를 바라보고 왔었다.

보스포러스 제1 대교를 지나는 차량은 흐린 날씨와 안개, 내리는 비로 인하여 모두 전조등을 켜고 있다. 이스탄불 유럽지구에서 보스포러스 해협 위를 보스포러스 제1 대교로 건너면 이스탄불 아시아지역이다. 저쪽 대륙에서 이쪽으로 오는 데 불과 1분이다. 이제 아나톨리아 반도 아시아 땅에 들어선 것이다. 도덕경 제1장에 이런 말이 있다.

> '도가도道可道 비상도非常道, 명가명名可名 비상명非常名 : 도를 도라 할 수 있지만 늘 그 도는 아니며, 이름을 이름이라 할 수 있지만 늘 그 이름은 아니다'

아나톨리아는 고대 그리스에서 '동쪽', '해 뜨는 곳'을 의미하는 '아나톨리'에서 비롯되었다. 로마시대부터 소아시아라고 불렸으며, 아나톨리아 = 소아시아 = 현재 터키의 아시아지역 영토를 이루는 반도가 모두 이곳을 가리키는 말이다. 반도는 바다쪽으로 길게 뻗은 육지를 말한다. 반도보다 작은 육지의 돌출부는 곶이라고 한다. 반도는 3면이 바다에 둘러싸여 있다. 아나톨리아 반도는 북쪽의 흑해가 보스포러스 해협을 통해서 마르마라해와 이어지고 남쪽으로 에게해와 지중해가 맞닿아 있다.

아나톨리아 반도는 한반도의 3.5배에 달하는 드넓은 땅에 인류 최초로 밀이 경작되어 식량이 풍부하였고, 콘야에 있는 세계에서 가장 오래된 8500년 전 신석기 시대의 집단 주거지인 차탈휘윅이 2012년 유네스코 세계문화유산으로 등재되었다. 구약의 아브라함이 살던 땅이며, 인류 최초의 문명인 유프라테스 강과 티그리스 강이 발원되어 꽃 피운 메소포타미아^{강과 강 사이} 문명이 시원된 곳이다.

인류 최초의 철기 문명인 히타이트 왕국이 위치했던 곳이며, 리디아와 페르가몬 왕국이 존재했던 땅이고, 로마시대의 유적이 아나톨리아 반도 곳곳에 산재해 있고, 비잔틴 제국과 오스만 제국의 흔적들이 고스란히 남아있다.

오스만 제국은 동서교역로를 장악하고 교역상 이득을 독점하였다. 장안에서 페르시아를 거쳐 이스탄불로 가는 실크로드의 서쪽 종착점이 아나톨리아 반도와 보스포러스 해협을 건너서 이스탄불이었다.

새로운 바닷길이 개척되어 교통로가 대서양으로 이동하면서 오스만 제국의 경제적 기반이 무너지고 열강들의 세력 각축장이 되면서 오스만 제국은 허약해져갔다. 20세기 초반 오스만 제국이 제1차 세계대전에서 패하자 무스타파 케말 아타튀르크가 영토회복 전쟁을 승리로 이끌어 1923년 앙카라에 터키공화국을 세운 땅이다.

버스가 이스탄불 아시아지역으로 들어서서 E 80번 고속도로를 타고 오른쪽으로 마르마라해를 바라보면서 북동쪽 방향으로 가고 있다. 고속도로에 들어서자 맨처음 보이는 것은 오스만 제국의 이스탄불 정복 560주년 기념일인 2013년 5월 29일 기공식을 가진 보스포러스 제 3 대교 광고판이 보인다. 보스포러스 제3 대교는 왕복 8차로, 전철 2개 선로, 폭 59m, 길이 1,275m의 폭이 세계에서 가장 넓은 현수교로 우리나라 SK건설과 현대건설이 공동으로 시공하고 있다.

방금 지나온 보스포러스 제1 대교는 터키공화국 초대 대통령 '아타튀르크'의 이름을 붙였으며 터키공화국 건국 50주년인 1973년에 완성하였다. 보스포러스 제2 대교는 이스탄불을 정복한 메흐메트 2세의 이름을 따서 '파티흐 술탄 메흐메트' 대교로 불리고 있으며 1988년 완성하였다.
유러피안 루트 E 80인 이 고속도로는 포르투갈의 리스본을 출발점으로 하여 터키의 이란 접경지역인 귀르브락을 종착점으로 하며 유럽 11개국 5,700km를 연결하고 있다. 이 도로는 아시아 고속도로 AH 1을 통하여 부산을 거쳐서 일본 도쿄까지 연결되는 도로이다. 왼쪽으로 이스탄불에서 멀지 않은 사판지 호수가 보이고, 잠시뒤 오른쪽으로 터키 4번 국도로 진입하는 나들목이 지나간다.
30분 정도 가니 오른쪽에 독일 DHL의 이스탄불 물류센터가 보인다. 회색의 직사각형 건물로 매우 크고 넓은 건물이다. 건물벽의 윗부분에 노란색 바탕의 빨간색 글씨로 DHL 로고가 가로로 길게 칠해져 있다. 조금 더 지나니, 고속도로 왼쪽으로 독일 벤츠사 트럭 제조공장이 보이고, 르노, 도요타, 닛산 자동차 생산 공장과 현대자동차 터키 현지 생산 공장도 보인다. 전세계 자동차 메이커가 이곳에서 생산한 자동차를 터키와 유럽 전지역에 공급하고 있다.

아나톨리아 반도를 비롯하여 반도지역은 역사적으로 대륙세력과 해양세력이 서로 진출하는 침략의 통로이며 각축장인 동시에 물류의 중심지가 되었다. 이곳은 글로벌 기업의 유럽 전진기지로서 자동차 생산 공장과 물류센터가 즐비한 전략적 요충지이다.

흑해 연안의 고속도로 주변에는 작은 산이 연이어 있고, 골짜기에는 하얀색 껍질을 가진 자작나무 숲이 연이어 나타나서 우리나라 주변 산과 들의 풍경과 크게 다름이 없어 보인다. 이스탄불에서 앙카라로 뚫린 고속도로를 가면 주변 산과 들은 건조하고 황량한 돌산과 밀의 싹이 이끼처럼 나있는 메마른 고원에 전선주가 드문드문 서 있는 광경이 끝없이 펼쳐진다.

조금 더 가면 좁은 국도를 따라서 이슬람 모스크와 미나레를 중심으로 형성된 작은 마을들을 지나게 되는데 지금 보는 바깥풍경과는 많이 다른 모습이다.

이스탄불은 해안가의 7개 언덕에 세워진 해발 30m 정도되는 도시인데 앙카라에 도착하면 해발 700-800m의 고원이 된다. 샤프란볼루로 가는 길은 해발 360m이다. 여행길은 점점 높아지고 있다.

늦은 점심을 위하여 뒤즈제 고속도로 휴게실에 들렀다. 뒤즈제는 터키 북서부와 흑해 연안에 위치한 주(州)로, 흑해지역에 속한다. 여행 목적지 샤프란볼루에서 210km 떨어진 소도시이다. 주도는 뒤즈제이며 자동차 번호는 81번이다. 터키의 차량은 지역을 번호로 표시하기 때문에 차량 번호를 보면 어디서 온 차량인지 알 수 있다.

흐린 날씨와 함께 흑해의 찬바람이 불어 오는 것 같다. 휴게소 앞에 뒤즈제를 크게 표시한 터키 지도가 있어서 처음 온 차량 운전자들도 지금 있는 곳과 여행할 목적지를 쉽게 알 수 있도록 되어 있다. 지도 앞에서 얼굴색과 형태, 수염, 머리색깔이 각각 다르게 보이는 사람들

이¹이 지역은 고대 그리스의 흔적이 남아 있고 발칸반도 이민자, 쿠르드인, 그리스계 등 다양한 민족으로 구성되어 있다 웃음띤 얼굴로 바라보면서 아는 체를 한다.

점심은 쾨프테이다. 쾨프테는 터키의 전통 음식으로 쇠고기를 부위별로 갈아서 떡갈비처럼 주물럭 주물럭 주물러서 양념을 치지 않고 화덕에 구워내는 것이다. 화덕에 구워내는 시간 동안 포장된 빵과 생수를 식탁 위에 날라준다. 화덕에 굽는 시간이 길어지자 하얀색 셔츠에 까만색 조끼를 입은 약간 뚱뚱한 지배인이 포장된 빵을 자꾸 갖다 주면서 식탁 앞에서 떠나지 않고 과장된 제스처를 쓰면서 연달아 '마시 써요'를 말하는 바람에 저쪽편 화덕에서 쾨프테를 굽고 있는 광경을 보면서도 미처 음식이 나오기도 전에 빵을 배불리 먹었다. 빵도 맛있었고, 쾨프테도 맛있었고, 지배인의 그 정다움이 따뜻했다. 흑해 연안 지방의 인심을 알 것 같았다.

이스탄불이 그리워지면

혹해

보스포러스 해협

이스탄불

마르마라해

차낙칼레

아이발록

에페스

에게해

파묵칼레

안탈랴

지중해

샤프란볼루

앙카라

TURKEY

카파도키아

콘야

터키의 수도 앙카라의 여명
터키의 수도 앙카라에 여명이
밝아오고 있다. 여행자 거리인
'울루스' 거리에서 바라본
광경이다.

아타튀르크의 혼이 깃든 터키의 수도 앙카라

샤프란 꽃향기와 전통가옥이 있는 샤프란볼루

샤프란볼루_{위도 41도 15분 N, 경도 32도 41분 E}는 터키의 수도 앙카라에서 북쪽으로 225km 떨어진 언덕속에 숨겨져 있는 마을이다. 흑해 서부 연안에 있는 터키 카라뷔크주의 주도 카라뷔크에서 8km 정도 떨어져 있다. 샤프란볼루의 오토가르는 크란쾨이에 있다. 크란쾨이에서 샤프란볼루의 여행자 거리인 차르시 광장까지는 시내버스를 타고 가면 된다.

샤프란볼루는 이 마을 주변 언덕에 많이 피었던 보랏빛의 백합꽃 '샤프란'과 볼루도시, POLIS에서 유래되었다. 샤프란 꽃이 가득한 마을이라는 뜻이다. 마을 이름이 예술적이고 운치가 있다.

샤프란은 11-12월에 피는 꽃인데 그 향기가 그윽하고 값비싼 향신료와 약재, 화장품 원료 등 다양한 용도로 쓰였으나, 현재는 기후변화로 재배지가 이동되어 샤프란을 찾기가 어렵지만, 차르시 광장 인근의 찻집에서 이곳의 특산품인 샤프란 차를 맛볼 수 있다. 샤프란 차는 샤프란 꽃의 암술을 일일이 손으로 하나 하나 따서 말려서 만들기 때문에 가격이 비싼 편이다.

17세기 오스만 제국의 교역은 샤프란볼루를 통하여 게레데터키 중앙 아나톨리아 북쪽 지방와 흑해 연안 사이의 실크로드를 통하여 이루어져서 샤프란볼루는 상업화되고 부가 쌓이게 되었다. 그 시절 이 지역은 샤프란 재배와 실크로드를 오가는 대상들의 교역의 중심지였기 때문에 현재도 카라반 사라이대상 숙소를 개조한 호텔친치한 호텔과 자미모스크, 하맘, 시계탑 등 그 흔적들이 남아있지만 19세기 이후 실크로드 무역이 쇠퇴함에 따라 샤프란볼루도 잊혀져 갔다.

오스만 제국 시절의 150-400년된 전통가옥 2,000여채가 옛모습을 그대로 간직한 채 그곳에는 현재도 사람들이 살고 있다. 그 중 800채는 법적인 보호를 받고 있어 샤프란볼루는 오스만 제국 시절 건축의 옥외 박물관이라고 불리고 있다.

샤프란볼루는 1994년 마을 전체가 유네스코 세계문화유산으로 등재

차르시 광장에 있는
기념품점

보라색 샤프란 꽃송이가
그려져 있다.

샤프란꽃으로 만든
향수와 비누를
파는 가게

샤프란볼루의 골목길
샤프란꽃으로 만든
향수와 비누를 파는 가게

샤프란볼루 친치 하맘
(TEL 0370-712-21-03)

1645년에 지어졌고
현재도 사용하고 있다.
남탕(06:00-23:00)과
여탕(09:00-22:00)이
구분되어 있고 들어가는
문이 다르다. 차르시 광장과
돌무쉬 정류장이 옆에 있다.

샤프란볼루의
전통가옥 마당

오스만 제국 시대
전통가옥

안탈랴 구시가지에 있는 보존 중인 오스만 제국 시대 전통가옥.
샤프란볼루의 전통가옥처럼 가옥 2층의 돌출된 부분이 목재로
되어있는 것을 확인하게 알 수 있다.

되었다. 세계문화유산으로 지정된 곳은 샤프란볼루의 구시가지 차르시인데 샤프란볼루를 찾는 여행자들은 거의 차르시 마을을 찾는다고 볼 수 있다.

샤프란볼루에 있는 오스만 제국의 전통가옥들은 조그만 자갈이 깔린 골목 사이로 2층, 3층의 사각형 목조건물로 적갈색 지붕과 흰색의 회벽에 나

▲ 아라스타 바자르에는 샤프란볼루 전통가옥을 테마로 한 조명등과 수공예품이 많이 있다.

무창들이 있고 창에는 한결같이 여닫이 목조 덧문이 달려 있는데 바닥도 목재로 되어 있다. 오스만 제국의 전통가옥은 남녀의 생활공간이 철저히 구분되어 있는데, 대문을 열고 들어가면 여성들의 생활공간이 드러나지 않도록 사방이 막힌 듯한 집안구조를 가지고 있다.

골목을 돌다가 오르막길에 나무로 만든 대문이 열려 있어서 올라갔다. 돌로 된 계단 위에는 하얀 셔츠 위에 검은색 조끼, 그리고 나비 넥타이를 메고 하얀색 앞치마를 두른 집사가 두 손 위에는 물주전자와 그릇을 담은 쟁반을 들고 앞을 보고 미소를 머금고 있었다. 자세히 보니 마네킹이었다. 그 뒤로 집안에 조명이 어둑하게 켜져 있어서 집안을 둘러 보았다. 사각형으로 된 집안은 내부가 텅비어 있고 오른쪽 안으로 2층으로 올라가는 계단이 보였다. 이 집은 오스만 제국 시절 귀족이 살던 집으로 원형이 잘 보존되어 있다.

샤프란볼루의 만남의 장소인 차르시 광장과 친치 하맘, 1779년 세워진 카즈다즈리 자미, 샤프란볼루시 역사 박물관은 샤프란볼루 구시가지 여행의 중심이다.

여행자 안내소는 차르시 광장에서 300m 떨어진 곳에 있다.

오래된 이 전통마을을 제대로 살펴보는 방법은 꼬불꼬불 뻗어있는 이 오래된 작은 골목길을 오르락내리락 하면서 빠짐없이 걸어보는 것이다. 골목이 좁아서 차량이 다닐 수 없고, 매끄럽고 작은 돌로 깔린 좁은 바닥길을 따라서 아라스타 바자르에 들어서면 포도덩굴은 겨울이라 휴식을 취하고 말라가고 있다. 새봄이 오면 저 포도덩굴에서 청색 포도알이 주렁주렁 열려 부활의 날이 왔음을 알려주겠지…

전통마을을 한 바퀴 돌다 보면 이 지역 특산품인 달콤한 로쿰을 수없이 건네준다. '마시써요', '안사도 되요'를 연발하면서 한 웅큼씩 건네

카즈다즈리 자미   친치 하맘 옆에 있는
카즈다즈리 자미(1779)

주는 하얀색 로쿰 '딜라이트'라고도 한다은 느껴지는 인심에서 더 달콤한 맛이 입안에 가득하다. 그 느낌 아니까~~

영화 '나니아연대기'에서 4 남매 중 셋째 에드먼드는 달콤한 터키젤리, 로쿰을 만들어 주는 얼음마녀의 꾐에 빠진다. 12월의 추운 날씨에 하얀색의 달콤한 로쿰을 건네주는 터키 여인은 나니아연대기의 로쿰 스토리를 알고 있을까?

시장과 기념품점에는 샤프란볼루의 전통가옥을 테마로 한 조명등과 편지함, 스푼 등이 있고 샤프란 꽃을 수놓은 식탁보와 팔찌, 머리핀, 스카프도 보인다. 보라색의 샤프란 꽃이 기념품점 건물벽, 가게 간판에 큼지막하게 그려져 있어 이 지역을 샤프란 꽃 한 송이로 알려주고 있다. 미소띤 모나리자의 그림 한 점이 르네상스가 시작되었음을 전세계 인류에게 수백년간 알려주고 있는 상징이지 아니한가.

어둠이 모든 것을 감추고 가로등 빛만이 매끈하고 작은 돌로 된 바닥길과 전통가옥을 비춰주는 좁은 골목길을 내려갔다가 또 다른 골목길로 올라갔다를 반복했다. 터키의 전통가옥은 2층 부분이 골목길에 돌출되어 가옥 사이에 있는 좁은 골목길은 머리 위쪽은 가려서 보이지 않는다. 어두운 가로등과 좁은 골목 그리고 고요함.

수십년 전 내가 살던 마을 골목길도 이렇게 어두운 가로등과 좁은 골목길이었다. 그 속에서 뒷집 아이들과 밤이 이슥하도록 윗동네 신작로에 나왔다는 귀신 이야기에 귀를 쫑긋 세우며 얼굴을 맞대고 들었다. 혹시 그 귀신이 우리동네에도 나올까봐 어둠 속에서 소리를 죽이고 무서움에 떨면서…

왜 서울에서 8,000여km 떨어진 이곳 샤프란볼루 골목길에서 수십년 전의 기억이 불쑥 떠오르는 것일까? 수백년 전 샤프란 꽃이 필 때 오스만 제국 시절의 사람들도 어둡고 고요한 이 골목길을 오르내렸을 것이다. 이곳의 전통가옥은 150년에서 400년간 그 원형을 보존해 왔기 때문에 그 때도 밤에는 지금 눈 앞에서 보는 이 모습, 이 어둠 그대로였을 것이다. 그 사람들은 다 어디로 갔을까?

유네스코 세계문화유산에 등재되어 있는 샤프란볼루의 하얀색 전통가옥은 태양이 떠올라 햇빛이 비치면 수백년 전 오스만 제국 시절의 역사를 들려 줄 것이고, 어둠이 내리고 달빛에 물들면 옛이야기와 전설을 우리에게 이야기해 줄 것이다. 해와 달이 교차하고 역사와 신화가 순환해야 운명이라는, 삶이라는 한 필의 비단이 짜질 것이 아닌가. 그 비단의 결이 곱든 거칠든간에…
아침해가 뜨면 흐드를록 언덕으로 올라가서 샤프란볼루의 자연과 전통가옥 전체를 조망해 보자.

> 샤프란볼루의 골목길

아타튀르크의 혼이 깃든 터키의 수도 앙카라

'나의 미천한 몸은 언젠가는 흙이 될 것이지만, 터키공화국은 영원히 우뚝 서 있을 것이다'

'권력은 조건 없이 제한 없이 인민의 것이다'

'나를 본다는 것은 진실로 나의 얼굴을 본다는 것을 말하는 것이 아니다. 나의 마음을, 나의 생각을 여러분들이 이해한다면, 그리고 느낀다면 그걸로 충분하다'

'우리의 위대한 목표는 우리의 조국을 가장 높은 수준의 문화와 번영을 이루는 데 있다.'

무스타파 케말 아타튀르크가 생전에 자주 하던 말이다.

터키의 수도 앙카라의 여명

터키의 수도 앙카라에 여명이 밝아오고 있다. 여행자 거리인 '울루스' 거리에서 바라본 광경이다.

터키의 수도 앙카라는 터키공화국 초대 대통령 무스타파 케말 아타
튀르크의 혼이 깃든 곳이다. 터키의 수도 앙카라는 인구 490만명으로
인구 1,390만명인 이스탄불에 이어 터키 제2의 도시다.

무스타파 케말은 오스만 제국의 영토였던 그리스의 살로니카^{지금의 테살로}
니카에서 1881년에 태어났다. 12세 때부터 군사교육을 받고 1904년 이
스탄불에 있는 하비에르 육군 참모대학에 입학한 그는 제1차 세계대
전의 최대 격전지였던 갤리볼리 전투를 승리로 이끌었다. 제1차 세계
대전에서 패한 이스탄불의 술탄 정부가 세브르 조약으로 연합국으로
부터 터키의 영토분할을 강요당하자 영토회복을 위한 민족 독립운동
을 주도하고 터키의 독립을 주요 내용으로 하는 로잔조약을 1923년 7
월에 연합국과 체결함에 따라, 터키는 공식국가로 승인을 받게 되었다.
터키공화국의 초대 대통령 무스타파 케말 아타튀르크[1881-1938]는 1923
년 10월 앙카라를 수도로 정하고 1923년 10월 29일 터키 국회는 터
키공화국 건국을 정식으로 선포하였다. 터키 국회는 1934년 무스타파
케말에게 '아타튀르크 : 국가의 아버지'라는 명예로운 '성'을 수여하
였다. 1938년 11월 10일 오전 9시 5분에 숨질 때까지 아랍문자를 폐
지하고 로마자로 터키 말을 표기하는 문자개혁, 칼리프 제도 폐지, 공
공장소에서 여성의 히잡착용 폐지, 일부일처제, 여성 선거권 부여, 남
녀 평등법 등 서구화를 위한 많은 개혁을 이루었다.

앙카라는 아타튀르크 영묘가 자리하고 있다. 1918년 이스탄불 술탄
정부가 제1차 세계대전에서 항복함으로써 프랑스를 비롯한 연합국의
지배하에 들어가자 아타튀르크의 지휘하에 시와스에서 국민의회가

열리고 1920년 앙카라에 임시정부가 수립되었다. 민족 독립운동이 시작되어 1922년 그리스군을 격퇴하고 이스탄불의 마지막 술탄인 메흐멧 4세가 국외로 추방되었다.

앙카라가 터키공화국의 수도가 된 데에는 여러 가지 이유가 있겠지만 앙카라에 임시정부가 수립되어 있었으며, 제1차 세계대전이 끝난후인 당시의 세계정세상 군사전략적 측면에서 내륙으로부터 공격이 있을 경우에 앙카라가 이스탄불보다 방어에 유리하고, 술탄제 폐지를 주장하는 민족 독립운동에 대하여 이스탄불의 술탄정부가 아타튀르크를 제거하고자 시도했기 때문이다.

앙카라의 시내의 여행자 거리인 '울루스' 거리에 자리잡은 '아타라이' 호텔에서 아침 4시 30분에 일어나서 터키의 수도 앙카라에 밝아오는 여명을 바라 보았다.

호텔 방 천장에는 한쪽 모서리에 검정색의 화살표가 그려져 있다. 이 것은 이슬람의 성지인 사우디아라비아 메카 방향을 표시한 것이다. 무슬림은 적어도 하루 다섯 번_{해뜰 때, 정오, 늦은 오후, 저녁, 밤} 알라에게 기도하여야 한다. 매일 다섯 번 기도하고, 기도 시에는 메카의 카바를 향하여 기도하라는 규정은 무함마드 자신이 정하였다. 여행자가 자기가 살던 곳을 떠나서 여행할 때에는 방향감각을 찾기 어렵다. 여행자는 기도시간이 되면 숙소의 천장에 그려져 있는 화살표 방향을 따라서 메카 방향으로 기도하는 것이다. 지난 7월 앙카라를 여행했을 때 묵었던 '로얄'호텔이 바로 옆 건물인데 역시 천장에 기도방향을 가리키는 검정색 화살표가 그려져 있다.

참된 여행은 이른 아침 여행지의 골목골목에서 막 깨어나는 치장되지않은 아침풍경을 바라보는 것이다. 어두스럼한 앙카라 시내의 아침풍경을 마주하고자 방을 나와서 엘리베이터를 타고 1층 로비로 내려갔다. 앙카라의 엘리베이터문은 '냉장고 문'이라고 불린다. 엘리베이터의 문이 2개가 있는데 안쪽의 문은 엘리베이트가 서면 자동으로 열리고 바깥쪽 문은 스스로 안에서 열고 나가야 한다. 이에 익숙하지 못한 여행자는 문이 자동으로 열리기를 기다리다가, 엘리베이트문이 닫히고 오르락내리락을 몇 번 경험하고 나서야 비로소 터득하는 경우도 있다.

가까운 거리의 울루스 광장으로 걸어갔다. 도로 주변에 있는 식당에는 불이 켜져 있고 이른 아침인데도 식당마다 서너명의 사람들이 식사를 하고 있었다. 이스탄불과 터키의 다른 지방과는 달라보이는 이른 아침의 모습이다.
도로 주변에는 노란색 택시들이 손님을 기다리며 줄이어 있었고, 울루스 광장쪽으로 가는 나의 뒤를 계속 천천히 따라왔다. 운전석에서 택시에 타라는 손짓을 하면서. 도로를 청소하는 청소차가 도로를 천천히 청소하면서 지나간다. 어느 도시나 제일 먼저 아침을 여는 사람들은 택시 운전수와 도시를 청소하는 청소차이다. 시민들이 아침을 시작하는 시간 도시가 깨끗하고 깨어있는 것은 이들의 보이지 않는 노고가 숨어있는 것이다.

도로 주변에는 건물벽에 현금자동지급기가 줄이어 양쪽 도로가에 설치되어 있다. 거리에 드문드문 지나가는 행인들은 딱 두 사람만 중년

아타튀르크 동상 앙카라 시내 울루스 광장에
있는 아타튀르크 동상.
1928년 터키 문자 개혁 전에 만들어진 동상으로
기단에는 아랍문자로 새겨져 있다. 터키공화국 수립
당시에는 이곳이 중심지였음을 말해주고 있다.

의 터키인 커플이고 모두가 젊은이들이다.

터키인의 평균 연령은 30.9세다.

평균연령이 47세인 우리나라보다 상대적으로 젊고 인구구조가 피
라미드형으로 안정적이다. 이 점이 저출산 고령화와 사회의 양극화,
OECD 국가 중 자살률 1위인 우리나라와 다른 점이다. 인구성장률의
저하는 결국 경제의 성장잠재력을 갉아 먹을 것이고, 자살률의 증가
는 사회가 예측가능한 사회로 가는 데 결정적 방해요소가 된다.

그러나 터키는 종교적으로 이슬람의 보수와 진보 간의 갈등이 있고,
동부 국경쪽의 쿠르드, 20만명의 시리아 난민들이 사회 갈등의 요소
가 되어 OECD 국가 중 사회 갈등 요소가 1위인 국가이다. 젊은 터키
인들이 지나가면서 다가와 아는 체를 한다. 곧이어 나타난 울루스 광
장은 아타튀르크 동상만 조명빛에 환하게 드러나 보인다.

가까이 가서 살펴보니 동상의 기단 위 앞부분에 아랍문자가 새겨져 있다. 아타튀르크 동상은 1923년 터키공화국이 수립되고나서 1928년 아랍문자를 폐지하고 로마자로 터키어를 표현하는 문자개혁 전에 세워진 것이다. 앞에 보이는 도로의 왼쪽 방향으로 아나파르탈라르 거리를 따라가면 아나톨리아 문명박물관과 앙카라 성으로 갈 수 있다.

1923년 터키공화국이 건립될 당시 앙카라는 인구 3만명의 작은 도시에 불과하였다. 그 전에 앙카라는 '앙고라'라는 염소털로 이름난 시골에 지나지 않았다. 20년 전의 울루스 광장을 촬영한 사진을 보면, 아타튀르크 동상과 높이가 비슷한 터키 은행 건물이 가장 높은 건물이었고 _{앞에 보이는 사진을 촬영한 장소에 터키은행이 있다}, 아타튀르크 동상 부근도 나무가 우거진 작은 광장에 지나지 않았다. 최근 20여년간 터키와 앙카라가 얼마나 발전했는지 짐작할 수 있다.

앙카라에서 동쪽으로 200km를 가면 세계에서 철기문명을 처음으로 이룩한 히타이트의 수도 하투샤_{지금의 보아즈칼레}가 있다. BC 1800년경에 하투샤에 수도를 정한 히타이트 왕국은 시리아와 흑해에 이르는 대제국을 건설했으나 BC 1200년경 갑자기 멸망해 버렸고, 현재까지 왜 갑자기 멸망했는지는 정확히 밝혀지지 않고 있다. 그 뒤에 프리기아 왕국이 세워졌고 기원전 334년에 알렉산더 대왕이 고르디온을 거쳐서 이곳으로 왔다. 그후, 로마와 비잔틴 시대를 거쳐서 오스만 제국의 영토가 되었다.

이른 아침 울루스 거리를 한 바퀴 돌고나서 호텔에 돌아와 아침식사를 하였다. 아침식사는 뷔페식이다. 호텔 맨위층에 자리한 식당의 동

쪽 창가에 앉아 창밖을 바라보니 앙카라 성을 밤새 밝혀놓은 불빛과
앙카라 성 꼭대기에서 펄럭이는 대형 터키 국기가 보이고, 밝아오는
앙카라 시내의 여명이 한눈에 보였다.

아침식사를 마치고 버스를 타고 호텔 앞의 아타튀르크 대로를 따라가
니 울루스 광장의 아타튀르크 동상이 다시 나왔다. 오른쪽 방향으로
줌후리예트 거리를 지나가면 앙카라 역이 보이고 오른쪽에 한국공원
코레 파르크이 있다. 한국공원을 둘러싸고 있는 철제 울타리 중앙에는 둥
근 형태로 태극기와 터키 국기가 빙둘러 새겨져 있다. 하늘에 구름은
있었으나 날씨는 맑았다. 이른 아침이라 한국공원 내에 세워져 있는
청사초롱 형태의 가로등은 아직도 희미하게 빛을 뿜어내고 있다.

한국공원 입구로 들어가 국기 게양대
옆에 서 있는 관리인에게 인사하였다.

1979년 10월 29일 터키공화국 건립
제50주년 기념일에 한국 정부가 터키에
헌납한 '한국참전 토이기 기념탑'

한국참전 토이기 기념탑

'귀나이든'

'귀나이든' 반갑게 인사를 해준다. '귀나이든'은 터키의 아침인사이다.
한국공원과 한국참전 기념탑과 참전 전사자를 위한 제단을 관리해 주
어서 고마운 마음으로 '촉 사올^{대단히 감사합니다}'이라고 인사하는 경우가
있으나, '귀나이든'이라고 인사하는 것이 한국공원에서의 바른 인사
법이다.

'안녕하세요'는 일상적으로 아무탈 없고 편안한 상태인지 묻는 안부
인사이다.
터키어는 '메르하바', 영어는 '헬로우 Hello', 독일어는 '구텐 탁 Guten
tag', 프랑스어는 '봉주르 Bonjour', 중국어는 '니하오 好'라고 한다.
안부를 묻는 인사말에는 그 나라 고유의 풍습과 생활습관이 담겨 있
다. 그리 오래되지 않은 시절, 내가 살던 시골에서는 아침에 만나면 하
는 인사가 무심결에 '아침식사 하셨어예?'라고 인사하던 때가 있었다.

한국공원은 1953년에 완공한 아타튀르크 영묘가 인근에 있고, 근처에
지하철 탄도안 역과 말테페 역이 있는 앙카라 시내에 터키 정부가 부
지를 제공하고 한국 정부가 석가탑 모형의 '한국참전 토이기 기념탑'
을 세워 터키공화국이 선포된지 50주년이 되는 1973년 10월 29일 터
키국민에게 헌납한 것이다.

'이 탑은 토이기군이 자유를 수호하기 위하여 한국전에 참전 혁혁한
전공을 세운 바를 영원히 기념하기 위하여 건립되다. 안카라시의 적

| 기념탑 아래 제단 | 기념탑 아래 제단에는 한국전에서 전사한 773명이
묻혀 있는 묘에서 옮겨온 흙이 담겨져 있다. | 헌납문 | 한국 참전 토이기
기념탑에 새겨진 헌납문 |

극적인 협력을 얻어 세워지게 된 이 탑은 토이기 공화국 건립 제50 주년 기념일을 기하여 한국 정부가 토이기 국민에게 헌납하다. 1973. 10. 29' 기념탑에 새겨진 헌납문이다.

기념탑 주변에 한국전에서 전사한 터키 참전용사 773명의 명단이 1번에서 773번까지 일련번호순으로 성명, 출생연도, 출생지, 전사일자 등이 새겨져 있다. 기념탑 아래 제단에는 한국전에서 전사한 773명이 묻혀 있는 묘에서 옮겨온 흙이 담겨져 있다.

'외래어 표기법'은 외래어를 한글로 적는 방식을 정해 놓은 규칙이다. 외래어 표기는 현지 발음에 가깝게 적는 것이 원칙이다. '토이기'와 '안카라'는 현행 '외래어 표기법'에 따라 터키와 앙카라로 쓴다.

터키에서 찾아온 전우의 눈물

2013년 7월 27일은 'UN군 참전의 날'이다.

6·25 전쟁에 참전한 터키 제1여단은 터키 이스켄테르의 항구에서 첫번째 참전용사 5,000명을 싣고 한 달을 항해하여, 1950년 10월 19일 부산항에 도착하였으며, 두번째 참전용사 5,000명은 1951년 11월 20일 부산항에 도착하였다. 터키는 총 3차례에 걸쳐 1만 4,936명이 전쟁에 참전하였다. 터키의 참전용사들은 용감하게 싸웠으며, 사망·실종자 수 904명의 희생으로 자유는 공짜가 아님을 역사적 교훈으로 남겨주고 있다.

터키에서는 한국을 '코레' 한국인을 '코렐리'라고 부르며, 한국전에 참전했던 터키 사람들도 '코렐리'라고 부른다. 이들은 이 이름을 자랑스럽게 생각한다. 그래서 터키사람들은 한국을 피로 맺어진 형제란 뜻으로 '칸가르데쉬'라고 부른다.

터키의 참전용사들을 잊지 않기 위해 한국의 뜻있는 사람들이 터키의 참전용사들을 찾아가면 그들은 참전 당시의 20대 초반의 청년에서 이제 80이 넘은 노인이 되어 첫만남에서 나누는 인사는 눈물로 시작된다. 잊혀진 자신들을 찾아와 준 데 대한 고마움의 눈물, 서글픔의 눈물, 인생의 꽃다운 청춘을 보낸 기억에 대한 회한의 눈물도 있지만, 그분들이 한국사람들을 만나서 들려준 60여년 전의 이야기와 아직도 그분들의 기억 속에 남아있는 한국말은 그때 주위에서 연일 들려오는

'배고파', '나는 배고파'라는 말이었다고 한다. 역사 이래로 아나톨리아 반도의 광활하고 풍요로운 땅에서 살다가, 전쟁의 참상과 배고픔에 우는 아이들을 바라본 터키에서 온 참전용사들의 피끓는 젊은 시절의 기억은 늘 머릿속에서 떠나지 않고 있었다고 한다.

6 · 25 전쟁과 전쟁이 끝난 후 폐허 속에서 우리나라는 세계 180여개국중 7번째로 못사는 나라였으며, 1960년대 우리나라의 GDP는 100달러가 못되었다. 아직도 그 당시의 우리를 이해하고 기억해주는 그분들을 보면서 큰 감동의 물결 속에 빠지게 된다.

한국의 지난 60년을 돌이켜보면 태산보다 높은 보릿고개를 넘어 5천년 가난을 해결하고 한강의 기적을 달성한 우리는 이제 2013년 무역 1조 753억 달러로 세계 무역규모 8위, 1인당 국민소득 26,205달러의 국가로 성장하였다.

전쟁 이후 발전된 한국을 자기 일만큼이나 기뻐하면서 청춘과 피를 바쳐 자유를 수호한 보람을 이야기하고 그들은 한국을 나의 조국^{바탄}이라고 말한다. 터키국민들은 피로 맺어진 형제인 '칸가르데쉬'로서 이것을 자랑스럽게 생각하고 있고, 축구를 사랑하는 터키국민은 2002년 월드컵 3 · 4위전 경기가 시작되기 전 터키 국가가 연주될 때 경기장에서 엄청난 환호와 함께 대형 터키 국기가 등장하고 경기장의 대한민국 국민들이 손에 소형 터키 국기를 들고 흔드는 모습이 전세계에 중계되는 모습을 보고 감격하여 눈물을 흘리며 대한민국 국민들에게 고마움을 표시하였다.

해마다 7월이 되면 터키의 6·25 참전용사와 유족들이 부산 유엔묘
지를 방문해서 묘지에 잠들어 있는 전우들의 넋을 위로하고 눈물을
흘리며 터키에서 찾아온 전우들의 편지를 낭독한다.

> 너희들을 보기 위해 우리가 왔다.
> 죽은 전우들이여, 일어나라!
> 터키로 우리 함께 돌아가자.
> 터키에 여름이 오고, 봄이 오고, 꽃들이 피고, 장미도 피었다.
> 우리는 이렇게 이곳에 자네들을 보러 왔다.
> 자네들은 순교자가 되고, 우리는 노병이 되었다.
> 이제 알라의 품안에서 다시 만나자.

터키에서 찾아온 참전용사 전우들의 편지낭독은 눈물로써 끝났다.

> 이제 우리 터키에서 만나자.
> 우리의 피로 맺어진 형제 '칸가르데쉬'를 만나자…

한국공원의 '한국참전 토이기 기념탑' 아래, 한국전에서 전사한 773
명이 묻혀 있는 묘에서 옮겨온 흙이 담겨져 있는 제단 앞에서 참전용
사들의 넋을 위로하고 '고이 잠드소서'하고 기도하는 마음으로 고개
숙여 오랫동안 묵념하였다.

앙카라 시내가 내려다 보이는 말타페 언덕 위에 자리잡은 터키공화국
의 초대 대통령 아타튀르크의 영묘는 터키에서 가장 신성시 되는 곳
이다. 1944년에 착공하여 1953년 아타튀르크 영묘가 완공되자 아타

명예의 전당 앙카라 시내가 내려다 보이는 말타페 언덕 위에 있는 아타튀르크 영묘의 본당인 '명예의 전당'
아타튀르크가 안치되어 있는 곳이다. 아테네 시내를 내려다 보는 파르테논 신전이 떠 올랐다.

튀르크의 시신은 민속학 박물관에서 본당인 이곳 '명예의 전당'으로
모셔져 왔다.

보안 검색을 마치고 500m를 걸어서 올라가면 영묘 입구에 지식인, 농
부, 군인의 상과 맞은편에는 전통의상을 입은 터키여인이 애통해 하
며 손으로 눈물을 닦는 모습의 조각상이 있다. '사자의 길'로 불리는
200m 길이의 참배로에는 히타이트의 상징인 24마리 사자 조각상이
양쪽으로 도열해 있다. 영묘가 있는 '승리의 광장'에 이르면 아타튀르
크가 생전에 사용하였던 물건들을 전시하고 있는 박물관이 있는데,
이곳에 전시된 시계들은 아타튀르크의 사망시간인 '9시 5분'을 가리
키고 있다. 위병들이 지키고 있는 영묘의 본당을 '명예의 전당'이라고

아타튀르크 영묘로 들어가는 입구 국경일이나 아타튀르크 사망일에는 군인들이나
추모인파로 발디딜 틈이 없이 붐빈다.

한다. 터키를 방문하는 각국의 정상들과 외교사절들은 이곳을 방문하
고 공식일정을 시작한다.

앙카라는 아타튀르크의 도시임을 느낄 수 있다. 아타튀르크 영묘, 아
타튀르크 동상, 아타튀르크 대로, 아타튀르크 사진, 아타튀르크 어록,
터키 건국의 아버지 아타튀르크가 수도로 정한 도시 등이다.
사람은 갔어도 그 행적은 남는다. 존재도 가고 없는 자리, 소유도 뿔뿔
이 사라졌지만 오롯하게 그 행적만 역사로, '다르마^{진리, 바른 행동을 뜻하는 산스}
^{크리트어}'로 남아 있을 뿐이다. 지혜로운 이여! 오로지 역사와 '다르마'를
거울로 삼을지니라…

앙카라에서 카파도키아로 가는 길

아나톨리아 반도를 여행하는 여행가들 중에는 '아나톨리아 지역이 인류문명의 발상지이고 성서에 나오는 에덴 동산이 존재했던 곳'이라고 말하기도 한다.

인류문명의 시원인 유프라테스 강과 티그리스 강이 아나톨리아 지역에서 발원하여 메소포타미아 문명을 만들어냈다. 인류 최초의 밀농사가 아나톨리아에서 시작되었고, 구약에 기록되어 있는 노아의 방주의 흔적을 터키의 동부 아라랏산에서 찾을 수 있다는 주장과 세계에서 가장 오래된 인류의 집단주거지가 콘야의 남동쪽 차탈회육에서 확인되었는데 기원전 6,500년경의 유적지이다.

차탈회육은 2012년 유네스코가 지정한 세계문화유산에 지정되었다. 사도 바울이 태어난 곳이 터키의 동남부에 있고, 리디아 왕국에서 기원전 640년 세계 최초의 동전을 주조하여 사용하였고, 주사위도 세계 최초로 리디아 왕국에서 처음으로 만들었다.

이집트의 연대기와 구약성서에 이름만 나올 뿐인 히타이트는 1834년 프랑스 탐험가인 샤를 텍시에르가 보아즈쾨이^{현재 보아즈칼레}에서 고대 도시 유물들을 찾아냄으로써 알려졌다. 히타이트는 인류 역사상 처음으로 철기문명을 이룩한 민족으로 기원전 1800년에 수도를 하투샤로 정하고 시리아까지 진출하여 대제국을 건설하였으나 기원전 1200년 바다를 무대로 하는 해상민족에게 멸망하였다.

히타이트의 왕 하투실리스와 이집트의 람세스 2세 간에 벌어진 '카데

쉬'전투에서 인류 최초의 국제적 평화조약을 체결하였다. 히타이트에
서는 상형문자로 돌에 기록하였고, 아나톨리아 문명 박물관에서 볼
수 있다. 이집트 룩소 신전에도 새겨져 있다. UN 본부는 그 사본을 전
시하고 인류의 평화를 염원하고 있다. 그후 프리기아, 갈라티아, 이오
니아, 페르시아, 알렉산더 대왕, 로마, 비잔틴 등, 아나톨리아에는 문
명의 발자취가 끊이지 않았으며, 작은 돌무더기 하나에도 그 흔적이
무수히 남겨져 있다.

해발 고도 830m인 앙카라에서 해발고도 1,270m인 중부 아나톨리아
고원지대인 카파도키아로 가는 길은 중앙선을 사이에 두고 4차선 국
도를 따라서 동남쪽 방향으로 간다. 국도변에서 보는 풍경은 메마르
고 광활한 고원지대와 회색빛 돌산, 광활하고 거친 땅 위에 드문드문
이끼처럼 돋아난 풀을 뜯는 양떼들과 양치기 목동을 볼 수
있다. 그 사이로 시골마을과 마을 중앙에 한 개의 미나레가

앙카라에서 카파도키아로
가는 길에서 보이는 풍경

양치기 목동과 양들

앙카라에서 카파도키아로 가는 길은 메마르고 광활한 고원지대로 가는 길이다. 국도변 옆에 전선주와 전선이 길게 따라오는 광경을 볼 수 있다.

앙카라에서 카파도키아로 가는 길

세워져 있는 작은 자미들이 좁은 시골길로 국도변과 이어져 있다.

카파도키아에 들어서면 중앙선을 사이에 두고 좁은 2차선 시골길 도로를 따라 여행코스를 돌아야 한다. 카파도키아로 가는 국도 옆에 있는, 터키에서 제일 큰 소금호수를 둘러보고, 국도변 오른쪽 옆으로 소금호수를 보면서 카파도키아로 가서 으흘라라 계곡, 데린쿠유, 파샤바, 괴레메계곡, 우치히사르를 보고 열기구 투어를 할 것이다.

앙카라의 국도변과 차낙칼레와 갤리볼루 지역의 국도변 해안가에는 여름7월의 내려쬐는 햇빛 속에 피어있는 노란색 해바라기 밭을 볼 수 있다. 터키 사람들은 해바라기 씨앗을 이빨 사이에 끼워서 살짝 깨물어 그 씨앗을 즐겨 까먹는데 그 맛이 고소해서 한번 맛들이면 멈출 수가 없다. 터키 사람들이 수다를 떨면서 해바라기 씨앗을 까먹는 속도는 신기에 가깝다.

앙카라로 가는
국도변의 해바라기 밭 1

해바라기 밭을 바라다 보니 언젠가 본 빈센트 반 고흐의 작품 '해바라기'가 오버랩되어 나타났다. 작품의 해바라기 색깔보다 배경 색깔이 더욱 노랗게 온통 칠해져 있는 것을 보았는데, 7월의 태양 아래 온통 노랗게 물든 해바라기 밭을 보니 강렬하게 이해가 되고 느낌이 왔다. 작품은 박물관이나, 미술관 안에 있어야 하는 것이 아니라 태양과 산과 나무와 바람과 흙이 있는 그 속에 있어야 하고 작품을 그린 그곳에서 보면 또 다른 감흥을 느끼게됨을 알게 되었다.

조금 더 지나가니 광활한 대지 위에 스프링클러로 물을 뿌려서 재배하고 있는 설탕무 밭이 나타났다. 설탕무 밭은 카파도키아로 가는 국도변과 콘야 대평원에서 군데군데 스프링클러로 재배하는

스프링클러로 설탕무 밭에
물을 뿌리고 있다. ▼

광경을 볼 수 있다. 광활하고 메마른 대지에 스프링클러
로 물만 뿌리면 설탕무 재배가 가능한데 지표면 가까이 지하수가 존
재하기 때문이다. 그 재배면적이 엄청나게 넓은 것을 볼 수 있다.
사탕수수는 주로 열대기후의 남아시아와 카리브 지역에서 많이 재배
되고 있고 터키에서는 설탕무를 이용하여 디저트를 만드는 재료로 사
용하거나 설탕을 만드는데, 설탕무 대규모 저장시설과 대규모 가공공
장이 콘야 대평원 지역에 있는 것을 볼 수 있다.

앙카라850m에서 국도를 따라 카파도키아1,250m로 가다가 버스가 고원
지대로 들어서면 비탈진 산기슭의 곳곳에서 고대왕국 히타이트의 흔
적을 볼 수 있다.

고대왕국 히타이트는 기원전 18세기에 앙카라에서 동쪽으로 200km 떨어진 세찬 바람이 몰아치는 황량한 고원인 하투샤^{보아즈칼레}에 수도를 정하고 세계 최초의 철기 제조술과 전차를 기반으로 기원전 16세기 바빌로니아를 멸망시키고, 기원전 14세기에는 시리아와 팔레스타인, 흑해지역에 이르는 광대한 제국을 건설하였으나 기원전 12세기에 침입한 해양민족에게 멸망하고 말았다.

바람이 몰아치는 황량한 고원에 펼쳐진 하투샤 유적인 대신전과 사자문, 스핑크스 문을 보면 문명의 근원을 생각하게 되는 것이다.
기원전 13세기에 히타이트는 시리아와 터키 국경 인근에 있는 카데쉬라는 마을 근처에서 이집트와 전투를 벌이고 그후, 이집트 람세스 2세와 히타이트의 하투실리스 사이에 '카데쉬 협정'이라는 세계 최초의 국제 평화조약을 맺는데 힘과 무력으로 부딪히는 고대 세계에서 체결된 이 조약문은 이집트의 카르나크 신전 벽면과 하투샤 유적지에서 발굴된 점토판에 쐐기문자로 새겨져 있다.

고원지대의 비탈진 산기슭에 흩어져 있는 저 밀밭들은 히타이트 시대부터 싹이 나고 이삭이 떨어지고를 반복해 왔으리라. 고원 산기슭에 휘몰아치는 저 세찬 바람도 히타이트의 기억을 간직하고 있을 것이다.

왔노라, 보았노라, 이겼노라

보아즈칼레에서 동쪽으로 150km를 가면 '질레'가 나온다. 이곳은 우리가 잘 알고 있는 로마의 카이사르가 그 유명한 '왔노라, 보았노라, 이겼노라'라는 말을 남긴 곳이다. 기원전 47년에 이 지역을 차지하고 있던 로마에 대하여 폰투스왕 파르나케스가 전쟁을 선포하자, 당시 이집트에 머물고 있던 카이사르에게 로마의 원로원은 군대를 이끌고 와서 정복하라는 명령을 내렸다.

파르나케스의 칼날을 장착한 전차영화 벤허에 나오는 칼날을 장착한 전차의 기원이다를 상대로 광활한 초원에서 5시간 계속된 처절한 전투에서 로마군은 승리하였다. 카이사르는 이곳에서, 승리한 전쟁 역사상 가장 짧았던 5시간의 전쟁과 죽어간 병사들을 위하여 로마의 원로원에 '왔노라, 보았노라, 이겼노라'라는 이 짧고도 유명한 말로 승전보를 보냈다.

고르디온의 매듭

앙카라에서 남동쪽으로 100km를 가면 '야스회위크'라는 작은 마을이 나온다. 이곳의 옛지명이 '고르디온'이다. 이곳은 '고르디온의 매듭'과 '미다스 왕'의 이야기가 전해져 오는 곳이다. 히타이트 왕국이 붕괴되고 프리기아인들은 기원전 750년경에 이곳에 정착하였고 고대 그리스인들은 아나톨리아 반도 동쪽인 이곳을 프리기아라고 불렀다.

고르디아스는 프리기아의 왕으로 추대되어 수도가 된 고르디온을 세웠다. 고르디아스는 농부였다. 하루는 밭갈이를 하는데 독수리 한 마리가 쟁기에 앉아 하루종일 떠나지 않고 있었다. 기이하게 생각한 그가 살고 있는 마을에 가서 이야기를 하자, 우물가에 있던 마을처녀가 그 이야기를 듣고 독수리를 제우스 신전에 바치라고 하였다. 그리스 신화에 독수리는 제우스의 전령이며 제우스의 현신으로 여겨졌다. 고르디아스는 이 처녀와 결혼하여 '미다스'를 낳았다.
그 당시 프리기아는 매우 혼란하였다. 제사장이 제우스 신전에 가서 기도를 하자 '이륜마차를 타고오는 첫번째 사람이 왕이 되어 나라를 구할 것'이라는 신탁이 내려졌다. 농부인 고르디아스가 가족들을 데리고 수레를 타고 고향으로 돌아오자 그들은 고르디아스를 왕으로 추대하였다.

프리기아의 왕이 된 고르디아스는 제우스 신전에 나아가 농부였던 그의 가장 소중한 재산인 수레를 신전에 바치고, 산수유나무 껍질로 복잡하게 꼬여서 튼튼해진 매듭으로 신전기둥에 묶어 두었는데 아무도 그 매듭의 시작과 끝을 알지 못했다. 이것이 '고르디온의 매듭'으로 '후일 이 매듭을 푸는 자가 전 아시아를 지배하는 왕이 될 것이다'는 고르디아스의 신탁이 전해져 왔다. 이 매듭을 풀어보려고 많은 사람들이 시도하였으나 아무도 매듭을 풀어낸 사람이 없었다.

마케도니아의 왕 필리포스의 아들로 태어난 알렉산더는 스무살에 왕위를 계승하고 기원전 334년 초봄에 스물두 살의 나이로 4만의 군사를 이끌고 다리우스 3세와 페르시아를 정복하기 위하여 헬레스폰투스 해협^{터키 차낙칼레 해협}을 건넜다.
이어 그는 아킬레스의 무덤을 찾아가 트로이 전쟁의 영웅들에게 자신의 페르시아 정복전쟁을 수호해 달라고 빌고 제사를 지냈다. 알렉산더는 페르시아의 지배를 받고 있던 소아시아^{터키 아나톨리아}의 그리스 도시 에페수스, 프리에나, 밀레투스, 마그네시아들을 차례로 정복하였다.

알렉산더는 헬레스폰투스 해협을 건너서 ➡ 트로이 ➡ 사르데스^{소아시아에서 페르시아 지배의 중심지} ➡ 에페수스, 프리에나, 밀레투스^{에게해 연안의 그리스 도시} ➡ 카리아의 수도 할리카르나소스^{보드룸} ➡ 리키아와 팜플리아^{안탈랴 인근} 정복 ➡ 대프리기아^{아피온 인근}와 고르디온 ➡ 앙카라 ➡ 카파도키아 ➡ 실리시아 수도 타르수스 ➡ 이수스 전투^{기원전 333년 9월 초 페르시아 다리우스 3세를 대파} ➡ 기원전 332년 가을 이집트에 도착하였다.

기원전 334년 겨울에 알렉산더는 동방원정 도중 고르디온에 도착하였다. 페르시아 정복을 위한 동방원정에 나선 알렉산더는 '고르디온

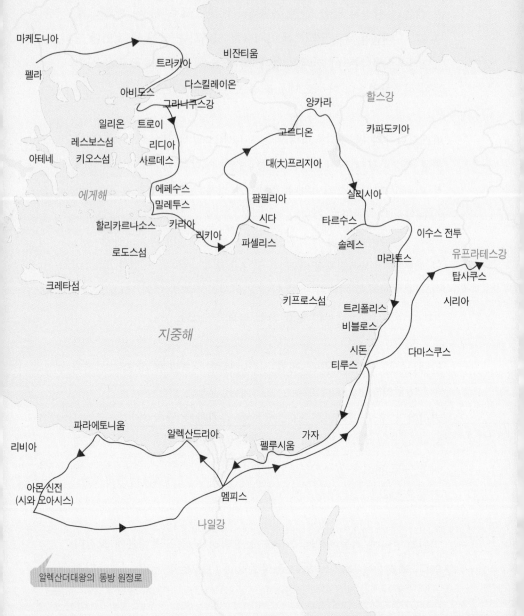

다뉴브강

흑해

마케도니아

펠라

트라키아

비잔티움

다스킬레이온

아비도스

그라니쿠스강

할스강

앙카라

카파도키아

일리온

트로이

고르디온

레스보스섬

리디아

대(大)프리지아

아테네

키오스섬

사르데스

에게해

에페수스

밀레투스

팜필리아

킬리시아

할리카르나소스

카리아

시다

타르수스

이수스 전투

로도스섬

리키아

파셀리스

솔레스

유프라테스강

마라토스

탑사쿠스

크레타섬

키프로스섬

트리폴리스

시리아

비블로스

지중해

시돈

티루스

다마스쿠스

파라에토니움

알렉산드리아

가자

리비아

펠루시움

아몬 신전
(시와 오아시스)

멤피스

나일강

알렉산더대왕의 동방 원정로

홍해

이집트

의 매듭'을 풀어 보려고 이렇게 저렇게 시도해 보아도 이 매듭을 풀 방법을 찾지 못했다. 참다못한 알렉산더는 칼을 빼어 단칼에 그 매듭을 두 동강으로 끊어 버리고 '이제 매듭이 풀렸도다'하고 외쳤다.

그는 후에 전 아시아를 지배하였고 페르시아의 다리우스 대왕의 제국을 정복하러 아프가니스탄과 인도까지 이르는 대원정길에 나서게 되었다. 그후 '고르디온의 매듭'은 풀리지 않는 문제를 해결하기 위한 발상의 전환과, '쾌도난마'식으로 해결해가는 결단력을 말해주는 고사로 널리 이야기되고 있다.

미다스의 손

미다스는 프리기아의 수도가 된 '고르디온'을 세운 고르디아스의 아들이다. 미다스는 프리기아의 왕이었다. 어느날 농부들이 디오니소스의 어릴적 스승인 실레노스가 술에 취해 비틀거리는 것을 보고 미다스 왕에게 데리고 왔다. 미다스 왕은 실레노스를 위하여 열흘 밤낮 동안 연회를 베풀고 환대하였다. 미다스는 열하루만에 실레노스를 디오니소스에게 돌려 보냈다.

디오니소스는 행방불명이 되었던 그의 스승 실레노스가 무사히 돌아오자, 미다스에게 소원이 있으면 무엇이든 말해보라고 하였다. 이에 미다스는 '나의 손이 닿는 것은 무엇이든지 금으로 변하도록 해달라'고 하였다. 디오니소스는 그 소원을 들어 주었다.

미다스가 궁전으로 돌아오는 도중에 돌을 하나 주워들자 그것이 손안에서 금으로 변하는 것을 보았다. 뛸듯이 기뻐한 그가 사과나무에서 사과를 하나 따자 그것도 금으로 변하였다. 먼거리를 다녀와서 배가 고팠던 그는 궁전에 도착하자마자 음식을 차려오도록 하였다. 빵을 집어들자 금으로 변하였고, 술잔을 들자 역시 금으로 변하였다. 손에 닿는 것은 무엇이든지 금으로 변하니, 그는 음식을 먹을 수 없어 굶어 죽을 수밖에 없을 것 같았다.

그때 미다스 왕이 궁전으로 돌아왔다는 소식을 듣고 사랑하는 공주가 그에게 달려와 안기려 하였다. 미다스 왕은 놀라서 공주를 밀어 내었다. 그의 손이 닿자 사랑하는 공주도 금으로 변하였다. 예기치 못한 재앙에 깜짝 놀란 미다스 왕은 그의 손이 닿으면 모든 것이 금으로 변하는 마법에서 벗어나려고 아무리 애를 써도 벗어날 수 없었다.

디오니소스를 찾아간 미다스 왕은 황금빛으로 번쩍이는 팔을 들고 '금의 재앙'에서 벗어나게 해달라고 참회의 눈물로 애걸하였다. 디오니소스 숭배는 프리기아에서 오랫동안 성행하였다. 음악과 감성으로 대표되는 디오니소스는 인간의 목소리를 귀담아 듣는 신이었다.
디오니소스는 미다스 왕이 애걸하는 소리를 듣고 그 소원을 들어 주면서 다음과 같이 말하였다. '팍톨로스 강의 흐름이 시작되는 곳까지 거슬러 올라가서 그곳에 머리와 몸을 담그고 그대의 탐욕과 그에 대한 죄를 씻으라'
미다스 왕이 팍톨로스 강의 흐름이 시작되는 곳까지 거슬러 올라가서 강물에 손을 담그자 손이 닿으면 모든 것이 금으로 변하는 마법의 능력이 강물로 옮아가서 모래가 금으로 변하였다. 그 이후로 팍톨로스 강은 강가에서 금모래와 사금이 많이 나는 것으로 유명해졌다.

1957년 고르디온에서 미다스 왕의 무덤이 발견되었다. 펜실베니아 대학 고고인류학 박물관에서 미다스 왕의 무덤에서 나온 청동물병을 분석하자, 2800여년 전의 유물로 판명되었다. 미다스 왕은 프리기아 왕국의 마지막 왕이었던 것이다.
고르디온과 고르디아스와 미다스, 그리고 알렉산더는 신화와 역사가 함께 하며 달빛에 물들면 신화가 되고 햇빛에 비치면 역사가 되어, 신화와 역사가 오늘 우리의 여행에 함께하고 있음을 알려주고 있다.

수분이 증발하여 마치 눈위에
있는 듯하다. 우기(12월)에는
호수로 변한 것을 볼 수 있다.

터키에서 두번째로 큰 호수, 소금호수

앙카라에서 국도로 카파도키아로 가다보면 터키에서 반
호수 다음으로 큰 소금호수를 볼 수 있다. 이곳에 소금호수가 있다는
것은 이곳의 기후가 건조기후대라는 것을 알 수 있다.

건기인 7월에 호수의 중앙에 서면 수분이 증발하여 표면이 딱딱하고
하얀 소금의 결정체로 덮여있어 소금호수는 온통 얼어붙은 빙판과 사
방이 설원에 있는 것 같다. 먼 호수를 바라보면 전체가 온통 보라색과
붉은색으로 변해가는 것을 볼 수 있다. 우기^{겨울}가 되면 수심이 얕은
호수로 변한다. 이 호수는 주변의 소금산과 바위가 녹아서 형성된 것
이다. 이곳에서 생산되는 소금은 연간 30만톤으로 터키 전체 소금 생
산량의 60%이다.

로마시대에는 군인^{솔저}들의 급료^{샐러리}로 소금^{솔트}을 구입할 수 있는 증서
를 주었다. 솔저와 샐러리는 솔트^{소금}에서 파생된 단어들이다. 고대 인

류에게 소금은 귀한 것이었다. 음식에 넣어서 먹을 수 있는 유일한 향신료가 소금이었기 때문이다.

소금은 인류 역사에서 인간의 생존에 없어서는 안 될 중요한 요소로 존재해왔다. 성경에는 '너희는 세상의 소금이니, 만일 그 맛을 잃으면 무엇으로 짜게 하리요'라고 기록하고 있다. 영국의 '소금세' 신설에 대한 저항으로 간디의 비폭력 저항운동이 전개되었고, 프랑스의 '소금세' 제도는 프랑스 혁명의 원인이 되기도 하였다. 소금이 세계의 역사를 바꾸어 온 것이다.

가스가 비싼 아나톨리아 지역에서는 어딜가나 지붕에 태양열 집열판과 물탱크를 설치하여 물을 데우는 것을 볼 수 있다. ▼

보스포러스 해협   흑해

이스탄불

마르마라해   샤프란볼루

차낙칼레

아이발륵   앙카라

TURKEY

카파도키아

에페스

파묵칼레   콘야

에게해

안탈랴

지중해

으흘라라 계곡 입구

신과 자연과 인간이 만든 카파도키아

영화 '스타워즈'의 촬영지 으흘라라 계곡

으흘라라 계곡은 조지 루카스 감독이 '스타워즈'의 무대배경으로 영감을 얻고 '스타워즈'의 촬영 무대로 알려져 유명해진 곳이다. 그러나 '스타워즈'의 실제 촬영은 우주의 중심에서 멀리 떨어진 외계 행성의 이미지를 풍기는 이곳과 지형이 비슷한 튀니지의 마트마타와 모로코 등지에서 촬영하였다.

으흘라라 계곡과 화산으로 형성된 주변풍경은 지질시대에 핫산산^{3,268m}의 폭발로 형성되었다. 거대한 화산 폭발에 따라 용암이 흘러내리고 화산

으흘라라 협곡

영화 '스타워즈'의 촬영 배경인 으흘라라
협곡. 우주의 중심에서 머나먼 행성의
분위기를 느낄 수 있다.

재로 뒤덮이게 되었던 이곳은, 화산재는 오랜 세월
동안 빗물과 바람에 씻겨나가고 응회암으로 형성
된 기암괴석들은 '스타워즈'의 스토리 배경인 '우주의 중심에서 머나
먼 행성'인 외계행성의 모습을 띠게 되었다.

으흘라라 계곡은 깊이 100-120m의 협곡으로 이루어져 있고 그 길이
는 19km 정도 된다. 으흘라라 계곡에는 만여개의 바위동굴과 105개
의 동굴교회가 있다. 으흘라라 계곡은 서기 4세기 이후에는 기독교의
수도사들과 성직자들의 은신처가 되었다. 으흘라라 계곡의 동굴교회
에서 예수의 일생과 성경이야기가 프레스코화로 그려져 있는 것을 지
금도 볼 수 있다.

으흘라라 계곡 아래 '아아찰트' 동굴교회 천장의 중앙에는 예수 승천의 모습이 그려져 있고, 주변에는 천사들의 모습이 프레스코화로 그려져 있다. 프레스코화 그림들의 눈은 무슬림들이 종교적 이유로 훼손한 흔적들이 남아있다.

투르크 무슬림들이 아나톨리아 반도를 지배하기 시작한 시절에는 기독교인들은 그들이 사는 지역 내에서 그들의 종교생활을 자유롭게 하였고 그들 스스로 마을을 형성하여 살아나가기도 하였다. 그 명백한 증거는 동굴교회 George church 에 남아있는 기독교인들이 그린 셀주크 아나톨리아의 술탄 메수드 2세의 그림을 보면 알 수 있다.

아나톨리아 반도에는 1074년 쉴레이만 샤가 이즈니크에 셀주크 왕조를 세웠으나 십자군의 압박으로 콘야로 천도하였다. 아나톨리아 투르크는 새로운 세력인 몽골이 동쪽으로부터 팽창해오자 1243년 몽골과의 전쟁에서 패하고 술탄 메수드의 사망과 함께 역사에서 사라져갔다.

아아찰트 동굴교회

으흘라라 계곡 입구 아래쪽에 있는 '아아찰트 동굴교회'(AGASALTI KILISESI). 다니엘 성화가 발견되어 다니엘 교회(DANIEL PANTONASSA CHURCH)라고도 한다.

인간은 처음에는 벌거벗은 상태에서 수렵·채집과 야외생활을 하였다. 화창하고 따뜻한 태양이 있는 낮 동안에는 야외에서 지낼 수 있었겠지만 겨울이 오기 전에 짐승의 가죽으로 몸을 가리고 동굴 속이나 땅 속으로 들어가지 않았다면 인류의 조상은 초기에 멸종했을지도 모른다. 인류는 크로마뇽인의 출현 때까지는 언어구사에 알맞은 성대구조를 가지지 못했다. 약 3만 5천년 전부터 언어형태로 발달한 인류의 언어소통은 그 전의 인류에 비하여 엄청난 통신능력과 문화의 발달을 가지고 왔다. 크로마뇽인은 이미 동굴 속에 훌륭한 벽화를 남겼고 원시농업기술을 발전시켜 나갔다. 그리하여 지금부터 약 1만년 전에는 농사짓는 법을 완성시켜 놓았다. 이것이 수렵채취 시대로부터 농업화 시대로의 변혁인 '제1의 물결', 즉 농업혁명인 것이다.

농업혁명에 의해서 떠돌이 수렵·채집생활에서 정착생활로 옮겨간 인류는 곡식의 저장법을 배웠고, 기나긴 겨울에는 사고를 위한 시간적·심리적 여유를 갖게 되었다. 그 여유가 문화를 형성하게 되었던 것이다. 그리고 5,000년이 지나서 인류는 드디어 문자까지도 발명하게 되었다.

지금으로부터 6,000년 전 메소포타미아 남부지역에 살았던 수메르인들은 인류 최초의 문자로, 점토판에 갈대로 찍어쓴 설형쐐기문자를 발명하여 인류 최초의 문명을 형성하였다. 그들이 만들었던 인류와 우주형성의 신화는 이집트와 그리스와 로마로 전해졌다. 페니키아인들은 알파벳의 기원이 되는 새로운 문자를 만들어 냈고, 여기에서 그리스 문자와 로마 문자가 만들어져 나왔다. 페니키아인들은 메소포타미아와 이집트 문명을 지중해 각지에 전달하는 역할을 하였다.

인류 최초의 철기문명을 이룩한 히타이트 시대부터 살기 시작했다고 여겨지는 카파도키아 주변의 동굴 바위와 지하도시는 인류의 멸종을 막고 생존해 나가기 위한 인류의 내면에 본능적으로 새겨져 있는 생존 DNA라고도 할 수 있다.

콘야의 차탈회육은 2012년도에 유네스코 세계문화유산으로 등재된 터키 남부의 아나톨리아 고원 콘야 평원 위에 솟아있는 두 개의 언덕으로 된 유적지이다. 동쪽의 언덕은 9,400년 전에서 8,200년 전의 선사시대에서 신석기시대의 인류 초기농경생활을 보여주고 있고, 서쪽의 작은 언덕은 8,200년 전에서 7,200년 전의 인류 최초의 집단 주거지 형태를 보여주고 있으며 약 2만명이 집단적으로 생활하였을 것으로 고고학적으로 밝혀졌다. 2050년이면 전인류의 90%가 도시에 거주하게 된다. 인류가 최초로 집단 주거지인 도시를 형성하여 8,200년만에 인류는 도시의 포화 상태를 직면하게 되었다.

인류 최초의 문명은 터키에서 시작되는 유프라테스 강과 티그리스 강의 아래지역에서 메소포타미아^{강과 강 사이의 땅} 문명이 시작되었다.
이어서 시작된 이집트 문명과 메소포타미아 문명이 크레타섬과 지중해로 전해졌고, 크레타 문명은 미노아 문명의 뿌리가 되었다. 미노아 문명은 그리스 문명의 원류이다. 그리스 문명은 로마로 전달되었으며, 오늘날 유럽인들은 자기들의 뿌리가 '그리스-로마 문명'이라고 여기고 있다. 그리스가 사용하는 2유로짜리 동전에는 황소탄 여인인 '에우로파'가 새겨져 있다. '유럽'이라는 말은 이 에우로파에서 시작되었다. 바람둥이 제우스는 페니키아^{지중해에 접해 있는 지금의 시리아와 레바논 지역} 해변에서 페니키아의 여인 에우로파를 납치하여 크레타 섬으로 데려온다. 제우스와 에우로파 사이에서 뒷날 크레타 섬의 왕이 되는 아들 미노스가 태어나는데 그가 크레타 문명을 일으킨 것으로 신화는 전해온다.

8,200년 전 콘야 차탈회육에서 인류 최초의 집단 주거지, 도시가 형성되었다. 인류 최초로 형성된 도시는 청동기시대 차탈회육에 사는 사람들이 주변 침략으로부터의 방어에 유리하였고, 체계화된 사회생활과 공동작업으로 생산성은 늘어가고 그들의 수명은 증가하게 되었을 것이며, 증가하는 인구와 집단적 주거생활에서 밀려난 사람들은 점차적으로 터키 동부지방인 성경에 나오는 아르다으^{아라랏산} 기슭과 반 호수 주변으로 그들의 주거가 밀려나게 되었다. 그리고 그들 중 일부가 점차적으로 유프라테스 강과 티그리스 강을 따라 내려가서 살게 되면서 수메르 문명이 발생하게 된 지역으로 가서 살게 되었다면, 콘야 평원에서 인류 최초로 형성된 도시의 거주민들이 인류 최초의 문자와 신화를 만들어낸 수메르인에게 끼친 영향은 무엇이었을까? 카파도키아 고원에서 콘야 평원의 차탈회육과 수메르인 사이의 상호 연결고리를 상상해 본다.

으흘라라 계곡은 카파도키아의 자연과 역사, 미술과 문화와 더불어 카파도키아의 진주로 자리잡고 있다. 협곡 사이로 난 오솔길을 따라서 맑은 물과 울창한 숲과 함께 걷는 으흘라라 계곡 트래킹은 그 자체로 도시생활의 번잡함을 잊게 해주는 힐링 코스라 할 수 있다. 대자

연과 함께 트래킹 코스 3km를 걷고
나면 셀리메 수도원이 나타난다. 셀
리메 수도원 주변은 '스타워즈'의 촬
영지로도 알려져 있다.

으흘라라 계곡의 트래킹 코스와 지
하도시 데린쿠유를 여행하는 여행자
들은 그린투어를 이용하기도 한다.
카파도키아의 로즈벨리를 돌아보는
로즈벨리 투어와 우치히사르, 파샤
바의 기암괴석들을 돌아보는 레드
투어는 가이드와 함께 전용차량으로
이동하므로 카파도키아를 알차게 돌
아볼 수 있다.

으흘라라 계곡 길 안내판

아아찰트 동굴교회 아래에 있다. 저 맑은 시냇물과 숲을 따라
4km 가면 으흘라라 마을이 나온다.

입장료는 8TL이다. **으흘라라 계곡 관광안내 지도**

이스탄불이 그리워지면

지하도시
데린쿠유의 내부

지하도시 데린쿠유의 내부는 좁은
통로가 미로처럼 연결되어 있다.

▲ 비상시에는 멧돌처럼 생긴 이 바위를 굴려서 통로를
막았고 밖에서는 열거나 닫을 수 없게 되어 있었다.

유네스코 세계문화유산 데린쿠유 지하도시

괴레메 국립공원과 카파토키아 바위유적은 1985년 유네스코 세계문
화유산으로 지정되었다. 이 지역의 세계문화유산 중에서도 가장 흥미
있는 것 중의 하나가 데린쿠유 지하도시이다. 카파도키아 전역에는
200여개의 지하도시가 있는데 방문객들에게 개방되는 곳은 데린쿠유
와 카이마클르 두 곳이다.

데린쿠유 지하도시는 1963년 이 마을 농부가 닭이 지하굴 속으로 들
어가서 나오지 않는 것을 보고 발견하게 되었고, 1965년부터 외부 방
문객들에게 개방되었다. 데린쿠유는 '깊은 우물'이라는 뜻이다. 개

미집처럼 미로로 구성된 지하도시는 8층으로 구성되어 있고 깊이는 85m에 달하며 현재 대부분이 방문가능하다.

데린쿠유 지하도시는 부드러운 석회질 성분이어서 지하로 파내려 갈 수 있었으나, 오랜 세월 동안의 고통과 인내의 결과로 만들어진 것이다. 이러한 지하도시의 주된 존재이유는 외부의 군사침략에 의하여 위협이 거듭되는 동안 피난처를 제공하기 위한 것이다. 예수가 십자가에 못박힌 후, 로마제국의 기독교 박해를 피해온 초기 기독교인들의 피난처로 사용되었고, 7세기 이후 이슬람 세력으로부터 박해를 피하기 위하여 기독교인들이 은신하여 기거하던 장소로 사용되었다.

지하도시는 외부 침략에 대비해 맷돌처럼 생긴 크고 둥근 바퀴 모양의 돌판을, 미로처럼 연결된 통로 옆의 동굴벽 속에 전략적으로 구멍을 파고 똑바로 세워놓았는데, 비상시에는 이 바위를 굴려서 모든 통로를 막았고 밖에서는 열거나 닫을 수 없게 되어 있었다. 데린쿠유 지하도시를 내려가면 환기장치^{데린쿠유에는 지상으로 열려 있는 50여개의 환기통로가 있다}가 있는 지하통로 주변으로 삶의 주공간인 거처와 마구간, 부엌, 와인 저장고, 교회와 학교, 지하무덤, 우물 등이 무리를 이루고 있다.

이 우물들은 지상에서 지하도시로 피난하여 거주할 때 보다 쉽게 적응하여 살 수 있게 해주었다. 'KUYU'^{WELL, 우물}로 표시된 안내판을 지나서 내려가면 십자가형으로 동굴을 파낸 교회가 있고, 교회 맞은편에 지하도시의 광장이 있다. 광장은 중앙에 3개의 기둥으로 구성되어 있는데, 공동체의 회의도 하고 공동관심사도 논의하는 장소로 사용되었다. 광장의 맨 앞쪽 중앙기둥은 공동생활의 규칙을 위반한 죄수를 일

▲ 데린쿠유의 부엌으로 천장에는 검게 그을린 흔적이 있다. 데린쿠유의 지하 1층과 2층에는 곡물저장소, 부엌, 식당 등이 자리잡고 있다.

데린쿠유 지하도시 무덤 입구   데린쿠유 지하도시의 식당

정기간 묶어놓고 채찍으로 때리는 용도로 사용되기도 하였다.

그릇이 깨지면 물이 새서 담을 수 없다. 계율은 그릇이나 마찬가지이다. 공동체를 원만하게 지키는 계율은 공동체를 오염으로부터 방지하기 위한 것이다. 계율이 깨지면 새기 때문에 물을 담을 수 없는 것이다. 옛날이나 지금이나, 지하도시이거나 지상에서의 삶이거나 사람이 사는 곳은 마찬가지다.

저 아래 무덤GRAVES, MEZARLIK 표지판이 보인다. 주검을 영원히 두는 곳이 아니고, 차후에 지상으로 나가서 묻어주었기 때문에 '무덤'이라기 보다는 '시체 보관소'가 맞는 표현이라고 생각된다. 지하도시에도 삶과 죽음이 있었다.

지하도시 데린쿠유에서의 삶과 죽음은 지하도시 아래, 같은 곳에 있으면서도 또한 각기 다른 곳에 있었다. 전라도에서 여행 온 모녀50대의 어머니와 20대의 딸가 제일 먼저 뛰어가서 아래 지하무덤부터 둘러 보고 있었다. 남들과 다르다는 느낌이 들었다.

1965년부터 방문객에게 개방되었다.
입장료는 15TL이다.

데린쿠유 지하도시 안내문

나자르 본쥬

데린쿠유 지하도시 매표소 마당에 세워져 있는 나자르 본쥬(Nazar Boncu).
행운의 부적이다.
터키인들은 푸른색의 눈을 가진 영웅이 자신들을 구해줄 것이라는 오래된
믿음을 가지고 있다. 터키인에게 파란색은 악마를 물리치는 행운의 색이다.
나자르 본쥬는 파란색의 힘이 악마의 눈의 사악한 기운을 막아준다는
의미이다.

데린쿠유 지하도시 앞의 마을에는 비잔틴 시대
교회가 있다. 교회 건물 벽이 십자가 모양으로
지어져서 이슬람 자미로 사용되지 못하고
온전하게 보전된 채 서있다.

데린쿠유 지하도시 앞의
비잔틴 시대 교회

카파도키아에서는 오래전부터 응회암으로
벽을 쌓고 집을 지어 살고 있다.

데린쿠유 지하도시
주변에 있는 기념품 상점

카파도키아의 별식 항아리 케밥

카파도키아를 여행하면서 반드시 먹어야 하는 별식이 있다. 그것은 바로 항아리 케밥이다. 항아리 케밥을 먹기 위하여 식당^{SILENE 레스토랑}으로 갔다. 식당에서 우치히사르의 전면이 한눈에 올려다 보인다. 조그마한 고양이가 식당 앞에서 반갑게 웃으며 맞아준다. 고양이의 미소가 카파도키아 사람들의 미소를 닮았다.

항아리 케밥은 진흙 항아리에 케밥의 재료인 닭고기, 소고기, 양고기 등의 케밥 재료와 각종 야채, 당근, 버섯, 고추, 감자 등을 넣어서 진흙 항아리의 입구를 봉하고 화덕에 2-3시간 정도 구워서 만든다. 항아리 케밥은 조리하는 데 시간이 많이 소요되기 때문에 사전에 예약이 필요하다.

항아리 케밥을 만드는 데 필요한 진흙 항아리는 터키에서 가장 긴 강으로 알려져 있는 크즐으르막강^{1,355km} 가에서 멀지 않은 아바노스 도자기 마을에서 발로 물레를 돌리는 전통방식으로 만든 진흙 항아리를

항아리 케밥
식당(SILENE 레스토랑)
앞에서 만난 고양이.
고양이의 미소가
카파도키아 사람들의
미소를 닮았다. ▼

케밥은 망치나 칼로
밀봉된 항아리 입구를
개봉한다. ▶

카파도키아의
별식 항아리 케밥

사용한다. 아바노스는 크즐으르막강 주변에서 나오는 질 좋은 흙으로 도자기를 만들기에 최적의 조건을 갖추고 있다고 한다.

조리된 진흙 항아리가 나오면, 항아리 케밥을 주문한 여행자 앞에서 개봉을 하는 한바탕 축제가 시작된다. 항아리 케밥의 개봉은 주인이 지명 가장 미녀, 가장 연장자, 생일을 맞은 사람 등 하는 여행자가 망치나 칼을 사용하여 개봉하는데, 이

▲ 카파도키아 사람들은 하루에도 몇잔씩 차이를 마신다.
왼손엔 담배, 오른손엔 차이.

때 항아리가 깨지더라도 전혀 염려할 것이 없다. 개봉된 항아리를 큰 쟁반에 엎어서 작은 진흙 그릇에 사람 수만큼 덜어주기 때문이다.

항아리 케밥은 먹는 것뿐만 아니라, 볼거리를 만들고 함께 즐기는 종합 예술이다. 메마른 되네르 케밥, 시시케밥과 달리 항아리 케밥은 된장찌개처럼 축축하고 따뜻하기 때문에 한국 여행자의 입맛에도 맞다. 카파도키아를 여행하면서 항아리 케밥을 꼭 한번 맛보면, 훌륭한 추억을 남기게 될 것이다.

중앙 아나톨리아 지역은 전형적인 건조기후인 스텝지역이다. 스텝지역은 몽골 초원에서 중앙아시아와 터키로 이어지고 있다. 스텝기후에서는 주로 초원의 풀을 먹이로 하는 양을 키우는 유목을 하며 살아간다. 몽골 유목민의 후손인 오스만 투르크가 아나톨리아 반도를 정복

한지 700년이 넘었다. 중앙아시아 초원지대가 이슬람으로 통합된 후, 19세기까지 중앙아시아와 중국을 잇는 실크로드를 따라 상품과 종교와 문화의 교류는 계속되었고, 이슬람 무역이 꽃피울 때 상인들은 교역으로 막대한 부를 축적하였다. 그후 권력은 군인들에게로 넘어갔지만, 카파도키아에서 콘야 대평원으로 가는 길목에서 보았던 카라반 사라이^{대상 숙소}는 그 명백한 증거이다.

괴레메에서 안탈랴까지는 640km, 버스로 10시간이 걸린다. 콘야를 경유해서 안탈랴로 가려면 괴레메에서 콘야까지 226km 버스로 4시간, 콘야에서 안탈랴까지 414km 버스로 6시간이 걸리지만, 카파도키아가 위치한 중앙 아나톨리아 지역에서 안탈랴가 위치한 지중해 지역으로 가려면 지중해 연안을 따라 터키 남부에서 동·서로 뻗어있는 토로스 산맥을 넘어가야 한다.

폰투스 산맥이 아나톨리아 북부에서 흑해의 남쪽 연안을 따라 동서로 발달해 있고, 토로스 산맥이 막고 있어 중앙 아나톨리아 지역은 연간 강우량이 적어 짧은 풀이 자라는 초원지역이 많고 큰 나무가 자라지 않는다. 건기^{여름}와 우기^{겨울}가 뚜렷하고 적은 비가 매우 잠깐 오기 때문에 대체로 건기가 우기보다 길다. 기후의 영향으로 터키 사람들은 내리는 비를 축복으로 생각하고 우산을 쓰지 않고 비를 맞고 다닌다. 끝없는 지평선을 볼 수 있는 콘야 대평원을 지나 토로스 산맥을 넘어 안탈랴까지 가는 길^{414km}에서 매우 다양한 기후대를 체험할 수 있다.

성채 꼭대기에 터키 국기가 펄럭이고
있고, 살구나무가 심어져 있다.

우치히사르 성채와 주변 풍경

카파도키아에서 가장 높은 마을 우치히사르 성채에는
터키 국기가 펄럭이고 있다.

우치히사르는 해발 1,300m로 카파도키아에서 가장 높은 곳에 위치한
마을이다.

우치히사르는 괴레메에서 4km 정도 떨어져 있는데 로마시대 기독교
인들이 피난처로 숨어 살던 곳으로 우치히사르 성채와 마을을 연결하
는 지하통로도 있었다고 한다. 우치히사르 성채는 망루의 역할을 하
였을 것이다.

우치히사르는 뾰족한^{우치} 성채^{히사르}라는 뜻이다. 우치히사르 성채의 가
장 높은 정상에 세워진 국기 게양대에는 아이 율드즈^{터키 국기, 달과 별을 상징}
가 펄럭이고 있다. 아나톨리아 반도의 중앙에 위치한 카파도키아 고

원의 가장 높은 곳을 차지하고 있는 것은 터키 국기인 것이다. 터키 국민들은 국기를 너무나 사랑한다. 터키를 여행하다보면 그 지역의 가장 높은 곳에는 언제나 빨간색 배경에 이슬람교의 상징인 초승달과 별이 하얀색으로 그려져 있는 터키 국기가 펄럭이고 있는 것을 볼 수 있다. 터키를 여행하면서 국기 게양대에 걸려 있는 국기 순서를 보면 터키인들의 마음을 읽을 수 있다. 가장 높은 곳에 터키 국기가 걸려 있고, 터키 국기 바로 옆에 유럽연합EU기를 걸어놓아 유럽연합 가입을 원하고 있는 터키인들의 염원을 알 수 있다. 그리고 한국, 중국, 독일 순으로 걸려 있는 국기를 보면 터키인들이 얼마나 한국을 사랑하는지 짐작할 수 있다. 현재의 터키 국기는 1923년 터키공화국이 건립된 후, 1936년에 법률로 공식 채택되었다.

우치히사르 성채에 올라서서 카파도키아 고원을 360도로 빙 둘러 살펴보면 저멀리 눈덮힌 에르지예스산이 보이고 탁트인 전망으로 카파도키아 협곡과 로즈벨리, 괴레메 마을과 러브벨리, 비둘기 계곡을 시원스럽게 볼 수 있는 최적의 전망대임을 알 수 있다.

마을 뒤쪽으로 돌아가서 우치히사르 성채를 올려다 보면 하나의 바위산이 윗부분이 둘로 갈라져 있는 모습을 볼 수 있고 바위산을 돌아가며 파놓은 구멍을 볼 수 있는데, 비둘기를 키우던 둥지의 흔적이다. 비둘기는 단백질 공급원이 되었고 그 배설물은 포도밭의 비료로 사용하였다. 우치히사르 성채 아래의 동굴집은 유리창과 벽돌로 창을 가린 채 현재도 사람들이 살아가고 있는 모습이 보이고, 동굴집 밖으로 배관을 내고 유리창을 해달아 카페로 사용하고 있는 모습도 보인다. 바위에 구멍을 내고 창틀을 매달아 비둘기집으로 사용하고 있는 곳도 보인다.

우치히사르 성채 아래 밭에는 살구나무들이 심어져 있다. 터키는 세계에서 가장 주요한 살구 생산국이다. 터키에서 유명한 살구고장인 아나톨리아 중부에 있는 '말라티아'^{과일나무가 많은 마을이라는 뜻}에는 살구나무가 많은데, 터키에서 전해오는 민간처방에 살구가 병을 고치고 해독 역할을 한다고 알려져 있기 때문이다. 카파도키아 전역에도 살구나무가 많이 심어져 있어 해매다 5, 6월이 되면 연주황색의 살구가 익어가는 것을 볼 수 있다.

우리나라에서 먹는 대부분의 살구는 터키에서 수입된 것이라는 것을 생각하니 우치히사르에 심어져 있는 살구나무들이 정겹게 느껴졌다.

우치히사르 성채로 올라가는 도로 입구에는 괴레메 역사 국립공원 지역인 이곳을 알리는 안내판이 서 있고, 안내판 아래에 터키어로 '우치히사르에 오신 것을 환영합니다'라고 적혀 있다.

대상들이 낙타를 타고 지나가고 머물기도 하였던 이곳은 그 옛날 실크로드가 지나가는 지점 중 하나였다. 우치히사르 성채 아래 살구나무 밭을 지나오니 카파도키아 지역의 옛날의 운송수단인 낙타와 현재 운송수단인 돌무쉬가 공존하고 있는 모습을 볼 수 있다.

우치히사르를 배경으로 낙타 사진을 찍으려면 낙타 주인인 수니에게 1달러를 주어야 한다. 낙타는 주인과 호흡이 잘 맞는다. 1달러를 주고 사진을 찍으면 고개를 앞으로 내미는데, 돈을 주지 않고 사진을 찍으면 고개를 옆으로 돌려버린다.

1달러를 주고 낙타 사진을 찍고 나니, 낙타 주인이 자기도 찍으라며 언덕 위로 올라가서 카메라를 바라보며 미소를 짓는데, 코가 크고 눈매에 힘이 들어있으나 표정에서 고단한 일상이 나타나 보인다.

우치히사르 마을과 성채

괴레메 역사 국립공원 안내판이
서 있고, 안내판 아래에
'우치히사르에 오신 것을
환영합니다'라고 적혀 있다.

우치히사르 마을에 있는
집과 동굴호텔

바위산을 토대로 창을 내고 집을
지었다.

터키(셀축)의 국기 게양순서를 보면
터키인들의 마음을 읽을 수 있다.
터키 국기, 유럽연합, 한국, 중국,
독일순으로 게양된 국기 ▼

▲ 우치히사르 성채 아래에 있는 낙타와 돌무쉬. 카파도키아 지역의 옛날의 운송
수단인 낙타와 현재 운송수단인 돌무쉬가 공존하고 있는 모습을 보여주고 있다.

우치히사르 성채 아래에서 포즈를 잡은 낙타주인 수니 ▼

파샤바 스타워즈의 무대인 우주의 중심에서 멀리
떨어진 타투인 행성의 촬영 배경이 되었다.

스타워즈의 무대인 타투인 행성의 촬영배경, 파샤바

파샤바는 '장군^{파샤}의 포도밭^바'이란 뜻이다. 파샤바 주변에는 지금도
포도밭이 있다. 이곳에서 나는 포도는 알이 크고 굵다. 우치히사르 성
채 ➡ 괴레메 파노라마 ➡ 괴레메 마을 ➡ 파샤바 코스로 이동한다.

카파도키아 여행의 중심인 괴레메는 주변이 언덕으로 둘러싸여 있
고, 우치히사르 성채와 비둘기 계곡, 로즈밸리 등 골짜기 아래 버섯바
위와 동굴집, 기암괴석에 둘러싸여 있어 카파도키아 고원에서 괴레메
마을은 좀처럼 눈에 띄지 않고 보이지 않는다. 괴레메는 '볼 수 없는
곳'이란 뜻이다. 괴레메 야외 박물관이 주변에 있고 동굴호텔, 레스토
랑, 벌룬투어 등이 괴레메 마을 주변에 모여있다.
우치히사르 성채를 뒤로 하고 약간 경사진 내리막길을 따라 길 숲의
계곡 아래로 펼쳐지는 비둘기 계곡을 보면서 내려가면 괴레메 파노라

우치히사르에서 괴레메로 가는 길 옆에서 골짜기 아래에 있는 괴레메 파노라마를 한눈에 볼 수 있다.

괴레메 파노라마

비둘기 계곡과 동굴바위

괴레메 파노라마에서 보는 비둘기 계곡과 동굴바위

마가 나타난다. 괴레메 파노라마는 괴레메 마을 주변에 펼쳐져 있는 버섯바위와 동굴집, 비둘기 계곡, 로즈밸리 등의 기암괴석을 파노라마처럼 360도 방향으로 한눈에 볼 수 있는 곳이다.

우치히사르 성채에서 괴레메 마을까지 도보로 걸으면서 계곡 아래로 펼쳐지는 괴레메에서만 볼 수 있는 카파도키아의 골짜기와 버섯바위와 동굴집이 즐비한 괴레메 마을의 풍경을 보면 태양계의 새로운 별나라를 여행하는 듯한 느낌을 가질 수 있다.

괴레메 마을에서 괴레메 야외 박물관까지는 1.1km, 위르컵까지는 10km 거리이다. 괴레메보다 크고 세련된 분위기를 풍기는 위르컵은 와인산지로도 유명한데, 위르컵으로 가는 도로표지판을 따라 파샤바로 가는 길에서 길 옆의 작은 언덕에 서 있는 버섯바위와 요정의 굴뚝을 볼 수 있고, 군데군데 포도밭과 살구나무를 볼 수 있다. 버스 차창

으로 펼쳐지는 로즈벨리를 지나서 오른쪽 방향으로 보이는 Zelve 3젤
베 3지구 도로 표지판을 따라가면 파샤바가 나온다.

파샤바에 있는 외계행성의 모습과 같은 버섯바위들은 많은 영화 제
작자들과 동화 작가들에게 영감을 불어넣어주고 작품 구상에 모티브
를 제공하였다. 영화 '스타워즈'의 조지 루카스 감독은 카파도키아의
상징인 '세 쌍둥이 버섯바위'와 '수도사의 골짜기'를 둘러보고 우주의
중심에서 멀리 떨어진 아나킨의 고향인 타투인 행성의 영감을 얻어
'스타워즈'를 제작하였다.

초기 교회의 정신으로 돌아가자는 수도원
운동이 일어나자 많은 수도사들이
버섯바위에 교회를 짓고 기도하며 살았다.

1 버섯바위 교회

버섯바위가 스머프들이 살았던
버섯모양의 집을 닮았다. 개구쟁이
스머프들이 금방 뛰쳐 나올 것 같다.

2 버섯바위

'스타워즈'의 조지 루카스 감독이 우주의 중심에서 멀리 떨어진
타투인 행성의 영감을 얻은 곳이다. 성 시메온이 버섯바위
꼭대기에서 평생을 수도하면서 생활했다는 이야기가 전해져온다.

3 세쌍둥이 버섯바위

4세기 초 로마에서 기독교가 공인되고 교세가 확장되어 교회가 세속화되어가자, 초기 교회의 정신으로 돌아가자는 수도원 운동이 일어났는데 많은 수도사들이 이곳 파샤바의 버섯바위와 바위동굴에 방을 만들고 교회를 만들어 살았다. 성 시메온도 세상과 떨어져 신앙생활을 하고 버섯바위에 올라가서 평생을 내려오지 않고 살았기 때문에 파샤바는 '수도사의 골짜기'로 불리게 되었다.

파샤바 입구에는 흰색의 하나의 커다란 바위에 검은색의 3개의 봉우리를 가진 버섯바위가 있는데 화산활동으로 굳은 응회암이 오랜 세월 동안 비와 바람에 침식되어 형성된 모양이다. 성 시메온이 평생을 버섯바위 봉우리에 살면서 내려오지 않은 '세 쌍둥이 버섯바위'이다.

스머프는 벨기에의 만화가 페요가 탄생시킨 만화 캐릭터를 말한다. 우리나라에서도 애니메이션 '개구쟁이 스머프'로 상영되어 잘 알려져 있다. 스머프들은 지금으로부터 아주 먼 옛날 유럽의 어느 평화로운 버섯마을과 버섯집에서 살던 작은 요정이다. '백설공주와 일곱 난쟁이'를 연상시키는 사과 3개를 세워놓은 키와 파란색 몸색깔에 하얀 모자와 바지를 입고 있다.

개구쟁이 스머프들을 중심으로 전개되는 스머프 이야기는, 파샤바에서 버섯바위를 보고 영감을 얻어서 스머프가 살던 버섯마을과 버섯집이 탄생했다고 한다. 카파도키아의 벌룬 투어와, 으흘라라 계곡, 괴레메 파노라마, 괴레메 마을, 버섯바위와 동굴교회들은 여행자들에게 자연과 인간, 신화와 역사를 생각하게 하고 〈ET〉와 판타지를 그릴 수 있는 상상력과 영감을 불어 넣어주는 원천이 될 것이다.

카파도키아의 상징인 버섯바위와
동굴집을 형상화한 기념품이 많다.

카파도키아 고원^地에 있는 에르지예스산
과 핫산산에서 화산이 분출^火하여 용암이

카파도키아의 기념품

흘러내리고 화산재가 덮여서 이루어진 응회암이 바람^風과 빗물^水에 침식되어 이루어진 카파도키아의 버섯바위와 협곡, 동굴집, 기암괴석들은 자연의 생성과 운행원리를 보여주고 있다.

로마의 핍박을 피하여 신앙을 지키고자 동굴에 교회를 세우고, 세속화되어가는 교회를 거부하고 초기 교회의 이상을 위하여 삶의 방향을 바로 잡고자, 버섯바위에 수도원을 세우고 영적 샘물운동을 일으킨 수도사들의 맑은 영적 기운이 카파도키아의 바람과 함께 감싸고 있다. 복잡성과 변화, 속도, 피로사회, 위험사회로 일컬어지는 현대사회의 불확실성 속에서 길을 잃은 여행자에게 카파도키아 고원의 바람은, 21세기 인류과제인 인간과 자연, 물질과 정신의 조화로운 공생을 들려주고 있다.

흑해

보스포러스 해협

이스탄불

마르마라해

차낙칼레

아이발록

에페스

에게해

파묵칼레

안탈랴

지중해

샤프란볼루

앙카라

카파도키아

콘야

TURKEY

카파도키아의 새벽을 깨우는 애잔소리가 울려
퍼지고 있다. 왼쪽은 높은 미나레(첨탑)를
가진 예니 자미. 오른쪽은 3층 건물인
PTT(우체국)이다

별론을 타고 카파도키아의 아침해를 바라보라

카파도키아의 새벽에 우주를 깨우는
애잔 소리가 울려 퍼진다.

오전 4시 45분. 12월 초순의 차가운 카파도키아
의 하늘에 우주를 깨우는 기도시간을 알리는 애
잔이 청아하면서도 애잔하게 울려 퍼진다.
카파도키아의 관문인 네브쉐히르^{인구 8만명}에서 가
장 큰 호텔인 이곳 쉠스 호텔은 3층 건물인 PTT
^{우체국}가 옆에 맞닿아 있고 호텔 앞의 아타튀르크
거리를 건너면 높은 미나레를 가진 예니 자미^네
^{브쉐히르 카이마클 예니 자미, 1980}가 있다. 애잔 소리는 예니
자미에서 울려 퍼지고 있다.

우치히사르와 괴레메로 가는 돌무쉬 정류장이 이곳에서 200m 정도 떨어져 있다. 돌무쉬 정류장까지 가는 길이 랄레 거리인데 되네르 케밥을 파는 식당이 많이 있다. 터키 어디에서든지 버스로 괴레메에 가려면 반드시 네브쉐히르 오토가르^{고속버스 정류장}를 거쳐야 하는데 네브쉐히르 오토가르는 이곳에서 1km 정도 떨어져 있다.

터키는 국교가 없이 종교의 자유가 주어져 있지만 98%가 무슬림^{이슬람을 믿는 사람}이다. 무슬림에게 기도는 인간이 신과 만나서 서로 대화하고 영적으로 만나는 시간이다. 기도시간을 알리는 애잔이 울려 퍼지면 마을 중심에 있는 자미에서 하루에 다섯 번의 기도를 통하여 무슬림들끼리 서로 만나는 시간을 갖게 되고 평등과 기도를 통한 인류의 행복을 체험하게 되는 것이다.

하루 다섯 번의 기도는 무함마드가 정하였고 무슬림들에게는 생활 속의 한 부분이 되어 있다. 첫번째는 동틀 때, 두번째는 정오를 넘긴 낮에, 세번째는 오후에, 네번째는 해가 질 때에, 다섯번째는 잠자리에 들기 전에 한다.

아침기도는 코란의 가르침에 따라 어둠이 가시고 동트기 전에 흰 실과 검은 실을 구분할 수 있을 정도로 새벽이 밝아오면 시작하게 된다.

울려 퍼지는 애잔 소리를 듣고, 나는 쉠스 호텔 건너편에 있는 예니 자미로 갔다. 12월 초순, 해발고도 1,194m인 네브쉐히르의 새벽공기는 영하 12도로 차가웠다. 네브쉐히르의 주도 네브쉐히르의 아타튀르크 거리에는 어두컴컴한 가로등과 돌무쉬 1대가 괴레메 방향으로 가

면서 도로를 비추는 헤드라이트 외에는 불빛이 없었다. 지난 밤에 호
텔앞에서 내 주변을 서성거리던 주변동네에 사는 개와 고양이들도 잠
들어 고요함과 적막감만이 예니 자미 주변에 감돌았다.

나는 동틀 때 하는 첫번째 기도가 코란에 적혀 있는 바대로 육안으로
흰 실과 검은 실을 구분할 수 있는 정도의 어둠 속에서 이루어지는지
가 궁금했는데, 내가 신고 있는 하얀 색깔의 나이키 운동화끈과 검은
색 바지 색깔이 어둠 속에서 겨우 구분할 수 있을 정도의 새벽 어두움
속에서 첫번째 기도가 시작되는 것을 확인할 수 있었다.

80년대 후반에 나는 1년에 한 번씩 얻을 수 있는 1주일간의 여름 휴
가기간을 경기도 가평의 산속 암자에서 보낸 일이^{야간 대학원을 다니면서 제출해}
^{야 하는 과제 작성을 위해서} 있었다. 이 암자에는 스님 한 분과 사법시험을 공부
하는 대학 졸업생, 식사를 준비해 주시는 60을 넘기신 노보살^{여신도} 한
분, 총 3명이 있었다.

스님은 매일 새벽 3시가 되면 어김없이 암자 도량을 돌고 아침기도를
하였다. 대학졸업생과 나에게도 암자에 있는 동안은 매일 새벽 3시,
아침 예불에 참여하라고 하는 것이 아닌가. 우리는 새벽 3시에 일어나
서 스님 뒤에서 아침 예불에 참석하고는 돌아와 아침식사 전까지 졸
린 잠을 다시 자곤 하였다.

스님은 볼일이 있어 늦은 밤에 서울에 가는 날에도 그 다음 날은 어김
없이 3시가 되면 도량을 돌고 새벽 기도를 하였다. 경기도 가평 산 속
에 아무도 보는 사람도 듣는 사람도 없는데, 새벽 기도 시간이 하루도
늦는 날이 없었다. 이때의 일들이 늘 나의 마음 속에 자리잡고 있다.

일찍 일어나는 사람만이 들을 수 있고, 볼 수 있는 삶의 광경이 있다. 그것은 우주가 깨어나는 소리이고 우주가 열리는 모습이다. 그것이 우주를 깨우고 새벽을 깨우는 아침 기도이다.

예니 자미의 문이 반쯤 열려 있었다. 들어가도 되느냐고 손짓과 몸짓으로 말하니, 기도시간 중에는 들어올 수 없다고 손짓과 몸짓으로 대답한다. 이것이 소통이다. 우주가 잠잘 때, 닫힐 때는 닫혀야 하고 우주가 깨어날 때, 열릴 때는 열려야 한다.

> 생명은, 살아있다는 것은 소통이다.
> 소통은 호흡하는 것이다.
> 호흡은 날숨과 들숨이다.
> 나가고 들어오는 것이 없으면 죽은 것이다.
>
> 생명은, 살아있다는 것은 호흡이다.
> 내쉬었던 숨을 들이쉬지 못하면 죽은 것이다.
> 살아있음과 죽음이 한 호흡지간에 달려 있는 것이다.
>
> 아기가 태어나서 우는 첫 울음소리는 살아있음을 알리는 것이다.
> 먼저 내보내서 비워야 받아들일 수 있는 것이다.
> 들이쉬는 숨은 자연으로부터 받아들이는 것이며
> 우주로부터 받아들이는 것이다.
> 들이쉬는 숨이 쌓아놓은 재물과 힘과
> 인간적 네트워크에서 나오는 것은 아니다.
> 그것은 인간과 자연과의 조화로운 균형에서 나오고
> 우주와의 교감이다.

살아있다는 것은 우주를 체험하는 경이로운 것이며 기쁨이다.
숨쉬고 있다는 것이 살아 있다는 것이고,
평화로운 숨이 기쁨이며 행복이다.
숨막히게, 숨통조이게 사는 곳에 불안과 고통이 있다.
자연과 우주를 숨막히게 숨통조이게 하지 말라.
들이쉬는 숨 속에 자연과 우주의 불안과
고통의 에너지가 들어올 것이다.
막힌 곳에는 생명이 없다.

기도시간은 15분쯤 걸렸다. 기도를 마치고 나오는 사람은 3명의 카파도키아 시골 농부였다. 카메라를 손에 들고 바람막이 재킷의 깃을 세우고 서 있는 나를 보고 손을 흔들어 주었다. 미소가 따뜻했다.
벌룬을 타고 카파도키아에 붉게 떠오르는 아침해를 바라보려는 여행객을 태운 흰색 미니버스 2대가 아타튀르크 거리를 지나서 괴레메 방향으로 질주하고 있다. 환상적인 풍경을 보려면 잠을 설치고 새벽 일찍 서둘러야 하지 않겠는가. 오늘은 벌룬이 떠오를 것인가……

▲ 신과 자연과 인간이 만든 카파도키아의 동쪽 하늘에서
아침해가 붉게 떠오르고 있다.

벌룬을 타고 신과 자연과 인간이 만든 카파도키아에
붉게 떠오르는 아침해를 바라보라

아나톨리아 반도의 중앙에 위치한 카파도키아는 네브쉐히르, 괴레메,
위르컵, 카이세리, 데린쿠유, 이바노스 마을 등이 있는 해발 1,200-
1,300m의 넓은 고원지역 이름이다. 넓게는 동서로 450km, 남북으
로 250km의 광활한 지역을 말하지만, 여행자들은 동서 20km, 남북
30km 범위 내에 있는 관광지를 찾아 다닌다.

카파도키아는 신과 자연과 인간이 어우러진 최고의 예술품이라고 말
한다.
카파도키아는 살아있는 지구가 수천만년에 걸쳐서 몸부림친 지각변
동으로 에르지예스산과 핫산산에서 뿜어낸 용암으로 형성된 응회암

층이 약한 부분은 바람과 빗물에 의하여 오랜 세월 동안 침식되고 단단한 부분은 오랜 세월에 걸쳐서 그 모양이 변형되어서 현재의 모습으로 변해온 것이다.

성서에도 기록되어 있는 카파도키아성서에는 갑바도기아로 기록 에는 기독교인들이 로마의 종교적 탄압을 피하고 자신의 신앙을 지키기 위하여 이곳으로 숨어 들었고, 8세기 이슬람 세력의 침입을 피해서 지하도시를 만들어 피신하여 살기도 하며, 기암괴석을 파서 동굴교회를 만들기도 하였다. 으흘라라 계곡은 영화 '스타워즈'의 촬영 배경이 되기도 하였다. 카파도키아의 시골 마을에 가면 새로 짓는 자미나, 마을집들도 주로 응회암으로 짓기 때문에 마을이 전체적으로 짙은 회색이나 진흙색을 띠고 있다.

카파도키아의 벌룬 투어는 타임지가 선정한 '버킷리스트'에도 올라 있다. 버킷리스트는 죽기 전에 꼭 해야 할 일이나, 하고 싶은 일들을 적은 것이다. 대한항공에서 선정한 '내가 사랑한 유럽 TOP 10' 시리즈에서 '경험하고 싶은 여행' 2위로도 선정되었다.

터키를 여행하는 여행자들은 최고의 여행코스로 카파도키아 '벌룬 투어'를 꼽는다. 그러나 벌룬 투어를 하기 위해서는 '날씨운'이 따라 주어야 한다. 벌룬 투어는 날씨와 바람에 달려 있기 때문이다. 벌룬 투어를 하기 위해서 카파도키아에 5일씩 머물면서도 벌룬을 타지 못하는 경우도 있다.

12월 초순인데 어제는 바람이 조금 불었고 지난 이틀 동안 벌룬이 뜨지 못하였다. 벌룬은 이른 새벽 해뜨기 전에 띄우는 것이 일반적이다.

지반이 햇빛으로 뜨거워지면 기류가 상승하여 벌룬 조정에 무리가 오기 때문이다. 벌룬 투어 비용은 170유로인데 1시간 정도 비행한다. 벌룬 회사에서 호텔로 픽업차량을 보내주고 끝난 후 호텔까지 데려다준다.

출발시간은 호텔 위치와 벌룬 출발장소에 따라서 조금씩 차이가 나지만 아주 이른 새벽에 호텔에서 출발하여야 한다. 벌룬을 타고 카파도키아의 동쪽 하늘에서 여명의 빛이 찬란하게 밝아오는 광경을 보려면 모두가 잠들어 사방이 어두스름한 새벽에 일어나는 여행 중의 노곤함은 감수해야 하지 않겠는가.

오늘도 호텔에서 이른 새벽에 벌룬 투어를 위하여 출발했던 여행자들은 날씨와 바람 때문에 벌룬이 뜨지 못한다는 이야기만 듣고 호텔로 다시 돌아왔다. 3일째 벌룬이 뜨지 못하고 있다. 7월에 카파도키아 벌룬 투어를 한 것이 다행스럽게 여겨졌다.

벌룬을 타고 세계를 여행하는 꿈을 갖게 해준 '80일간의 세계일주'

대한민국 성인남녀에 대한 조사결과 버킷리스트 1위는 '세계일주 여행'으로 나타났다. 버킷리스트는 죽기 전에 꼭 해야 할 일이나, 하고 싶은 일들을 적은 것이다.

누구나 어릴 때부터 한 번쯤은 세계일주 여행을 꿈꾼 적이 있을 것이다. 지나간 시절 본 영화 '80일간의 세계일주'에서 필리어스 포그가 열기구를 타고 유럽대륙의 상공을 날고 알프스를 넘어서 프랑스의 남부 해안을 지나서 스페인에 불시착하는 장면을 보고, 열기구로 세계를 여행하는 상상을 하고는 하였다.

누구나 쥘 베른의 '80일간의 세계일주'를 읽고, 언젠가는 그 꿈이 실현될 날을 손꼽아 기다려 왔을 것이다.
쥘 베른의 '80일간의 세계일주'는 이렇게 끝난다.

'이렇게 해서 결국 필리어스 포그는 내기에서 이겼다. 80일만에 세계일주를 해낸 것이다. 이를 위해 그는 모든 교통수단을 다 이용했다. 여객선, 철도, 마차, 요트, 상선은 물론이고 눈썰매에다 코끼리까지 이 괴짜신사는 이번 여행내내 침착하고 정확한 자신의 훌륭한 자질을 유감없이 발휘했다.

그 다음은 이 여행으로 그가 얻은게 무엇일까? 이 여행이 그에게 가져다준 이익이 전혀 없다고 말할 수 있을까? 그렇다고 치자. 하지만 그건 이 아름다운 아우다 부인^{인도 여행 중 부족장의 장례식에서 관습에 따라 산 채로 화}

장될 뻔한 부족장 부인 아우다를 구출하고 필리어스 포그는 그녀와 결혼했다이 없었을 경우에 할 말이다. 그녀는 그를 이 세상에서 가장 행복한 남자로 만들었으니까! 사실 이보다 더 하찮은 걸 얻는다 해도 모두들 세계일주를 떠나지 않았을까?'

필리어스 포그는 즐겁지 않았다면 세계일주를 완수하지 못했을 것이다. 그가 세계일주에서 얻은 것은 행복밖에 없었다.

인간의 모든 삶은 신과의 만남, 자연과의 만남, 스승과 벗 그리고 사랑하는 사람과의 만남, 자신과의 만남…… 이러한 만남을 통해서 이루어진다.
인생은 이러한 만남을 통하여 함께 가는 여행이다. 이 멋진 여행을 위해서 우리는 현재, 여기서 최선을 다하여 체험하고 느끼는feeling 것이다.

신과의 만남에서 기도하고 영성의 뿌리를 확인하며 위안을 얻고, 자연과의 만남을 통해서, 자연시스템에는 자기조정과 자기치유의 기질과 더불어 정상상태를 유지하려는 기질도 갖추고 있기 때문에 변화와 위기 속에서 적절한 유연성과 적응성을 발휘하는 것을 보게 되는 것이다. 자연은 스스로 自자 그러할 然연, '스스로 그러함'이 자연인 것을 보는 것이다.
인간시스템에는 자연과 같은 이러한 유연성이나 적응성의 기질이 부족하고 서로 다른 민족과 시대, 국가로 인하여 서로 상당한 기질의 차이가 있기 때문에 서로 억누르고 방해하여 피동적으로 조절할 필요를 느끼게 된다. 인간시스템은 항상 대규모화와 복잡화를 추구하기 때문에 자연과의 만남을 통해서 인간시스템은 자연시스템과의 영원한 조화와 융합이 필요함을 느끼게 되는 것이다.

사람과의 만남을 통해서 육신은 부모의 몸을 받아서 태어나고, 스승을 만나고, 벗을 만나고, 사랑하는 사람을 만나게 됨으로써 인생길을 이끌어주고 힘든 인생의 고비고비를 함께 넘어가게 되는 것이며, 어떠한 사람을 만나느냐에 따라서 그 인생길의 가치가 달라지게 되는 것이다.

흔히들 여행의 초보자는 여행에서 건축물과 유적지와 자연을 만나고, 여행의 중급자는 여행에서 사람을 만나며, 여행의 상급자는 여행에서 자기자신을 대면한다고 한다.

여행 중 차창 밖에 끝없이 펼쳐지는 바람에 일렁이는 황금빛 밀밭을 보거나, 여행지에서 잠못이루어 밖으로 나갔을 때 사방은 어둡고 고요한데 하늘에 휘영청 밝게 떠 있는 달을 보았을 때, 까닭없이 흐르는 눈물은 무엇 때문일까?

나는 어디서 왔으며 나는 누구이며 또 나는 어디로 가는가? 어떻게 살아야 하는가 하는 존재에 대한 근본적 질문은 자기자신과의 만남에서 오는 것이다. 이때 자기자신과의 만남을 회피하지 말 것이다.

만남은 때가 되어야 이루어진다. 그 이전에 만날 씨앗을 뿌리고, 만날 원인이 성숙하였어도 때가 맞지 않으면 만나지 못한다.

carpe diem! 라틴어 카르페 디엠, 오늘 현재 이 순간에 후회 없이 충실하라, 과거는 지나가 버렸고, 미래를 누가 알겠는가?

벌룬을 타고 카파도키아에 떠오르는 아침해를 바라보는 것은 신과 자연과, 사람과 그리고 자기자신이 어떤 특정한 공간에서 우연한 시간

▲ 벌룬이 떠오르자 '보이저 벌룬사'의 마호메트가 엄지 손가락을 지켜세우고 나를 바라보고 있다. 나는 마호메트의 저 눈빛을 잊을 수가 없다. 뒤에는 터키 현지 가이드 수지가 우리를 바라보고 있다.

에 만나게 되는 스파크라 할 수 있다. 모든 역사는 그렇게 이루어진다. 어떤 특정한 공간에서 우연한 시간에 일어나는 스파크… 물론 호메로스는 '한때 불멸의 신에 견줄 만한 영웅들의 위대한 서사시, 전쟁과 정복과 승리와 역사도 그 모두가 신들이 인간 앞에 정해놓은 순리였다'고 '일리아드'에서 줄기차게 읊었지만……

오전 4시 30분에 호텔 로비로 내려가서 벌룬을 타기 위해 서약서^{열기}구를 타는 것은 여행사의 책임이 없으며 어떤 사고의 경우도 전적으로 본인의 책임이라는 내용를 작성하고 서명했다.

5시가 못되어 돌무쉬형 흰색 미니버스가 호텔로 와서 네브쉐히르주 괴레메 마을에 있는 벌룬 투어 회사인 '보이저 벌룬사'의 대기식당으로 이동하였다. 아직 어둠이 가시기 전이라 어두컴컴한 길을 따라 가로등이 없는 언덕길을 올라 도착한 대기식당 주변에는 한무리의 마을에서 새어 나오는 불빛과 가로등이 머지않아 여명이 밝아옴을 느끼게 해주었다.

대기식당에는 간단한 식사용 빵과 비스킷, 그리고 커피가 준비되어 있다. 일행 중 일부는 이른 아침이어서 따뜻한 국물이 있는 컵라면을 먹는 사람들도 있다.

바람과 기상상태가 벌룬이 뜰 수 있는 상태로 확인되자, 벌룬 타는 곳으로 다시 이동하니, 대형 가스버너와 대형 선풍기로 눕혀져 있는 벌룬에 뜨거운 공기를 불어넣고 있다.

벌룬은 커다란 바구니가 네 칸으로 나뉘어져서 한 칸에 5명씩 타고 가운데 벌룬 파일럿이 타서 조정하는 칸이 따로 있다. 이 칸에 벌룬용 대형가스 4통을 싣고 벌룬은 하늘로 오르는 것이다.

벌룬이 떠오르자 '보이저 벌룬사'의 마호메트가 엄지 손가락을 지켜세우고 나를 바라보고 있다. 나는 마호메트의 저 눈빛을 잊을 수가 없다.

일본인은 여행 중에는 조용한데, 여행이 끝난 뒤에 인터넷에 뒷얘기를 올리고, 한국인은 그 자리에서 불만사항을 이야기하지만 여행이 끝난 뒤에는 인터넷에 좋은 느낌의 여행기만 올린다는 인식을 가지고 있는 것이 카파토키아 지역 사람들이다. 터키 현지가이드 수지가 마호메트 뒤에서 나를 바라보고 있다.

　　"벌룬을 타고 한국에서 만나요"하고 수지가 말했다.
　　"잘 계세요"하고 인사하였다.

비둘기 계곡의 비둘기집

문득 영화 '80일간의 세계일주'가 떠 올랐다. 필리어스 포그가 벌룬을 타고 유럽대륙의 상공을 날았듯이, 이대로 날아가면 서울로 벌룬을 타고 날아갈 수 있을 것만 같았다.

여기저기서 벌룬들이 솟아 오르기 시작한다. 머리 위 가스버너에서 내뿜는 열기와 함께 벌룬이 솟아오르자 비둘기집이 보인다. 응회암에 수없이 뚫려 있는 이 구멍들이 비둘기집이다. 비둘기의 배설물은 포도밭의 비료로 사용하고 카파도키아 협곡의 동굴에 숨어들은 수도사들은 비둘기알을 프레스코화를 그리는 물감재료로 사용하였다.

프레스코화는 벽에 석회를 바르고 마르기 전에 그 위에 천연안료로 그림을 그리는 미술화법인데 프레스코 벽화는 장기보존이 가능하여 그 보존기간이 1,000년을 가기 때문에 중세시대 교회에 프레스코화로 그린 그림이 많다.

신과 자연과 인간이 만든 카파도키아의 동쪽 하늘, 에르지예스산3,916m 에서 떠오른 아침해가 카파도키아 고원을 붉게 비춰주고 있다. 벌룬은 해발 1,600m까지 올라가서 분홍빛 로즈벨리, 비둘기 계곡, 우치히사르, 괴레메 파노라마, 버섯 모양의 기암괴석과 대자연이 만든 카파도키아의 협곡을 내려다보며 바람이 우리를 데려다주는 대로 흘러가고 있다. 이것은 대자연의 순환이며, 우주의 순환이며, 인간 삶의 순환으로 느껴졌다.

인간은 지^地, 수^水, 화^火, 풍^風으로 구성되어 있다고 한다. 이것은 인간과 자연이 순환하는 성질을 말하는 것이다. 지^地는 고정되어 있는 성질이다. 풍^風은 바람따라 물결따라 고이지 않고 흘러가는 성질이다. 화^火는 뜨거워서 위로 올라가는 성질이다. 수^水는 차가워서 아래로 내려가는 성질을 말한다. 그래서 물은 높은 곳에서 낮은 곳으로 흐르지 아니한가. 그래서 벌룬을 타고 광활한 카파도키아의 대자연을 붉게 물들이면서 떠오르는 아침해를 바라보며 바람따라 올라갔다 내려갔다 흘러가는 벌룬 투어는 대자연과 인생의 순환을 느끼게 해주는 또 하나의 체험이다.

땅은 고정되어 있고 바람은 흘러가고자 하고, 열기는 위로 올라가고자 하는데 물의 성질은 축축하고 찬기운으로 아래로 흐르고자 하니, 지수화풍의 성질로 이루어진 인간은 근본적으로 괴로움을 잉태하고 있지 아니한가.
죽음이 괴로움이요, 늙음이 괴로움이요, 병듦이 괴로움이요, 태어난 모든 것은 죽고 사라지기 때문에 태어남이 괴로움이다. 만나고 싶은 사람을 만나지 못함도 괴로움이고, 싫은 사람을 자꾸 만남도 괴로움이 아닌가.
존재의 괴로움을 벗어나서 즐거움을 얻는 방법은 현상에 집착하지 말고 바람부는 대로 내버려두어야^{렛잇비, let it be : 순리에 맡기고 그저 내버려 두다} 하지 않겠는가. 그리고 벌룬을 타고 카파도키아 협곡을 바라보듯이, 그저 바라만 보아야 하지 않겠는가.
이스탄불을 다녀간 꽃보다 누나^{윤여정, 김자옥, 김희애, 이미연}와 짐꾼 이승기가 벌룬을 타고 바람을 따라 카파도키아의 광활한 대자연을 보고나면 그들의 남다른 감성에 그 느낌을 무어라고 표현할까?

◀ 카파도키아의 동쪽
하늘에서 떠오르는
아침해를 바라보기
위하여 벌룬들이
솟아오르고 있다.

◀ 카파도키아에
아침해가 떠오르고 있다.

괴레메 계곡 위를
지나는 벌룬들

떠오른 아침해가 카파도키아
고원을 비춰주고 있다.

카파도키아 협곡 위를
지나는 벌룬들

석양 무렵에 로즈벨리는
붉게 물든다.

로즈벨리 위를
날아가는 벌룬들

외계 행성에 온 느낌이 든다.

러브벨리의 버섯 모양의
기암괴석 위를 날아가는 벌룬

카파도키아의 동굴집 위로
날아가는 벌룬들

┃에 서있는 미나레를 보면 이곳이 아나톨리아 반도임을 알 수 있다. ▲

바람따라 흘러가는 벌룬을 쫓아가는 차량들이 지나가고 있다. ▲

샴페인으로 벌룬 투어를 자축하는 것은 프랑스에서 시작되었다. ▶

1시간의 벌룬 투어를 마치고 벌룬은 사뿐히 카파도키아의 대지 위에 내려 앉았다. 성공적 비행을 자축하기 위하여 파일럿 야샤르 아칸^{YASAR ACAN}이 샴페인을 따서 마개와 거품을 높이 쏘아 올리고 잔에 샴페인을 따라 비행을 마친 모든 사람의 잔에 따라준다.

열기구는 프랑스의 몽골피어 형제가 개발의 선구자이다. 그후, 열기구 비행을 성공적으로 마치고 샴페인으로 자축하는 것은 프랑스에서 시

작되었다. 샴페인을 한 잔씩 들어 성공적 비행을 자축하고 나서 파일럿 야샤르 아칸이 벌룬 투어 참가자 모두에게 본인의 이름이 기록된 인증서 Certificate of Excellence를 주고 기념 사진을 찍는다.

◀ 벌룬 투어를 마치고 샴페인을 따는 파일럿 아사르 아칸.

▲ 백마를 모는 마부가
우치히사르를 바라보고 있다.

좋은 말들의 나라 카파도키아

카파도키아 지역을 부르는 이름의 근원에는 '좋은 말들의 나라'라는
뜻을 가지고 있다. 백마를 모는 마부가 우치히사르를 바라보고 있는
광경을 보면 마치 타임머신을 타고 100년 전으로 돌아간 느낌이 든다.
카파도키아에서 말들은 오래전부터 운송과 농사에 활용되었다. 카파
도키아에서는 동굴집이 말목장과 마구간으로 사용되고 신과 자연과
인간의 합작품인 응회암의 버섯기둥이 마굿간으로 사용되기도 한다.
점점 사라져가는 말들과 카파도키아 곳곳에 설치된 풍력발전기는 인
간생활의 동력이 비뀌어감을 알려주고 있다.
미나르와 자미를 중심으로 형성된 카파도키아의 마을들은 동굴집을
개조하여 호텔과 식당으로 사용하고 현재도 사람들의 주거지로 사용
하고 있다.

▼ 카파도키아에서 동굴집이 말목장과 마구간으로 사용된다.

카파도키아에서
신과 자연과
인간의 합작품인
버섯기둥이
마굿간으로
사용되고 있다. ▶

▲ 카파도키아에서 말들은 오래 전부터
운송과 농사에 활용되었다.

점점 사라져가는 말들과 곳곳에 설치된 풍력발전기는
인간생활의 동력이 바뀌어감을 알려주고 있다. ▼

흑해

보스포러스 해협

이스탄불

마르마라해

차낙칼레

아이발륵

에페스

에게해

파묵칼레

안탈랴

샤프란볼루

앙카라

콘야

카파도키아

TURKEY

지중해

실크로드, 카파도키아에서 콘야로 가는 길
중앙에 눈 덮인 봉우리가 에르지예스산이다.

실크로드, 카파도키아에서 콘야로 가는 길

실크로드,
카파도키아에서 콘야로 가는 길

실크로드. 기원전 2세기 서쪽에 로마 제국과 동쪽에 중국이라는 2개의 거대한 문화권이 존재하던 시절에^{중국 한무제} 시안에서 중국의 비단이 낙타 등에 실려 중앙아시아의 고원과 사막을 넘어서 서쪽으로 보내져 로마에까지 전해졌다.

실크로드는 동양과 서양을 잇는 무역로로 이 길을 통하여 불교와 마니교, 조로아스터교, 기독교 등 각종 종교가 전해진 동서 문화 교류의 길이다. 실크로드는 아주 먼 옛날부터 아시아와

유럽 및 아프리카 3개 대륙을 연결하는 동서 교통로를 통털어 부르는
말이기 때문에 여러 갈래의 길이 있고 세월에 따라 막히고 돌아가고
를 거듭하여 복잡해져서 초원 길, 오아시스 길, 바닷길로 구별된다.

이스탄불에서 중국 시안에 이르는 실크로드 12,000km는 널리 알려진
길이다. 서쪽의 로마와 동쪽의 중국을 잇는 대표적인 실크로드는 다
음과 같다.

❶ 이스탄불 ➡ 아나톨리아 반도 ➡ 이란, 이라크 산악로
❷ 지중해 ➡ 시리아 ➡ 이라크 사막으로 이어지는 횡단로
❸ 이집트에서 홍해로 이어지는 바닷길
❹ 흑해 북방의 러시아 남쪽 돈강 하구 ➡ 러시아 볼가강
   ➡ 중앙아시아의 초원

이 가운데에서 베네치아와 유럽인들은 이스탄불을 거쳐서 아나톨리
아 고원을 지나, 이란과 이라크로 가는 산악로를 가장 선호했다.

14세기 몽골 제국의 쿠빌라이 칸 시대에 일칸국이 페르시아를 점령하
고 아나톨리아 반도 동부와 중부를 몽골의 영토로 하였다. 버스로 지
나고 있는 이곳 실크로드에서도 원나라에서 발행하는 지폐가 지금의
'유로'나 '달러'처럼 통용되었다. 몽골 제국의 시대가 지나고 중세 이
후 유럽과 중국의 동서교역의 창구였던 실크로드는 오스만 제국이 차
지하게 되었다.

실크로드라는 말을 처음 쓴 사람은 독일 베를린 대학 지리학 교수 리
히트 호펜이었다. 리히트 호펜은 '중국'이라는 책을 출판하면서 중국

의 비단이 멀리 로마에까지 전해진 이 길을 '자이덴슈트라세^{실크로드}'라고 하였다. 비단길인 것이다. 아나톨리아 반도에서는 실크로드의 흔적을 곳곳에서 발견할 수 있다. 마을이름이 카라반사라이^{대상숙소}, 타슈한^한은 도시의 대상숙소, 타슈는 돌. 대상들은 돌로 이동하던 길의 이정표를 표시하였다, 헨테크^{숙소}가 있고, 실크로드, 비단 마을을 마을 이름으로 쓰는 곳이 지금도 많이 있다. 버스를 타고 가면 간판에 터키어로 '실크로드'라고 써놓은 것을 심심치 않게 볼 수 있다.

대상들은 상업활동이나, 성지순례를 위하여 무리를 지어 여행하는 상인들을 말한다. 고원과 사막을 여행하는 대상들은 여행의 위험에 대비하여 무리를 이루어 여행하였다. 대상들이 지나는 길 곳곳에는 숙박시설과 짐을 보관하는 장소가 있었고 안마당에는 우물이 있었다. 대상들은 이러한 카라반사라이에서 상품을 거래하고 정보를 교환하여 동서문화 교류에 큰 역할을 하였다.

대상들은 짐을 실은 낙타의 느린 걸음으로 하루에 아홉 시간 정도 걸었는데, 그 거리는 하루 평균 30km 안팎이었다. 카라반사라이는 여러 상황을 감안하여 25km마다 1개씩 세워져 있다. 1453년 콘스탄티노플을 정복한 오스만 제국은 이스탄불, 보스포러스 해협과 아나톨리아 반도를 통한 무역을 위하여 실크로드에 25km마다 카라반사라이를 세워 대상들에게 무료로 숙박시설을 제공하고 군대를 배치하여 상품 교역과 이동을 보호하였다.

카파도키아에서 콘야로 가는 이 길에서도 오래된 대상숙소가 25km마다 설치된 그 흔적을 볼 수 있다. 지금은 허물어져가는 저 오래된 카라반사라이, 오래되어 허물어진 저곳에서도 수많은 대상들이 머물

렀을 것이다. 2,000여년의 오랜 세월 동안 이 길을 오고갔을
그 많은 사람들은 다 어디로 갔을까? 그들과 나는 지금 이
한순간만은 여행자로서 하나가 될 수 있을까?

카파도키아에서 콘야까지 226km, 낙타에 짐을 싣고 걸어서 갔던 대
상들에게 열흘 걸리는 길이지만 지금은 버스로 4시간이 소요된다.
네브쉐히르를 떠나서 콘야로 올 때, 전면 1시 방향에 산 봉우리가 눈
에 덮인 에르지예스산이 보였다. 실크로드를 따라 콘야 대평원 가까
이 오니 뒷면 7시 방향에 산 봉우리가 눈에 덮인 에르지예스산이 점
점 멀어져 가고 있다. 실크로드를 따라 콘야 대평원에 들어서자 측면
9시 방향에 산봉우리가 눈에 덮인 핫산산이 크게 눈에 들어온다.
에르지예스산은 핫산산보다 산봉우리가 뾰족하게 보인다. 에르지예
스산과 핫산산은 수백만년 전 거대한 화산폭발을 일으켜 카파도키아
일대는 거대한 화산재로 뒤덮었고 오랜 세월 동안 뒤덮였던 화산재가
바람의 풍화작용과 비의 침식작용에 의하여 지금의 카파도키아 기암
괴석과 만물상뎬브란트이 형성되었다. 현재 에르지예스산과 핫산산은 휴
화산이다.
핫산산의 마지막 폭발은 약 4,200여년 전에 이 지역에 살던 사람들이
화산폭발장면을 동굴에 그려놓은 그림으로 미루어 그 이전에 화산폭
발이 있었음을 알 수 있다.

카파도키아에서 콘야로 가는 실크로드의 오래된 카라반사라이 1.
벽감과 출입구 문의 방향이 같다.
벽감은 메카의 방향을 가리킨다. **카라반사라이 1**

카파도키아에서 콘야로 가는 실크로드의 카라반사라이 2.
카라반사라이는 25km마다 1개씩 세워져 있다.
아래 카라반사라이에는 현재 사람이 살고 있다. **카라반사라이 2**

아나톨리아 단층으로 지진과 화산폭발이
빈번한 아나톨리아

지구는 쉴새없이 살아 움직인다. 이 땅에 고정된 것은 하나도 없다. 지구의 표면은 일년에 1센티미터에서 13센티미터까지 움직여 지구 위에 고정된 곳은 없다.

지구는 표면의 지각과 중간의 맨틀, 중심의 핵으로 되어 있다. 지구 초창기에 가벼운 물질은 떠오르고 무거운 물질은 가라앉는 중력분리 현상 때문에 지각과 맨틀, 핵으로 구분된 것이다.

지구의 표면은 2억년 전, 하나의 거대한 초대륙이었다. 초대륙을 판_모든 것, 게아^{대지의 여신 가이아, 땅을 뜻함}, '판게아'라고 한다. 지구의 표면, 지각, 땅이 여러 개의 판으로 구성되어 있기 때문에 판과 판이 맞부딪히는 경계에서 충돌과 마찰이 일어난다. 그로 인해 지진이나 화산폭발이 일어나는 것이다. 대륙이 이동하여 판과 판이 만나 충돌하는 것을 수렴경계, 새롭게 생성된 판이 양쪽으로 이동하는 것을 발산경계라고 한다. 세계의 지붕이라 불리는 히말라야 산맥은 수렴경계에 해당하여 유라시아판과 인도판이 서로 충돌하여 솟아나서 생긴 것이다.

아나톨리아 반도는 아나톨리아 단층에 속해 있기 때문에 과거 대지진이 자주 발생하였다. 이스탄불에 있는 아야 소피아도 지진으로 몇 차례 붕괴되어 6세기에 새로 지은 것이다. 기원전 2세기에 '가라앉은 도시' 게코바도 갑작스럽게 닥친 강력한 지진이 그 원인이었다.

세계 7대 불가사의로 알려진 '아르테미스 신전'이 있는 에페스^{셀축}도로마시대 최고의 황금기를 누렸으나. 지진으로 황폐화되었다. 1999년 8월 17일 이스탄불에서 동쪽으로 100km 떨어진 이즈미트에 진도 7.8의 대지진이 발생하여 2만명이 숨졌다. 2011년 10월에도 터키 동부 반주에 진도 7.2의 강진이 발생하였다.

지진이 일어나면 지질에 따라 화산이 폭발하기도 한다. 대지진이 발생하면 불안한 심리가 확산되어 오랜 세월에 걸쳐 형성해 온 공동체가 해체되기도 하고, 대지진 하나만으로도 오랜 역사를 가진 국가가 붕괴될 수도 있다.
화산의 강렬한 폭발은 대량의 화산재와 먼지를 공중으로 내뿜는다. 이러한 화산의 분출기둥은 마치 두꺼운 구름이 수직으로 서 있는 모습과 같다. 그리고 화산이 분출하면 뜨거운 용암을 내뱉는다. 뜨거운 불꽃이 하늘로 치솟아 오르는 것이다. 대규모 화산폭발이 일어나면 생태계의 파괴로 주변국가의 멸망이 초래될 수도 있다.

기원전 1600년 청동기 시대에 에게해에 있는 그리스 산토리니에 거대한 화산폭발이 일어났다. 터키의 에게해 해안 주변에는 거대한 홍수 이야기가 전해온다. 그것은 청동기 시대 산토리니 화산폭발에 의하여 발생한 거대한 쓰나미가 터키의 에게해 해안으로 밀려왔기 때문에 생겨난 신화일 것이다.
아틀란티스의 전설은 플라톤의 '대화편'에 나와 있다. 그리스의 현인 솔론이 이집트를 방문기원전 590년하여 이집트 사이스 신관에게서 들은 이야기를 플라톤이 기록한 것이다.

기원전 7,000년경에 아틀란티스는 '헤라클레스의 기둥' 저 너머에 있었다. 거대한 섬 아틀란티스는 지진과 홍수 때문에 바다에 가라앉고 말았다. '헤라클레스의 기둥'은 무엇을 말하는 것일까. 화산이 분출하는 거대한 기둥일까? 헤라클레스의 기둥이 있었던 곳은 지브롤터 해협일까? 화산이 폭발하여 거대한 화산분출기둥이 솟구친 적이 있는 에게해 산토리니섬 부근일까?

이스탄불과 아나톨리아 반도를 여행하면 지구가 살아서 쉴새없이 움직이고 몸부림친다는 것을 실감할 수 있다.

세마춤을 추는 메블레위의 고향, 콘야

콘야는 성서에 '이고니움'으로 기록되어 있다. 사도바울의 1, 2차 선교여행 중 1차 귀환여행^{47년}과 2차 출발여행^{50년, 53년} 때 거쳐간 곳으로 기독교 성지순례 여행자들이 찾는 곳이다.

사도행전 제14장 제1절^{이고니움에서도 그들이 함께 유대인들의 회당에 들어가 그와 같이 말하니 유}^{대인들과 그리스인들의 큰 무리가 믿더라}에 '이고니움'으로 기록되어 있다. 사도행전 제14장 제6절에는 바울이 이고니움에서 쫓겨나 루스드라와 더베로 갔다고 기록되어 있다^{그들이 그것을 알고 루가오니아의 도시인 루스드라와 더베와 주변지역으로 도피}^{하여 거기서 복음을 선포하니라}

콘야는 로마와 비잔틴 시대에는 '이코니움^{iconium}'으로 불렸다. 콘야의 차탈회육은 2012년 유네스코가 지정한 세계문화유산으로 등재되었다.

세마춤을 추는 메블레위는 콘야의 아이콘이다. 이 춤은 메블라나가 처음 추었다고 전해진다.

세마춤을 추는 메블레위

콘야 시내 곳곳에서 볼 수 있는
세마춤을 추는 세마젠(메블라나
댄스를 추는 메블레위) 아이콘

세마춤을 추는 세마젠

차탈회육은 콘야에서 남쪽으로 50km 떨어진 곳에 있
는 두 개의 언덕으로 동쪽 언덕은 신석기 시대, 서쪽
언덕은 청동기 시대 것인데 인류 최초의 8,200년 전의 도시화된 집
단 주거지가 발견되었다. 1134년 아나톨리아 셀주크가 콘야로 수도
를 옮기고 13세기 초까지 풍요를 누렸다. 그후 몽골제국의 지배를 거
쳐서 1457년 술탄 파티 메흐메드 2세에 의하여 오스만 제국의 영토
가 되었다.

페르세우스는 제우스의 아들이다. 신화에 의하면 메두사를 죽인 페르
세우스는 고르곤의 머리인 에이콘형상 像을 뜻함을 토착주민들을 정복하는
데 처음으로 사용하였고, 형상을 말하는 '에이콘'이 종교적으로 비잔
틴 시대 신성한 인물이나 사건을 그린 그림을 이콘icon으로 불리었으
며, 오늘날 지식정보시대에 들어와서 컴퓨터 명령을 그림이나 기호로
화면에 표시한 것을 말하는 '아이콘'으로 사용하고 있다.

콘야는 아나톨리아 반도의 중앙 아나톨리아 남단에 위치해 있다. 콘야는 아나톨리아 북부를 남부로 연결하고, 아나톨리아 서부를 동부로 연결하여 아시아와 유럽을 연결하는 교차로로서 전략적으로 중요한 위치에 있다. 콘야는 평균 고도 1,016m에 면적이 38,257 평방킬로미터에 이르는 터키에서 면적이 가장 큰 주이며 인구는 약 230만명이다. 기원전부터 양을 치며 살아온 유목민의 전통을 가지고 있는 콘야 대평원을 지나면 스텝지역의 산허리와 언덕, 대평원 곳곳에서 거대한 양떼들이 풀을 뜯으며 이동하는 모습을 볼 수 있다. 인구 8천만명인 터키에 키우는 양들의 수가 7천만 마리에 이른다. 콘야 대평원을 지나며, 오늘 볼 수 있는 터키의 모든 양떼들이 모두 이곳으로 몰려온 것처럼 보인다.

양떼들은 1년에 1회 늦가을에 교미기가 돌아오는데 교미가 끝나면 양털에 빨간색이나 파란색의 색깔있는 물감을 칠하여 표시를 해둔다. 양의 임신기간은 152일 정도이며 봄철이면 한두 마리의 새끼를 낳는다. 생후 2년이면 출산이 가능하고 수명은 7-10년이다.

카파도키아에서 콘야로 오는 길에는 설탕무 재배농가가 많아서 설탕무를 석탄더미같이 쌓아놓고 가공하고 있는 모습을 심심치 않게 볼 수 있다.

> '오라, 내게로 오라. 네가 누구든지 내게로 오라.
> 이교도이건 무신론자이건 배화교도이건 그 누구든지 상관없이 내게로 오라.
> 우리에게 절망이란 없다. 신과의 약속을 수만번 어겼다 하더라도 상관없이 내게로 오라'
>
> - 메블라나

선한 삶과 관용과 용서를 주장했던 메블라나의 정신이 살아있고 보수적 이슬람인들의 성지인 콘야에 도착하자 거리 곳곳에는 2013. 12. 7.-12. 17.까지 콘야에서 개최되는 메블라나 740회 기념 축제를 알리는 간판이 붙어있고, 세마춤을 추는 메블레위^{메블라나 댄스를 추는 수피교도} 아이콘이 거리 곳곳에 설치되어 있어 이슬람 신비주의 메블라나 교단의 발생지임을 알 수 있다. 이코니움은 초대 기독교의 중심지였고 콘야는 메블라나 교단의 발생지로서 콘야는 오랜 옛날부터 종교색이 강한 도시라는 것을 알 수 있다.

세마춤은 베블라나가 처음 추었던 것으로 전해지고 있다. 세마는 신과 합일을 이루기 위한 종교적 수행이다. 세마춤을 추는 사람을 세마젠이라고 한다. 세마젠들은 '텐누레'라고 하는 흰색옷과 흰치마를 입는데 이것은 상복을 의미한다. 그 위에 '후르카'라는 검정 망토를 걸치고 '시케'라는 갈색 모자를 쓰는데 망토와 모자는 무덤을 상징한다. 세마의식중 검정 망토를 벗는 것은 무덤에서 나오는 것을 의미한다. 회전하며 추는 춤은 세속적 욕망을 포기하고 신과의 합일로 새롭게 태어남을 상징한다.

2013년 7월 라마단 기간 중 블루 모스크와 아야 소피아 사이에 있는 술탄 아흐멧 공원에 있는 데르비시 레스토랑 야외에서 해가 지고 어둠이 깔리자 시작된 세마춤 공연을 볼 기회가 있었다. 오른손을 하늘로 하고 왼손은 땅을 향하게 하고 고개를 옆으로 기울이고 춤을 추는 장면을 마주할 때 전체가 고요하고 부드러운 기운이 느껴지고 어느 누구의 기침소리도 없는 적막감과 엄숙함과 신비감을 느꼈다. 그것은 축복이 내게로 다가오는 것임을 느끼게 하였다. 신비로운 경험이었다.

세마의식은 모두 **다섯 단계**로 구성되어 있다.

첫번째 단계는 '나트 쉐리프'라고 한다.
이것은 예언자 무함마드를 찬양하는 것이다. 그를 찬양하는 것은 그를 창조하신 신을 찬양하는 것이며 그를 앞세우고 끌어주신 모든 예언자를 찬양하는 것이다.

두번째 단계는 '네이'라고 한다.
이러한 찬양은 갈대로 만들어진 피리인 '리드 플루트'를 즉흥적으로 불어서 나누어지는 소리에 따라서 따라가게 되는데 이것은 세상 모든 것에 신성한 숨결을 불어넣어 생명을 주는 것을 표현한다.

세번째 단계는 '술탄 베레드 워크'라고 한다.
세마젠들이 춤추는 둥근 공간을 따라서 원형으로 세 번 돌면서 서로 인사하는 단계인데 몸과 형상으로 가리워져 있는 영혼을 찬양하고 교감하는 것을 나타낸다.

네번째 단계는 '셀람'이라고 한다.
세마춤은 4가지 셀람으로 구성되어 있다. 몸과 마음을 통하여 진리로 향하는 인간의 탄생과, 신의 위대함을 목격한 인간의 황홀한 무아지경을 나타내고, 황홀한 무아지경이 사랑으로 바뀌어가는 경외로움이 있는데 이러한 최고의 황홀한 무아지경은 불교의 최고단계인 '니르바나, 열반'으로 규정되어지는 최고의 황홀경이다.
그리고 예언자가 영혼의 왕좌에 오르고, 일을 정력적으로 처리하는 사람처럼, 상승하는 영혼의 여행을 마친 후에 이 땅을 해방하는 그의 과제를 위하여 돌아오기를 기도하는 것이다.

다섯번째 단계는 코란을 다시 한번 암송하고 모든 예언자들과 믿음을 가진 자들의 영혼의 평화를 위한 기도를 올리는 것으로 끝난다.

2013.12.7.-12.17.까지 메블라나 740회
기념축제를 알리는 간판이 붙어있다.
메블라나 기념축제의 아이콘은 세마춤이다.

메블라나 740회
기념축제를 알리는 간판

메블라나 젤라엣딘 루미는 1207년 이란에 있던 호
라산국 발흐(지금의 북아프가니스탄)에서 태어났다. 술탄 알
라엣딘의 초청을 받고 1228년 3월 3일에 그는 가
족과 친척들과 함께 콘야에 도착했다. 메블라나는 1244년 11월 15일
그의 정신적 스승이었던 셈시 테브리지를 만났다. 메블라나는 그의
인격 속에 '절대적으로 성숙한 존재'를 발견하고 그의 얼굴에서 '신의
숭고한 빛'을 보았다. 그러나 그들의 교류는 셈시 테브리지의 갑작스
런 죽음으로 오래가지 못했다. 메블라나는

"나는 익히지 않은 날 것이었으나, 조리되어 익혀졌고 그리곤 남김없
이 다 타서 연소되었다.'

라는 말로 그의 일생을 요약하여 말하고 1273년 12월 17일 일요일
에 콘야에서 66세의 나이로 세상을 떠났다. 메블라나는 세상을 떠나
는 날은 새로 태어나는 날이라고 믿었다. 그가 세상을 떠난 날은 그가

가장 소중하게 생각했던 그의 신 '알라'에게 그를 데려다 줄 것이라고 믿었다. 그는 세상을 떠나는 날은 혼인일과 결혼 첫날밤을 의미하는 '쉐비 아루스'라고 믿었고 또 그렇게 말했다. 그리고 그를 따르려는 사람들은 그가 세상을 떠난 후에 통곡하거나 울지 말라고 하였다.

> "우리가 죽게 되었을 때 지상으로 눈을 돌리지 말고 나의 무덤을 찾아라."
>
> "나의 무덤은 지혜의 중심 안에 있게 될 것이다."   - 메블라나

그가 세상을 떠난 날을 그가 새로 태어나서 그의 신 '알라'를 만난 날로 생각하여 오늘날까지 기념축제를 벌이고 있는데 그 축제는 그가 세상을 떠난 12월 17일로 축제의 마지막 날이 된다. 2013년 12월 17일이 메블라나 740회 기념축제의 마지막 날인 것이다.

신화와 전설과, 성서에 기록되어 전해져 내려오고 메블라나 교단의 세마춤이 태어난 곳. 이코니움, 아이콘의 원형을 찾을 수 있는 곳, 콘야. 나는 콘야에서 인류 역사의 원형을 보고 느끼는 동시에 인류 미래의 아이콘icon, 像을 찾을 수 있다고 생각한다.

현대는 불확실성의 시대이다. 불확실한 시대를 살아가는 우리에게 한 가지만은 확실하게 다가온다. '꿈의 사회'가 온다는 것이다. 산업사회를 지나고, 지식정보사회를 맞이한 지금, 다음엔 '꿈의 사회'라는 쓰나미가 밀려오고 있다.

고속도로에서 콘야로 들어오면 초입에 보이는 풍경.
대평원에 높이 솟은 미나레를 가진 자미를 중심으로
마을이 형성되어 있다.

기원전부터 양을 치며 살아온 유목민의 전통을
가지고 있는 콘야 대평원에서 양떼를 방목하고 있는
모습. 교미가 끝난 양은 색깔 있는 물감을 칠하여
표시를 해둔다.

콘야 대형버스 휴게소 식당 인근에 있는 자미. 콘야는 보수적
이슬람인들의 종교적 성지이다. 대평원인 콘야에서는 곳곳에
세워진 미나레가 2층 집들과 낮은 건물들 사이로 작은
에펠탑처럼 무수히 솟아난 것이 보인다.

'꿈의 사회'는 꿈과 이미지에 의해 움직이는 사회이다. 경제의 주력엔진이 '정보'에서 '이미지'로 넘어가고 상상력과 창조성이 핵심국가 경쟁력이 되는 것이다. 한국은 싸이의 '강남스타일' 등 K-POP과 2014년 3월 중국 양회^{중국의 중요 국가정책을 결정하는 2대 회의}에서 '별에서 온 그대'라는 한국 드라마가 중요 의제로 거론되는 등^{이 글은 2013년 7월 여행기록을 노트로 남기고 사진을 찍고, 2013년 12월 여행에 일기를 쓰고 사진을 찍은 것을 여행 전후에 정리하였으며, 2014년, 이 글을 다시 정리하고 있다} '한류'라는 흐름 속에서 이미지를 상품으로 포장하여 수출하고, 이미지가 돈이 된다는 것을 알아차린 세계 최초의 영리한 국가이며, '꿈의 사회'에 진입한 세계 제1호 국가인 것이다.

'꿈의 사회'는 정보가 아닌 이미지를 소비하는 사회이며 물질보다 의미와 스토리^{이야기}를 생산하고, 콘텐츠를 장악하는 자가 부를 축적할 수 있는 사회이다. 미래는 이미지사회이기 때문에 매력^{魅力}적인 것이 아주 중요한 자산이 된다. 미래는 보이지 않는 가치, 즉 이미지가 중요한 시대이며 사람들은 보이지 않는 것이 진정으로 중요하다는 것을 깨닫기 시작했다.

한적하고 조용한 콘야를 여행하면서 '아이콘' 용어의 탄생지이며 원형이 살아있는 에너지를 느낀다.

폭설이 내리는 토로스산맥을 넘어 비내리는 안탈랴로

카파도키아에서 콘야를 지나 토로스산맥을 넘어 안탈랴로 가는 길에서 변화무쌍한 기후를 경험하였다. 아나톨리아 반도는 한국과 동일한 위도에 위치해 있기 때문에 한국과 비슷한 기후를 보이지만 카파도키아를 비롯한 중부 아나톨리아는 고원지대여서 여름에 건조하고 기온이 높으며 비가 거의 내리지 않고 겨울에는 눈이 많이 내린다.

콘야 대평원을 지나 남쪽으로 내려가면 토로스 산맥이 지중해 해안을 따라서 거대한 산맥으로 가로막고 있다. 토로스 산맥을 넘어 안탈랴와 지중해 지역으로 가면 여름에는 무덥고 건조하며 겨울에는 비가 많이 내려서 습기가 많고 기후는 따스하여 거의 눈이 오지 않는다. 겨울에 터키를 여행하면 반드시 우산을 챙기는 것이 좋다.

카파도키아에서 콘야로 가는 길은 매케한 냄새가 많이 났다. 카파도키아의 가정에서 난로에 갈탄을 때면서 나오는 연기 때문이다. 그러나 콘야 대평원에서 100km 정도 떨어져 있는 산봉우

카파도키아의 새벽은 달이 뜨고 별들이 쏟아지는 맑은 날씨로 싸늘한 바람이 불어왔다. ▼

리에 눈이 덮인 에르지예스산이 뚜렷하게 보일 정도로 시계는 맑았다. 공기가 오염되지 않았다는 증거이다.

콘야 대평원에 도착하니 하늘은 온통 흐리고 구름이 끼어서 해를 볼 수 없었다. 콘야에 하나밖에 없는 고속버스 휴게소 식당에서 점심을 먹고 콘야 대평원을 지나 토로스 산맥을 앞에 두고 점점 높아지는 언덕으로 올라가니 우리나라 시골길과 같은 언덕들 사이에 마을이 나타나고 나지막한 산등성이로 얕은 개울이 이리저리 흘러가는 것이 보이고 개울가에는 키 큰 오리나무들이 줄지어 자라고 있고, 마을어귀 밭에는 살구나무들이 눈을 맞고 서 있다. 어떤 곳은 가문비 나무들이 돌산 군데군데 서 있다. 토로스 산맥의 언저리에 들어선 것이다.

터키가 낳은 노벨상 수상작가 오르한 파묵은 그의 작품 '눈'에서 고향 마을에 눈이 내리면 눈덮인 지붕의 낮은 굴뚝에서 나오는 가늘고 떨리는 연기를 보며 울기 시작했다고 이야기를 끝맺음했다. 지금 눈앞에 펼쳐지는 토로스 산맥 언저리에 깊숙이 파묻혀 있는 눈덮인 지붕의 낮은 굴뚝에서 갈탄을 때면서 나오는 가늘고 떨리는 연기를 보면서 그의 고향 마을에 온 것같은 착각이 들고 그가 왜 울기 시작했는지 … 알 것 같았다.

눈은 아무일도 없었던 것처럼 모든 것을 덮어버린다. 모든 사람의 감정에도 평생에 한 번은 눈이 내려 모든 것을 하얗게 덮어줄 때가 있는 것이다. 대립과 반목과 갈등을 온통 하얗게 덮어준다. 그리고 평화로운 마을의 낮은 굴뚝에서 갈탄을 때는 가늘고 떨리는 연기가 평화롭게 하늘로 퍼져가는 것이다.

뾰족뾰족한 석회암 돌산이
눈으로 하얗게 덮여있다.

폭설이 내리는
토로스 산맥

산등성이를 돌고돌아 꼬불꼬불난 2차선 도로를 따라 토로스
산맥의 허리로 오르자 눈보라가 정면으로 거세게 휘몰아쳐서
버스 유리창의 윈도 브러시로 눈을 털어낼 수 없을 지경이 되
었다. 버스는 가다가 쉬면서, 전면 유리창의 눈을 쓸어내기를 몇번에
걸쳐서 하였다. 버스의 진행속도는 점점 느려졌다. 몇년 전에는 갑자
기 내린 폭설로 도로가 막혀서 토로스 산맥에서 24시간 버스에 고립
된 경우도 있었다고 한다.

토로스 산맥의 봉우리는 3,000-3,700m에 이른다. 버스로 토로스 산
맥을 넘어가는 이 길은 1,825m의 산등성이를 넘어간다. 토로스 산맥
으로 깊숙이 들어오자 석회암으로 된 뾰족뾰족한 돌산은 눈으로 하얗
게 덮이고 삼나무, 향나무, 소나무들이 석회암 돌산을 덮고 있다.

하늘에서 육각형의 결정을 이룬 눈이 땅에 내리면 한 잔의 커피를 마시는 순간에 사라져 간다. 커피향이 사라지기 전에 하얀 육각형의 결정이 연이어 쏟아지면 비로소 눈은 온 세상을 덮고 하얗게 쌓인다. 카파도키아에서 오전 8시 출발하여 콘야를 거쳐서 토로스 산맥을 넘어 지중해, 안탈랴에 도착하니 오후 9시 가까이 되었다. 내리던 눈은 보슬비로 바뀌어 하늘에서 내리고 있다. 지중해 기후이다. 오늘 안탈랴에 도착할 때까지 변화무쌍한 기후를 체험하였다.

흑해

보스포러스 해협

이스탄불

샤프란볼루

마르마라해

차낙칼레

앙카라

TURKEY

아이발록

에페스

카파도키아

파묵칼레

에게해

콘야

안탈랴

지중해

파묵칼레 석회층 온천수

노을지는 파묵칼레에서 클레오파트라를 생각하다.
파묵칼레 석회층 온천수에 노을이 비치고 있다.

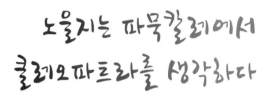

노을지는 파묵칼레에서
클레오파트라를 생각하다

안탈랴에서 아침햇살이 비치는 지중해를 바라보다

토로스 산맥을 넘어서자 지중해 해안도로가 나타났다. 왼쪽으로 지중해를 바라보면서 동쪽으로 1시간을 버스로 가면 안탈랴이다. 이곳은 사도바울이 1차 선교여행 시 다녀간 곳으로 성서에 기록되어 있다.

이제 바울과 그의 일행이 바보에서 배 타고 떠나 밤빌리아의 버가^{안탈랴 인근의 고대 팜필리아의 중심도시 페르게를 말함}에 이르렀을 때에 요한은 그들을 떠나 예루살렘으로 돌아가니라.
- 사도행전 13장 13절

말씀을 버가에서 선포하고 앗달리아^{지중해 최고의 휴양지 안탈랴}로 내려가 거기서 배를 타고 안디옥으로 향해 떠나니라.　- 사도행전 14장 25절

왼쪽으로 지중해를 바라보며 가고 있는 이 지역은 여름에는 지중해의 파도를 즐기고 겨울에는 안탈랴 북쪽 토로스 산맥에서 스키를 즐길 수도 있다. 안탈랴 시내로 진입하기 10분 전에 안탈랴 공항이 있다. 안탈랴 공항은 터키 전국과 유럽 각지로 비행편이 연결되고 있고, 여름에는 이스탄불보다 항공편수가 많이 운행되고 있다.

오후 8시에 안탈랴에 도착하였다. 안탈랴는 평균 해발 39m이다. 안탈랴 시내에는 비가 부슬부슬 내리고 있다. 터키에서는 웬만한 비에는 우산을 거의 쓰지 않는다. 비를 알라가 내리는 축복으로 생각하기 때문이다.

숙소인 '링' 호텔은 줌후리예트 거리에 위치하고 있다. 식당은 호텔 1층 로비와 맞닿아 있다. 식당 한복판에 큰 기둥이 있고 기둥 주위로 빙 둘러 뷔페 음식이 차려져 있고 식당에는 은퇴한 유럽인 노부부들과 중년의 여행객들이 꽉차 있었는데 80% 정도는 독일인 여행객들로 보였다. 터키를 방문하는 외국인들은 한 해 3,500만명 정도인데 그중 800만명 정도가 독일인이다. 안탈랴는 지중해 최대의 휴양도시로 알려져 있는데, 국토에서 지중해를 접하지 않는 독일은 겨울에도 눈이 내리지 않는 지중해 최대의 휴양도시 안탈랴까지 오는 저가 항공기와 이스탄불과 파묵칼레, 안탈랴를 여행하는 패키지 상품을 이용하여 대규모 여행객들이 안탈랴로 많이 찾아오고 있다.

줌후리예트 광장과 터키 국기가
있는 아타튀르크 동상. 뒤쪽에
지중해가 보인다.

아타튀르크 동상

저녁식사를 하고 산책을 겸하여 줌후리예트
거리를 따라서 동쪽방향에 있는 줌후리예트
광장까지 걸어갔다. 줌휴리예트 광장에는 터키의 어느 도시에나 그렇
듯이 아타튀르크 동상이 세워져 있다. 줌후리예트 거리의 건너편에는
10층 정도 높이의 아파트가 도로를 따라서 세워져 있다.

빗줄기는 제법 굵어졌고 거리에는 간간이 문을 열고 있는 상점들에서
나오는 불빛과 빗줄기 속으로 오고가는 몇 대의 택시와 트램을 흐릿
한 가로등이 비춰주고 있어 한적한 느낌이 들었다. 가죽옷을 입고 거
리를 오가는 터키인들 중 우산을 쓴 사람은 열에 한두 명이었다. 안탈
랴에서도 내리는 빗줄기는 알라의 축복이라고 생각하고 있음이 분명
하다. 호텔로 돌아오는데, 반대편인 콘얄트 거리를 한 바퀴 돌고오는
룸메이트 덕현을 호텔입구에서 만났다.

안탈랴는 알렉산더 대왕이 기원전 334년 가을에 이 지역을 정복할 당시에 팜필리아 왕국이었다. 팜필리아는 아나톨리아의 정복자들인 프리기아, 리디아, 페르시아, 알렉산더 대왕, 그리고 기원전 133년 로마에게 정복당하기까지 끊임없는 시련을 당하였고 지금은 그 역사적 유적을 안탈랴 역사테마 여행지인 페르게 유적, 아스펜도스 유적, 하드리아누스 문 등에서 만나볼 수 있다.

안탈랴의 어원은 기원전 2세기 페르가몬 왕국의 아탈로스 2세가 세운 '아탈레이아^{아탈로스의 도시}'에서 비롯된다. 안탈랴는 7세기에 아랍으로부터 침략을 당했고 십자군 전쟁 때에는 십자군들의 중간기지 역할을 하기도 하였다. 1207년 셀주크 투르크가 안탈랴를 점령하여 오늘날까지 '안탈랴'로 불리워지고 있다.

기원전 2세기 안탈랴를 세운 페르가몬 왕국의 안탈로스 2세 동상과 안탈랴 사람들. 뒤쪽은 바자르이다. ▼

이븐 바투타¹³⁰⁴⁻¹³⁶⁸는 중세 아랍의 가장 위대한 여행가로 알려져 있다. 그는 콘스탄티노플과 아나톨리아, 안탈랴 지

안탈랴 오토가르 벽에 있는 그림이다.
해안절벽 아래 포구가 한가롭다.

안탈랴 옛 모습

역을 여행하면서 여행체험기를 남겼는데 셀주크 투
르크 왕조 말기와 오스만 제국 초기에 안탈랴 인근
지역의 통치자들과 이슬람 지도자들로부터 따뜻하고 극진한 대접을
받았다고 기록하고 있다.

그가 안탈랴 인근 지역을 여행할 때에 두 마을의 투르크인들이 그와
그 일행들을 서로 접대하겠다고 주장하면서 칼을 빼서 싸움을 하는
지경에까지 이르렀는데 마을의 원로가 서로 공평하게 제비뽑기를 하
여 여행자들을 각각 4일씩 접대하도록 중재했다고 한다. 이러한 전설
같은 이야기에 대하여 이븐 바투타는 '여행자들에게 그만큼 예절바르
고 신속하게 식사를 대접하고 여행자들을 모시는 사람들은 이 세상에
없다'고 말하였다.

2002년 한 · 일 월드컵경기, 한국과 터키의 3, 4위전이 시작되자 한국
인들이 관중석에서 대형 터키 국기를 펼쳐주는 장면이 전세계에 TV
로 생중계되고 이 경기에서 터키가 승리하자, 국기를 사랑하고 축구
를 사랑하는 터키 국민들이 한국에 대해서 열광하였고 지중해의 휴양
도시인 안탈랴에서는 한국인 여권을 보여주면 6개월간 음식비를 반
만 받았다는 전설같은 이야기가 전해 내려오고 있다.

내일은 아침일찍 요트투어로 지중해의 일출을 보고 파묵칼레로 떠나야 한다. 비도 오고 밤이 늦었지만 덕현과 같이 전해져 내려오는 안탈랴에 대한 이븐 바투타와 한일 월드컵에 대한 전설을 확인하러 줌후리예트 거리로 다시 나갔다.

터키의 대도시^{이스탄불, 앙카라, 이즈미르 등}에 사는 사람들의 70%가 안탈랴와 에게해 등 해안가에 여름별장을 가지고 있다고 한다. 안탈랴의 서머 하우스는 여름 성수기 3개월이 지나면 일년 중 9개월은 빈집이라고 하더니, 야시장도 없고 거리에는 문을 열어놓은 상점도 몇군데 없었다. 거리 모퉁이에 'EFFES' 간판이 있는 호프집으로 들어갔다. 우리나라 동네 치킨집 절반 정도인 공간에 벽과 양쪽 출입문 유리벽까지 어른 허리둘레 높이에 설치된 나무선반 위에 '에페스'를 올려 놓고 터키인 4명이 연신 담배를 피

안탈랴 해안성벽 아래 마리나 항구. 수많은 요트들이 항구에 정박해 있다.

마리나 항구

우며 서서 맥주를 마시고 있었다. 메뉴판을 달라고 하니 메뉴판은 없다고 하고 '에페스' 맥주 한 잔에 10리라인데, 옆에 컴퓨터를 하고 있는 20대의 여성과 대화하면서 맥주를 마시면 15리라라고 한다.

에페스 맥주 두 잔을 시키고 덕현과 안탈랴 이야기를 하면서 주위를 둘러보니, 맥주를 마시는 터키인은 집이 건너편 아파트인데 자주 온다고 하면서 매주 한 잔에 6리라라고 하였다. 지난 7월 에게해의 아이발륵에 갔을 때 호텔 수영장에서 에페스 맥주 한잔에 7리라였던 것이 기억났다. 덕현이 여권을 보여주면서 맥주가 6리라인데 왜 10리라를 받느냐고 묻자, 터키인을 바라보며 정색을 하고 맥주는 10리라라고 하였다. 안탈랴에 전해오는 여행자를 접대하고 친절하다는 '전설'은 전설일뿐이었다. 비는 오고 밤이 늦어 10리라짜리 에페스 맥주 한 잔씩을 마시고 호텔로 돌아왔다. 오늘 하루 긴 여행이 끝났다.

마리나 항구에 정박 중인 해적선을 닮은 유람선. 지중해 바닷물의 색깔이 맑고 투명하다.

> 마리나 항구 유람선

▲ 마리나 항구에서 이어진 해안 성벽
위로 터키 국기가 게양되어 있는
흐드를록 성탑이 보인다.
오른쪽이 카라알리올루 공원이다.

오전 6시 20분. 하늘에 드문드문 구름은 있지만 날씨
는 맑았다. 아침 햇살이 비치는 지중해와 뒤덴 폭포
의 무지개를 바라보기 위하여 유람선을 타고 지중해로 나갔다. 지중
해 유람선은 안탈랴의 옛 항구인 마리나 항구에서 출발한다.

로마시대에 축조된 해안 성벽 위로 오스만 시대의 전통가옥이 대리석
으로 포장된 골목길 위로 줄지어 서 있고 항구에 정박된 하얀색의 요
트들과 해적선 모양을 한 유람선이 항구로 들어오고 나가는 안탈랴의
작은 이 항구는 그 이름도 낭만스럽게 로만 하버^{Roman Harbor}라고도 한
다. 이 작은 항구에 오면 지중해 푸른 물과 따뜻하게 불어오는 바람,
해안 성벽과 지중해 최고의 휴양지의 분위기가 어울려서 낭만적으로
사랑이 잘 이루어진다고 해서 붙여진 이름이다.

유람선은 해안 성벽 위로 이블리 미나레가 보이는 칼레이치^{성안이라는 뜻}
구역과 카라알리올루 공원에 있는 흐드를록 성탑을 왼쪽으로 바라보
면서 지중해로 미끄러져 나아간다. 흐드를록 성탑은 로마시대에 세워
진 높이 14m의 2층 건물로 바다를 감시하는 망루로 사용되었다. 해안

▲ 지중해 하늘을 덮고 있는
구름 사이로 어둠이 걷히고
아침 햇살이 비치기 시작한다.

성벽 위의 흐드를륵 성탑에는 터키 국기가 게양되어 있다.
지중해의 하늘을 덮고 있는 구름 사이로 아침 햇살이 비치기 시작했다.

지중해는 유럽과 아프리카, 아시아에 둘러싸여있어 '땅 한가운에에'
있다는 뜻이다. 터키어로 지중해는 '하얀바다 Akdeniz'로 부른다. 안탈랴
지역의 바닷물은 간만의 차이가 없어 플랑크톤이 생산되지 않아서 물
고기가 거의 살지 않고 해안가에 비린내가 나지 않는다. 바닥이 보일
정도로 푸른 안탈랴 해안가는 바다 수영을 좋아하고 요트를 즐기는
사람들에게 천혜의 휴양지가 되고 있다.

지중해에 해가 솟아 오르자 뒤덴 폭포에 오색 찬란한 무지개가 나타
났다. 뒤덴 폭포는 높이 약 40m로 지중해에서 바다로 떨어지는 폭포
중 가장 큰 폭포이다. 폭포는 안탈랴 북쪽의 토로스 산맥을 타고 내
려오는 골짜기 물이 지표면으로 스며들어, 흘러내린 용암이 만들어낸
안탈랴 해안절벽을 타고 바다로 떨어진다.

뒤덴 폭포는 수량이 풍부하다. 고대 로마에서는 무지개의 색깔을 오색이라고 하였다. 현대에 와서는 일곱 색깔 무지개라고 한다. 무지개는 빛의 파동이므로 셀 수 없이 많은 색깔을 가지고 있다. 꿈을 꾸고 있는 사람들의 꿈의 숫자만큼 무지개 빛깔의 수도 많고 다양하다.

유람선을 타고 지나가는 맑고 푸른 지중해에는 거센 물결과 높은 파도가 없어서 유람선은 소리 없이 미끄러져 나갔다. 지중해에 떠오르는 아침 해가 해안절벽 위에 죽 늘어서 있는 흰색의 리조트와 아파트를 비추자 빛나는 황금 빛깔이 지중해의 맑고 푸른색과 합쳐져서 눈부신 광채가 나옴을 느꼈다. 안탈랴에서 아침 햇살이 비치는 지중해를 바라본 풍경이다.

유람선이 마리나 항구로 돌아오니 해안 성벽 위의 칼레이치 구역에 있는 안탈랴의 상징인 이블레 미나레와 시계탑이 한눈에 들어온다.

지중해에 해가 솟아 오르자 뒤덴 폭포에 오색 찬란한 무지개가 나타났다. 흘러내린 용암이 만들어낸 해안절벽이 선명하게 보인다. ▼

마리나 항구 유람선　토로스 산맥을 뒤로 하고 지중해 일출과 뒤덴 폭포를 보기 위해 가고 있는 마리나 항구의 유람선

마리나 항구 유람선　안탈랴 인근 지중해를 운항하고 있는 유람선

고기잡이 어선

뒤덴 폭포로 갔다가 돌아오는 길에 작은 고기잡이 어선을 보았다.

칼레이치 구역

지중해 바다에서 바라본 해안 성벽 위의 칼레이치 구역. 왼쪽이 이블레 미나레, 중앙이 시계탑이다.

뒤덴 폭포에서 마리나 항구로 돌아온 유람선에서 내려 항구를 따라 걷다가 해안 성벽 위의 칼레이치로 올라갔다. 안탈랴 구시가지인 칼레이치 구역에는 대리석이 깔린 골목길을 따라 오스만 제국 시대 전통가옥들이 줄지어 있다. 샤프란볼루 야외 박물관에서 보았던 골목을 사이에 두고 2층으로 돌출된 창을 가진 오스만 제국 시대 전통가옥들은 호텔, 펜션, 카페, 기념품점으로 사용되고 있고, 카페와 기념품점은 마당이 있는 정원을 가지고 있는데 나무와 화초들로 잘 꾸며지고 정돈되어 있다. 골목길에는 오렌지가 주절주렁 달린 가로수가 한결 운치를 더해주고 있다.

대리석이 깔린 골목길을 따라 오스만 제국 시대 전통가옥이 줄지어 있다. ▼

안탈랴 구시가지
(칼레이치, old town) 골목길 1

안탈랴 구시가지
(칼레이치, old town) 골목길 3

안탈랴 구시가지
(칼레이치, old town) 골목길 2

안탈랴 구시가지
(칼레이치, old town) 돌담길

열려 있는 대문 안에 기념품이
진열되어 있다.

안탈랴 구시가지에
있는 기념품점

대리석으로 포장된 골목길을 따라가니 케시
크 미나레가 보인다. 케시크^{잘려진} 미나레^탑는
미나레 윗부분이 잘려져 있어 안탈랴의 굴곡진 역사와 모질게 겪은
세월의 흔적을 말없이 보여준다.

2세기에 세워진 뒤 비잔틴 시대에 교회로 사용되었고, 13세기 셀주크
투르크 시대엔 이슬람 자미로 개조되었다가 1361년 다시 교회로 사
용되었고 15세기 오스만 제국 시대에 다시 이슬람 자미로 바뀌게 되
었다. 19세기에 발생한 대화재로 미나레 윗부분이 소실되어 케시크
미나레로 불려지고 있다. 케시크 미나레는 칼레이치 구역에 있어 좁
은 골목길을 오가며 자주 보게 된다.

칼레이치로 들어오는 입구에 서 있는 하드리아누스 문은 130년 로마 황제 하드리아누스가 안탈랴를 방문한 것을 기념하여 건립한 것이다. 로마 제국 최대 번성기에 로마 제국 영토를 방문한 황제를 기념하는 하드리아누스 문과 동시대에 이 지역에 뿌리내리고 살고 있었던 기층민들이 그들이 살고 있던 마을에 그들의 신을 위한 신전으로 건립했으나 교회로, 이슬람 자미로 그 운명이 바뀌어간 굴곡진 역사와 함께 잘려진 케시크 미나레는 서로 묘한 대조를 이루며 나에게 다가왔다. 이 땅에 살다간 통치자와 지배자의 날들은 햇빛에 비치어 역사가 되어 바위에 새겨져서 남겨져 있고, 이 땅에 뿌리내리고 살다간 민초들의 날들은 달빛에 물든 전설이 되어 지중해 바다에 은은하게 흘러가고 있음을 본다.

칼레이치 구역에 있는 케시크(잘려진) 미나레. 칼레이치 구역에 있어 골목길을 오가며 자주 보게 된다.

케시크 미나레

칼레이치로 들어가는 입구에 있는 하드리아누스 문.
130년 로마 황제 하드리아누스가 안탈랴를
방문한 것을 기념해서 세운 것이다.

로마시대에 세워진 하드리아누스 문의 사각형 탑

하드리아누스 문

하드리아누스 문의 사각형 탑

하드리아누스 문은 안탈랴의 고대 도시와 해안 성벽으로 둘러싸인 항구로 들어가는 문으로서 유일하게 현재까지 남겨진 문이다. 이 문은 130년 하드리아누스 로마 황제가 안탈랴를 방문하는 것을 축하하기 위하여 세워졌다. 하드리아누스 문이 세워지고 안탈랴를 방문한 하드리아누스 황제는 이 문을 통하여 안탈랴 구시가지로 들어섰다.

로마의 아치형 개선문의 모습을 띠고 있는 두 개의 장식 기둥의 탑이 있는데 어느 쪽도 같지 않고 다르다. 로마시대 특징을 가지고 있는 것은 왼쪽 탑이며 오른쪽 탑은 13세기 셀주크 투르크 술탄 알라앗딘 케이쿠밧 1세[1219-1238]가 세운 것이다. 3개의 멋진 아치[3개의 문, 위츠 카플라르]는 4개의 이오니아식 기둥이 받치고 있다. 아치의 꼭대기에는 황제와 그의 가족들의 석상이 있었다고 전해온다.

▲ 안탈랴와 인근 도시를 오가는 오토뷔스.
안탈랴는 버스와 항공으로 터키 전국을 연결하고 있다.

▲ 시계탑과 칼레 카프스 트램역. 트램은 도로 위에 깔린 레일 위를
천천히 달린다. 공항버스와 세르비스가 시계탑 부근까지 운행한다.

하드리아누스 문은 이블리 미나레와 함께 안탈랴를 상징하고 있다.
하드리아누스 문은 1959년에 보수작업을 하였다. 아치 중앙에는 로마
시대 전차 바퀴자국을 보호하기 위하여 보행교를 세워 놓았다.

'지중해의 모든 길은 안탈랴로'
안탈랴는 지중해를 찾아오는 유럽 주요 도시로 항공편이 연결되어 있
고, 터키의 주요 도시로 항공편과 버스편이 원활하게 연결되어 있다.
로마시대에 모든 길은 로마로 통했다. 지중해의 모든 도시는 지중해
최고의 휴양지 안탈랴로 통한다.
안탈랴 공항에서 공항버스를 타면 여행자 구역인 안탈랴 구시가지^{칼레}
^{이치}로 들어가는 문인 하드리아누스 문 근처인 시계탑^{칼레카프}까지 데려
다 준다. 시계탑이 있는 칼레 카프스역에서 트램을 타고 종점인 뮈제
역까지 갈 수 있다.
안탈랴 구시가지를 지나 하드리아누스 문을 통하여 안탈랴 시내로 들
어오니 주황색의 오렌지가 주렁주렁 달린 오렌지 나무와 키높은 야자
수가 중앙분리대와 도로 양옆으로 죽 심어져 있어 지중해 기후 속에
들어와 있는 것이 실감이 난다.

시계탑 부근에 있는 시장 인근에 단체 관광객을 위한 케밥집과
기념품점들이 들어서 있다.

▲ 이블리 미나레를 지키는 안탈랴의 개 '아탈로스' 이블리
미나레 뒤로 지중해와 토로스 산맥 지류가 보인다.

안탈랴 시내는 안탈랴와 인근 도시를 오가는 빨간색 오토뷔스가 분주
하게 오가고 있다. 오토뷔스는 유리창이 깨끗하게 닦여 있어 깔끔한
느낌이 든다.

하드리아누스 문에서 시계탑까지 가는 길옆에는 왼쪽으로 단체 관광
객을 위한 케밥집과 기념품가게가 죽 이어져 있다.

이블리 미나레는 시계탑에서 300m 떨어진 줌후리예트 거리 남쪽에
있다. 이블리 미나레는 안탈랴를 상징하는 38m 높이의 첨탑으로 탑
의 외벽에 붉은 벽돌로 만든 8줄의 세로로 파진 홈^{이블리}이 있어서 불리
게 된 이름이다. 1219년 셀주크 투르크의 술탄 알라앗딘 케이쿠밧이
세웠다. 미나레 꼭대기에는 발코니가 있다.

인도에 세워진 최초의 이슬람 왕조는 델리의 술탄 꾸릅 웃딘이 1206
년에 세웠다. 아프가니스탄 지역에 세워진 강력한 이슬람 왕조는 셀
주크 왕조를 거쳐서 구르 왕조로 이어졌는데, 구르 왕조의 무하마드
는 1191년 펀잡을 넘어 북인도를 침범하고 그의 노예였던 꾸릅 웃딘
이 1192년 델리를 점령한다. 1193년부터 지어진 델리에 있는 꾸릅 미
나레는 노예왕조의 전승 기념탑이다.

꾸릅 미나레는 5층의 둥근 탑인데 높이는 75m에 이르고 직경은 15m 이며 세로로 홈^{이블레}이 파져 있고 각 층마다 발코니가 쳐져 있는 붉은 사암으로 지어진 탑이다. 13세기 초에 완성된 이블리 미나레^{안탈랴}와 꾸릅 미나레^{델리}는 기본적 형태와 탑의 색깔이 비슷하다. 이블리 미나 레는 1207년 안탈랴를 차지한 셀주크 투르크의 전승 기념탑으로 세 워진 것으로 생각된다.

안탈랴를 상징하는, 지중해를 배경으로 한 이블리 미나레를 한 번에 담을 수 있는 포토존에는 이블리 미나레를 지키는 고양이 두 마리와 개 한 마리가 있다. 이블리 미나레를 배경으로 기념사진을 찍기 위해 서 줄 서 있는 사람들이 많았다.

한참을 차례를 기다려서 사진을 찍는데 이때까지 보이 지 않던 고양이 두 마리가 난간 아래 지붕과 굴뚝 속에 서 나와, 내뒤의 난간에 서서 포즈를 잡기 시작했다. 이

아타튀르크 거리에 있는 셀주크 투르크 시대의 원추형 무덤(튜르베)과 이블리 미나레. 오른쪽은 현재 국가 예술품 전시장으로 사용되고 있는 건물이다. 파란색 로고는 터키 공화국 문화관광부 로고이다. ▼

때 이블리 미나레를 지키는 개 '아탈로스'가 내 뒤의 난간에 서서 포즈를 잡는 것이 아닌가! 고양이 두 마리는 난간 아래 지붕 속으로 숨어 버렸다. 난간에 서서 이블리 미나레를 지키는 '아탈로스'와 사진을 찍고자 사람들이 모여들었지만, 개는 갑자기 자세를 바꿔서 난간 밑으로 사라져 버렸다. 순식간에 일어난 일이지만 신기했다. 마치 시나리오가 짜여진대로 난간 위로 나타났다 사라지는 것처럼 느껴졌다.

이블리 미나레를 지키는 개에게 이름을 지어주었다. 헤라클레스의 열두번째 임무인 지하세계를 지키는 개 '케르베로스'와 이블리 미나레를 지키는 개 '아탈로스' 중에서 고르고자 하였다. 맞은편에 있는 안탈랴를 세운 아탈로스 동상을 바라보면서 지금의 안탈랴의 상징인 이블리 미나레를 지키는 개에게 안탈랴가 오랫동안 번영하기를 바라면서 '아탈로스'로 이름지어 주었다. 이블리 미나레를 지키는 개 '아탈로스'는 안탈랴를 세운 '아탈로스'의 아바타인 것이다.

아타튀르크 거리에 있는 카라카스 자미. 미나레 하단이 이블리(홈) 미나레를 본뜬 것이 흥미롭다. 하드리아누스 문 맞은편 아타튀르크 거리에 있다. ▼

안탈랴에서 파묵칼레까지는 버스로 4시간이 소요된다. 안탈랴는 북쪽으로 토로스 산맥이 가로막혀 있고 서쪽으로도 토로스 산맥이 가로막혀 있다. 지중해에서 북쪽으로 깊숙이 들어간 위치에 자리잡고 있는 안탈랴는 폭풍이 불지 않고 파도가 잔잔하여 고대로부터 천혜의 항구이자 유럽 제일의 휴양도시로 발전해 왔다. 안탈랴에서 파묵칼레까지 가려면 데니즐리를 거쳐야 한다.

지금 가고 있는 유러피안 루트 E 87인 이 고속도로는 우크라이나 오데싸와 루마니아의 콘스탄차, 불가리아의 바르나를 거쳐서 터키의 차낙칼레를 경유하여 안탈랴까지 이어지는 도로이다. 유러피안 루트 E 87의 종점은 안탈랴인 것이다. 안탈랴의 도로는 유럽 각국으로 연결되어 있는 것을 확인하였다.

안탈랴 시내를 빠져나가는 도로 양옆에는 키가 크고 가지와 푸른잎이 무성한 오렌지 나무에 황금빛 오렌지가 가지가 휠 정도로 주렁주렁 달려있다. 12월의 날씨에 도로 양옆으로 황금빛 오렌지가 주렁주렁 달린 오렌지 나무를 보니 여기가 지중해 기후임이 실감이 났다.

토로스 산맥에 들어서기까지 도로 옆 언덕에는 푸른 소나무들이 빽빽하게 자라 있다. 안탈랴 서쪽의 토로스 산맥은 안탈랴 북쪽에 있는 토로스 산맥보다 높지 않지만 석회암의 돌산으로 계곡과 숲은 보이지않고 가문비 나무들이 산을 덮어줄 뿐이다. 데니즐리까지 80km 앞두고 오른쪽으로 가면 Tefenni, 왼쪽으로 가면 Elmali로 가는 이정표가 나온다. 도로 주변에는 살구나무와 사과나무가 많이 심어져 있다. Elmali는 사과나무밭을 뜻하는 명사이자, 지명이다.

데니즐리에서 고속도로 인터체인지 표지판에 라오디케이아^{Laodikeia} 와
파묵칼레^{Pamukkale}, AKKOY는 오른쪽으로 표시되어 있다. 버스가 오른
쪽으로 빠져나오자 산아래 올리브나무가 보인다. 에게해 지역에 들어
선 것이다. 도로가에는 석류밭과 포도밭이 펼쳐져 있다. 키작은 석류밭
에는 빨갛게 익어서 짝짝 벌어진 석류가 수십개씩 주렁주렁 달려 있는
데, 새들이 먹도록 까치밥으로 남겨둔 것이다. 전체 석류밭에서 수확되
는 석류의 10% 정도는 남겨둔 것 같다. 역사적으로 광활한 땅에 먹을
것이 풍부했던 아나톨리아를 이해하는 하나의 상징을 보는 것 같다.
버스가 산길을 올라가니 계곡의 물빛이 붉은 포도주 색깔이다. 파묵칼
레 주변 지역은 철강석과 광산이 많아서 철분 성분 때문에 주변의 돌
들과 계곡물이 붉게 물들어 있다. 저녁 무렵이 되니 목동이 양떼를 몰
고 들판을 지나 언덕 위 집으로 돌아가는 모습이 보인다. 양치기 개는
뒤에서 양떼들을 쫓고 있다. 산길을 올라와서 유네스코
가 지정한 세계복합유산인 히에라폴리스-파묵칼레 안
내판이 보이는곳으로 왔다. 파묵칼레에 도착한 것이다.

유네스코가 지정한 히에라폴리스
- 파묵칼레 세계복합유산 안내판.

히에라폴리스 - 파묵칼레
세계복합유산 안내판

노을지는 파묵칼레에서 클레오파트라를 생각하다

고대도시 히에라폴리스와 파묵칼레는 1988년 유네스코에 의하여 세계복합유산^{문화유산과 자연유산} 으로 지정되었다. 파묵칼레는 목화^{파묵}의 성칼레을 뜻한다. 에게해 지역에 있는 데니즐리주의 파묵칼레 마을 뒤편에 언덕을 덮고 있는 새하얀 석회층이 파묵칼레를 상징하고 있다. 파묵칼레의 석회층은 석회성분을 품은 33-36도의 온천물이 지하에서 솟아나와 언덕을 흐르면서 침전되어 생성된 것으로 14,000년의 세월 동안 침전이 진행되어 현재의 새하얀 목화의 성으로 형성된 것이다.

파묵칼레는 자연이 만들어낸 경이로운 산물이다. 현재도 매년 1mm씩 자라고 있는데 석회층은 약 5평방킬로미터를 뒤덮고

노을지는 파묵칼레에서
클레오파트라를 생각하다. 파묵칼레
석회층 온천수에 노을이 비치고 있다.

파묵칼레 석회층 온천수

있다. 데니즐리에서 18km 정도 떨어져 있는 파묵칼레에는 심장병, 고혈압, 류머티즘, 신경과 육체의 피로, 소화기 계통에 효능이 있는 석회질 온천수가 풍부하게 나오는 곳이 많이 있다.

파묵칼레를 찾는 여행자들이 늘어나면서 새하얀 석회층의 웅덩이가 말라가게 되자, 터키정부에서 산꼭대기 온천수가 나오는 입구를 고무마개로 막아놓고, 파묵칼레를 많이 찾는 독일인 단체 관광객들이나 여름 성수기에 고무마개를 빼고 온천수를 흘려 보내고 있다. 지난 여름에 왔을 때보다 수로의 물이 많이 말라 있는 것은 고무마개로 막아놓아서 온천수가 흘러내리지 않기 때문이다.

데니즐리는 해발 평균 354m로 멘데레스강 근처의 높은 산맥에 자리 잡고 있다. 이곳은 루비안족이 먼저 정착하였고 수세기 뒤에 히타이트가 세워졌다. 이곳의 비옥한 평원에서 역사적으로 프리기아, 리디아, 페르시아, 마케도니아, 로마, 비잔틴, 셀주크 투르크, 오스만 제국 등 많은 문명이 이어져왔다.

히에라폴리스와 파묵칼레 지역은 고대부터 칼슘이 풍부한 온천수가 여러 층으로 이루어진 대지 아래로 흘러내리며 웅덩이 폭포를 이루고 있는 환상적인 곳이며, 자연과 오랜 시간이 어우러져서 빚어낸 믿을 수 없는 예술작품을 볼 수 있는 곳이다. 이곳 온천수의 뛰어난 치료효과는 로마시대부터 유명하였다.

해질 무렵 파묵칼레에서 저 멀리 노을지는 토로스 산맥을 바라보며 석양에 물드는 새하얀 석회층 연못에 비친 물빛을 바라보니 문득 1992년 세계자연유산으로 지정된 중국 사천성 구채구에 있는 석회암

연못의 물빛이 떠올랐다. 파묵칼레 석회층 연못에 비친 물빛은 시간에 따라 다양한 색깔로 변한다.

토로스 산맥 뒤로 넘어가는 석양이 지고나면 파묵칼레의 새하얀 석회층 연못에는 연극이 막을 내리면 서서히 어두워지는 조명빛처럼 서서히 어둠이 깔린다. 동시에 파묵칼레에 새하얗게 둘러져 있는 석회층 언덕 사이사이에서 수은빛 가로등이 하나둘씩 밝혀지면 마치 고요한 꿈의 자락 속으로 젖어드는것처럼 고요함과 적막함이 슬금슬금 소리없이 기어나와 주변을 장악한다.

아! 유년의 먼 기억 속에서 툇마루에 걸터 앉아 엄마 옷자락을 붙들고 잠들 때의 기억 속으로 들어가는 것 같다. 그때 뒷산으로 해가 지고 어둠이 내리자 달이 앞산에서 떠올랐는데…

스치는 바람이 나에게 이야기했다. 정지된 시간 속에서 고요한 평화를 붙잡고 놓치지 말라고, 마치 유년의 기억 속에서 엄마의 옷자락을 놓치지 않은 것처럼.

파묵칼레에 노을이
지고 어둠이 깔리자
수은빛 가로등의 불이
밝혀지고 있다. ▼

석양에 물들어 가는 파묵칼레

파묵칼레의 석양을 바라보는 여행자들

유적온천으로 원기둥이
나뒹구는 유적 위를 헤엄치면
로마시대로 되돌아간 듯한
경험을 할 수 있다.

클레오파트라의 수영장
(Antique Pool)

이집트의 여왕이었던 클레오파트라는 프롤레마이오스
왕조의 영광을 되찾고 이집트의 옛 영토를 회복하기 위
하여 로마의 최고 권력자 카이사르를 유혹해 자신의 꿈
을 실현시키고자 카이사르를 매혹시켜서 카이사르의 정
부가 되었고, 카이사르가 기원전 44년 로마에서 암살될 때까지 로마
에서 살았다.

그후 소아시아에서 페르시아와 전쟁 중이던 안토니우스가 부르자 클
레오파트라는 소아시아 타르수스에서 안토니우스를 만나게 되었다.
안토니우스는 클레오파트라에게 완전히 매혹당해 사랑의 포로가 되
었다. 클레오파트라는 카이사르의 암살로 좌절된 그녀의 꿈을 로마
제2차 삼두정치의 권력자인 안토니우스를 통해서 이루고자 하였다.

안토니우스와 결혼한 클레오파트라는 기원전 37년 안토니우스와 함
께 히에라폴리스로 왔다. 히에라폴리스와 파묵칼레에는 세기의 미녀

클레오파트라의 스토리가 전해져오고 있다. 파묵^{목화의} 칼레^성 뒤편에 있는 유적 온천^{Antique Pool}의 이름은 클레오파트라의 수영장이다.

전성기에 인구 10만에 달할 정도로 큰 규모를 자랑하는 온천수를 이용한 로마 휴양의 도시 히에라폴리스와 파묵칼레에서, 2,000여년 전 클레오파트라와 안토니우스는 노을지는 파묵칼레를 바라보며 거닐고, 온천수를 즐기며 수영장에서 수영을 하고 평화로운 한때를 보냈을 것이다.

로마의 삼두정치가 붕괴된 후 안토니우스와 클레오파트라는 옥타비아누스를 상대로 기원전 31년 9월 2일 그리스 서해안의 악티움에서 벌어진 해전에서 치열하게 싸웠으나 패배하였다. 기원전 30년 안토니우스가 죽자, 클레오파트라는 기원전 30년 8월 30일, 39세의 나이로 알렉산드리아에서 이집트왕가의 상징인 코브라에 물려 스스로 목숨을 끊었다. 22년간 이집트 여왕으로, 세기의 미녀로 수많은 스토리를 남긴 클레오파트라는 기원전 37년 파묵칼레의 석양을 바라보며 무슨 생각을 했을까?

맨발로 새하얀 석회층 벽을 바라보며 온천을 즐기는 여행자, 2,000여년 전 히에라폴리스에 온 클레오파트라도 맨발로 거닐며 온천을 즐겼을 것이다.

> 온천을 즐기는 여행자 1

> 온천을 즐기는 여행자 2

맨발로 새하얀 석회층과 온천을 즐기는 여행자

> 온천을 즐기는 여행자 3

새하얀 석회층 온천수 수로에서 온천을 즐기는 여행자, 2,000여년 전 히에라폴리스에 온 안토니우스도 온천수 수로에 몸을 담그고 온천을 즐겼을 것이다. 뒤로 파묵칼레 호수와 마을이 보인다.

파묵칼레 호수

파묵(목화의) 칼레(성)에서 흘러내린 온천수가 고여서 만들어진
파묵칼레 호수. 호수에 어리는 파묵칼레의 모습이 환상적이다.

▲ 고고학 박물관 너머로 석양이 지고 있다. 고고학 박물관 내부에
히에라폴리스에서 출토된 2-3세기 로마시대 유물들을 전시하고 있다.

고고학 박물관 건물이 석양의 햇빛을 받고 있다.
고고학 박물관은 로마시대 목욕탕이었던 건물이다.

고고학 박물관

2세기 하드리아누스
황제 때 처음 세워졌다.
최대 수용인원은 1만명
규모이다.

원형극장

새하얀 목화와 같은 폭포층 바로 뒤쪽에는 고대 히에라폴리스 유적이
있다. 히에라폴리스는 페르가몬의 텔레포스왕의 부인인 히에라의 이
름을 따서 히에라폴리스^{히에라의 도시}라고 불리게 되었다.

히에라폴리스는 전성기인 3세기 로마시대에 인구가 10만에 달할정도
로 번성하였다. 이곳은 12세기 서쪽으로 세력을 확장해 가던 셀주크

투르크에 의해서 파묵칼레로 불리게 되었고 1354년 대지진으로 흙 속에 파묻혔으나 1887년 독일 고고학팀의 발굴에 의해서 세상의 빛을 보게 되었다.

히에라폴리스를 여행하면 고고학 박물관과 온천수를 이용한 치료와 휴양을 위하여 지어진 히에라폴리스를 이해할 수 있는 거대한 로마 목욕탕^{바실리카}, 히에라폴리스에서 숭배하던 아폴로 신전, 2세기 하드리아누스 황제 때 처음 세워진 최대 수용인원 1만명 규모의 원형극장. 원형극장 건너편 산허리에 있는 성 빌립 순교기념 교회, 히에라폴리스에 병치료차 왔다가 죽은 자의 도시 네크로폴리스^{공동묘지}를 차례대로 둘러보자.

히에라폴리스와 파묵칼레 지하에서 솟아 나오는 온천수를 시멘트로 만든 수로를 따라서 라오디게아로 흘려보낸 수로의 흔적들을 살펴보고 신화와 역사가 들려주는 이야

인터체인지 표지판

라오디케이아(Laodikeia)와 파묵칼레(Pamukkale)가 표시되어 있는 인터체인지 표지판

기에도 귀기울여 보자.

파묵칼레 북서쪽에 있는 카라하이으트 온천지대는 철분이 많아 주변의 돌들이 붉게 물들어 있다. 데니즐리에서 동쪽으로 20km 떨어진 호나즈시 인근에는 호나즈다으 국립공원이 있다. 에게해에서 가장 아름답고 높은 호나즈 산^{2,538m}은 수림이 울창하다.

아나톨리아에는 초기 기독교의 흔적을 살필 수 있는 소아시아 일곱 교회가 있다. 버가모^{지금의 베르가마}, 두아디라, 사데, 서머나^{지금의 이즈미르}, 필라델피아, 에베소^{지금의 에페스}, 라오디게아이다.

소아시아 일곱 교회는 기독교 성지순례객에게는 빼놓을 수 없는 성지순례코스로 알려져 있다. 소아시아 일곱 교회는 당시 교회 건물이 남아있는 것은 아니지만 성서 '요한계시록'에 그 기록이 남아있고 초기 기독교의 흔적을 찾아볼 수 있는 곳이다.

파묵칼레에서 7km 떨어져 있는 라오디게아의 흔적은 지금도 그당시 온천수를 공급했던 수로가 남아있는 흔적을 볼 수 있다. 수로는 언덕을 따라서 시멘트로 만든 고랑으로 온천수를 흐르게 했으니 윗부분이 없는 고랑을 따라 멀리까지 흘러간 온천수는 차지도 뜨겁지도 아니했을 것이다. 이를 빗대어 라오디게아 사람들의 신앙심이 부족했던 것을 책망하고 있다는 기록을 성서에서 찾아볼 수 있다. 부유하게 살았지만 신앙심은 부족했던 라오디게아인들에게 '요한계시록'은 이렇게 책망하는 기록을 남기고 있다.

　　라오디게아 사람들의 교회의 천사에게 편지하라. 아멘이요. 신실하고
　　진실한 증인이요. 하나님의 창조를 시작한 이가 이것들을 말하노라.

내가 네 행위를 아노니 네가 차지도 아니하고 뜨겁지도 아니하도다. 나는 네가 차든지 뜨겁든지 하기를 원하노라. 그런즉 네가 이같이 미지근하여 차지도 아니하고 뜨겁지도 아니하므로 내가 내 입에서 너를 토하여 내리니.

- 요한계시록 제3장 제14절-제16절

바울은 1차 선교여행 중에 루스드라^{로마가 소아시아를 통치하기 위한 중심도시}에 갔다가 디모데라는 청년을 만났다. 바울은 디모데에게 보내는 첫 번째 서신을 라오디게아^{서신에는 브루기아의 파카티아나의 수도로 기록됨}에서 써서 보냈다. 히에라폴리스와 라오디게아는 성서 '골로새서 제3장 제13절^{그가 너희와 라오디게아에 있는 자들과 히에라폴리스에 있는 자들을 위해 큰 열심을 가진 것을 내가 증언하노라}'에도 나오는 지명으로 초기 기독교가 히에라폴리스와 라오디게아에 일찍 전해진 것을 알 수 있다. 골로새서는 골로새 사람들에게 보내는 사도 바울의 서신을 말한다.

히에라폴리스에 있는 성 빌립 순교기념 교회는 히에라폴리스에 와서 초기 기독교를 전하다가 순교^{서기 80년}한 성 빌립의

왼쪽은 아폴로 신전터. 중앙에 원형극장. 오른쪽은 온천수를 흘려보낸 수로. 석회로 만든 수로를 통하여 라오디게아까지 온천수를 흘려보냈을 것이다. ▼

▲ 1354년 대지진의 흔적으로 네모로 파진 자리는 관이 들어있던 자리이다. 히에라폴리스에서 완전히 파괴된 성벽 등 대지진의 흔적을 곳곳에서 볼 수 있다.

▲ 히에라폴리스에 있는 석관묘(무덤). 히에라폴리스에는 석관묘 등 다양한 형태의 무덤이 있다.

▲ 고대 로마도시 히에라폴리스의 유적 발굴이 계속되고 있다.

▲ 3세기 로마시대 전성기 때의 히에라폴리스와 파묵칼레의 모습. 히에라폴리스-파묵칼레는 1988년 유네스코에서 세계복합유산으로 지정되었다.

순교를 기념하기 위한 기념교회이다.

파묵칼레에 노을이 지고 어둠이 깔리자 수은빛 가로등의 불이 밝혀지고 있다. 숙소는 파묵칼레 마을에 있는 할르즈^{halici, 양탄자 상인} 호텔이다. 파묵칼레에서 버스로 15분 정도 거리에 있다. 히에라폴리스는 아나톨

이스탄불이 그리워지면

리아에서는 보기드문 분지이다. 원형극장이 있는 산 위에서 살펴보면 분지로 형성된 넓은 초원을 볼 수 있다.

파묵칼레에서 숙소로 가는 길 주변에는 대지진의 흔적들이 곳곳에 남아있다. 성벽이 완전히 무너져 주저앉아 있고 1354년 대지진의 흔적으로 산등성이에 있는 큰 바위는 관이 들어있었던 자리로 네모로 파진 흔적이 앙상하게 드러나 있다. 그 옆으로 난 길로 목동이 양떼를 몰고 집으로 가는 모습이 보인다. 흰 양떼들 사이로 검은색 염소가 오가며 양털이 얽히지 않도록 양떼들 사이를 갈라놓고 있다.

3,40년전만 해도 아나톨리아에서도 시골지방인 파묵칼레는 그 이름에도 걸맞게 목화밭이 지평선까지 펼쳐져 있었다. 1988년 히에라폴리스-파묵칼레가 유네스코에서 세계복합유산으로 지정되고 독일을 비롯한 유럽에서 터키여행 시 인기 관광코스가 되어 여행자들이 밀려들자 파묵칼레 마을 사람들은 목화밭을 밀어버리고 호텔과 펜션을 짓기 시작했다.

할르즈 호텔은 이렇게 불어오는 바람의 초기에 지어진 대규모 객실을 가진 호텔로 중앙에 노천 수영장이 있어 터키인들도 여름 성수기에 가족 단위로 많이 찾는 곳이지만 시설은 오래되어 낡았다.

파묵칼레 야시장

오후 5시 56분 저녁 예배를 알리는 애잔 소리가 오늘따라 더욱 애잔하게 울린다. 멘데스 거리에 있는 자미에서 울리는 애잔 소리이다. 호텔 식당에서 뷔페식으로 저녁을 먹고 야시장으로 갔다. 야시장으로 가는 길에는 7월에 묵었던 숙소 '그랜드 모던' 호텔이 있다.

야시장은 여름 성수기에는 양갈비, 석류쥬스, 말린 무화과, 작은 도자기를 파는 기념품점들이 골목을 채우고 있고 어두스름한 야간조명 아래 오가는 사람들로 붐빈다. 지난번 왔을 때 양갈비집과 기념품 가게 사이에 있는 좁은 골목에서 8,9세 정도로 보이는 아이들이 자기 키보다 커서 다리조차 올리기 힘든 자전거를 타고 좁은 야시장 골목을 사람들 사이로 헤집고 다녔다.

히잡을 두른 아이의 엄마가 가게 앞에서 눈을 크게 부릅뜨고 아이들을 혼을 내니, 아이들은 자전거에서 내려서 머리를 푹숙이고 비실비실 집으로 돌아가는데, 시장 골목길에서 바라보는 가게집 아저씨도 동네 청년도 이빨을 드러내고 히죽 웃으며 가만히 쳐다 보기만 할 뿐이다. 시장을 오가는 사람들도 바라보면서 웃기만 할 뿐이다. 그 모습들이 또한 미소짓게 한다.

'아이 하나를 키우려면 온 마을이 필요하다'는 말이 있다. 지금 내가 보고있는 모습에 딱 어울리는 말이다. 여기서 사람사는 모습을 보는 것 같다. 여기 그렇게 사람이 살고 있네…40여년 전 내가 살던 마을의 모습도 이러하였다. 시간이 흘러가지 않고 정지되어 그 옛날 내가 살던 풍경을 보는 것 같은 느낌이 들었다.

좋은 여행이란 무엇인가? 여행자가 기분좋은 느낌으로 여행하는 것이다. 여행을 준비할 때, 여행 중에, 그리고 여행을 끝내고 나서 기분이 좋으면 좋은 여행이다. 나는 이스탄불과 아나톨리아를 여행하면서 기분좋은 감정을 느꼈다. 기분좋은 자연을 만났고 기분좋은 경험을 하였고 기분좋은 사람들을 만났다. 그리고 기분좋은 개와 고양이를 만났다. 이스탄불과 아나톨리아가 그리워지는 이유이다.

세라믹 기념품점 앞에는 한국인에게는 20% 세일한다는 안내문이 붙어 있다. 안내문은 지금도 붙어있지만, 7월에 일본인 15% 할인한다는 안내문이, 12월에는 일본인 20% 할인한다는 안내문으로 바뀌었다. 파묵칼레 마을 사람들이 한국인에게 호의적이어서 물건을 싸게 팔고 우대해 주었는데, 지나친 흥정이나 마음 상한 일로 친구의 우정을 잃게 하는 일은 없는지 생각해 볼 일이다.

12월의 야시장은 오가는 사람이 드물고, 여름 성수기에 비하여 가게도 절반 정도밖에 문을 열지 않아 활기가 느껴지지 않는다. 여행자들의 발길이 뜸해진 야시장은 어둡고 쓸쓸하게 느껴진다. 야시장의 사람들도 가게 안에서 주사위로 하는 터키식 놀이 '탈바'를 하고 TV로 축구중계를 시청하면서 손을 들어 아는 체를 해준다.

파묵칼레 시장 기념품 가게에 7월에는 한국인 20%,
일본인 15% 세일 안내판이 있었다. ▼

파묵칼레 시장 기념품 가게에 12월에는 한국인 20%,
일본인 20% 세일로 안내판이 바뀌어 있다. ▼

메르하바^{안녕하세요?}, 테세큐르 에데림^{감사합니다} 으로 인사하면서 준비해간 모나미 153 볼펜 한 자루를 건네면서 악수한다.^{이번 여행을 오면서 모나미 153 볼펜}

4다스를 가지고 왔다. 모나미 153은 유용한 소통도구가 된다. 볼펜을 받고 즐거워하고, 서로 볼펜을 교환하기도 하고, 하맘의 때밀이 아저씨는 때밀이 수건을 답례로 주기도 하였다. 손해 보는 장사가 아니다

파묵칼레 사람들은 둘이서 대화하고 있으면 수다스럽게 말참견을 하면서 웃으며 끼어든다. 서로가 친·인척이고 이웃사촌인 까닭이다. 손을 맞잡고 악수하고 돌아서는데 그 손이 따뜻하다.

야시장 절반쯤 가면 시골 PTT^{우체국}가 있는데 7월에는 보이지 않았던 야간 네온사인 간판이 눈에 띈다. 새로 설치한 노란색 PTT 네온사인이 켜져 있어 야시장이 한결 세련되어 보인다.

야시장 입구에 있는 가게 앞에는 오렌지, 토마토, 말린 무화과, 당근, 고추, 양파, 마늘 등이 푸짐하게 놓여있다. 싱싱한 오렌지와 말린 무화과 한 봉지를 사고 숙소로 돌아오는데, 좁은 도로를 달리는 트럭들이 질주한다.

터키의 도로에서는 차량 통행이 우선이다. 차량 우선 통행에 익숙치 못한 여행자는 길을 건널 때 조심해야 한다. 문득 지난번 네덜란드 암스테르담을 방문했을 때의 기억이 떠올랐다. 지나가는 차량들이 건널목마다 정차하여 보행자가 길을 건널 때까지 여유있게 웃으며 기다려 주는 모습이다. 유엔에서 발표한 세계 행복 보고서에서 덴마크, 노르웨이, 스위스, 네덜란드^{네덜란드 7.51점, 한국 6.18점}가 가장 높게 나왔다. 비단 소득수준이 높아서만은 아닐 것이다.

파묵칼레에서 에게해 연안의 고대 로마도시 에페스 유적까지 가는 길은 3시간 30분 정도 소요된다. 에페스 유적은 이즈미르주 셀축 시내

▲ 파묵칼레 야시장 입구에
있는 가게. 12월에도
싱싱한 오렌지, 말린
무화과 등이 풍성하다.

에서 3km 정도 떨어져 있다. 에페스 유적은 우아한 대리석 기둥이 일렬로 서 있는 '아르카디아의 길', 셀수스 도서관, 원형극장 등 오스만 제국 시대부터 130여년간 발굴해 온 고대 로마도시의 원형을 볼 수 있는 곳이다. 복원된 고대 로마도시를 보기 위하여 이탈리아와 세계 각지에서 에페스 유적지를 찾아오고 있다.

세계 7대 불가사의인 에페스의 '아르테미스 신전'과 동정녀 마리아가 그녀의 말년을 보낸 작은 집이 남아있다. 사도 바울의 2차 선교 여행지에베소이며, 에페스로 와서 소아시아 일곱 교회를 이끌었고 일곱 교회에 보낸 계시록을 기록한 성 요한을 기리기 위한 기념교회가 있어 기독교 성지순례의 필수코스로 꼽히고 있다.

파묵칼레 할르즈 호텔에서 7시에 에페스 유적을 향하여 출발하였다. 아침기온은 4도, 에게해 해안을 향하여 파묵칼레에서 출발하여 서쪽 방향으로 가는 길은 황금빛 오렌지가 무성하게 달려 있는 오렌지 농장이 한참동안 펼쳐져 있다.

터키의 아침해는 유난히 검붉고 빠르게 솟아오른다. 산 봉우리에 모습을 드러낸 아침해가 순식간에 솟아오르니 자욱한 안개 속에 둘러싸인 들판이 뚜렷하게 제 모습을 드러내고 있다.

소나무숲이 빚어내는 푸른 빛깔 속에 한두 채씩 서 있는 아나톨리아 전통주택의 지붕 위에 유리병이 하나씩^{유리병이 거꾸로 꽂혀 있으면 '돌아온 싱글'을 뜻한다} 꽂혀 있는 집이 군데군데 눈에 띄었다. 이 지방의 지붕 위에 유리병이 꽂혀 있는 것은 시집 보낼 딸을 가진 부모가 신부감이 있다는 것을 표시하려고 꽂아둔 것이다.

'나만의 웨딩'으로 주례도, 축가도 생략하고 파티분위기에서 하는 트렌드로 확산되어가는 우리의 시각으로 보면 신기하기도 하고, 지금은 대부분이 사라진 옛 풍습이지만 아나톨리아 동부지방으로 가면, 전통 결혼 풍습이 살아있는 곳도 있다.

친·인척에 8촌까지 모여사는 파묵칼레 주변지역과 같은 시골마을에서 결혼이란, 조금이라도 혈연관계에 있는 사람들까지도 가족이 되는 것이며 가족은 서로의 삶 깊숙이 파고들어 대소사를 함께 결정하고 서로를 보호하는 울타리로서의 역할을 하는 것이다. 그것은 경제적, 사회적, 종교적 관계를 포괄하는 것이다. 윤가이드가 마이크를 잡고 터키 전통 결혼식에 대해서 설명하기 시작한다.

지붕 위에 유리병이 꽂혀 있는 집에 장가가고 싶은 마음이 있는 총각은 돌을 던져서 유리병을 깨뜨려 의사를 표시한다. 딸 가진 부모는 지붕 위의 유리병이 깨진 것을 보고 중매쟁이를 기다린다. 중매쟁이가 말하는 총각이 마음에 들면 전통차를 대접하고 마음이 내키지 않으면 찬물을 내준다. 이 경우 중매가 깨진다.

혼담이 추진되어 총각 어머니가 처녀집을 방문하면 처녀는 터키 전통 커피를 내오면서 커피맛으로 본인의 마음을 표시한다. 커피에 설탕을 넣어 그 맛이 달면 승낙의 표시이고, 커피에 소금을 넣어 그 맛이 짜면 거절의 표시가 된다. 혼담이 성사되면 약혼식을 하고 1년간 신부수업을 받게 한다.

결혼식 전날 밤에 신랑 가족들이 신부집으로 가면 신부는 손바닥에 올린 동전을 봉숭아로 붉게 물들인다. 이것은 신부의 순결을 뜻하는 의식이다. 그다음 신부의 아버지가 신부의 허리에 붉은색 천을 세 번 감아주면서 3년을 참고 견디라고 당부한다.우리나라도 시집을 가는 딸에게 벙어리 3년, 귀머거리 3년, 장님으로 3년을 참고 살도록 당부하는 풍습이 있었다.

결혼식 당일 신부가 신랑집으로 간다. 결혼 첫날밤 신랑이 신부의 면사포이슬람 지역 차도르를 벗기려 하면 신부는 뿌리치며 거절한다. 신랑은 신부를 달래기 위해서 결혼 패물을 선물한다. 그래도 신부가 말을 하지 않으면 신랑은 가진 돈을 몽땅 신부에게 준다. 그제 사 신부는 말을 하기 시작한다.

터키인의 결혼식은 요란하다. 결혼식장에는 화려한 조명과 거대한 앰프가 동원되어 일가친척, 동네사람, 신랑 친구, 신부 친구들이 모두 어울려 대규모 춤판을 벌여 3일 동안 춤추며 결혼을 축하한다. 터키인들의 춤판은 전통으로 생각된다.

🚗 지난 7월 그랜드 모던 호텔로 여름 휴가를 온 터키인 가족들이 밤이 이슥해지자 노천 수영장 옆 무대에서 춤판을 벌인 것을 본 일이 있는데, 10살 소년이 무대에 올라가서 춤을 추자 10여명 가족 전체가 무대에 올라가서 손을 잡고 춤을 추는데 전문 댄스 못지 않게 춤동작이 일치하였다.

🔍 터키인의 결혼식은 수백명의 하객들이 줄을 서서 신랑·신부에게 축의금을 주고, 신랑·신부는 축의금을 받은 돈으로 돈목걸이를 만들어서 목에 치렁치렁 건다. 아나톨리아 동부지방에서는 '양을 몇 마리 잡았느냐'가 결혼식의 성대함의 기준이 되기도 한다.

🇹🇷 지난번 중국 곤명에서 본 축의금 주는 풍경이 떠올랐다. 결혼식장 건물 입구에 신랑·신부가 서면 그 옆에 신랑 친구 대표 1명과 신부 친구 대표 1명이 서서 하객이 주는 빨간색 봉투에 든 축의금을 받아서 들고 있는 쟁반에 놓고, 쟁반에 있는 담배 1가치, 사탕 한 봉지씩을 하객에게 답례로 건네준다. 결혼식과 축의금을 주는 풍경은 지역의 풍습에 따라 다르지만 인생의 새출발을 하는 신랑·신부를 축복하는 마음은 다 같을 것이다.

🚗 첫날밤을 치르고 새벽닭이 울면 신랑 어머니가 신방에 들어가 신부의 순결을 증명하는 요나 이불 등을 찾아들고 나가서 담벼락에 걸어 놓고 며칠 후 신부집으로 보낸다. 신부집에서는 결혼이 원만히 성사되었음을 확인하고 동네잔치를 벌인다.

터키 전통 결혼식은 윤가이드의 이야기나, 터키 안내 책자에서 소개하는 내용이 거의 대동소이하지만 요즘은 몇 가지 절차를 생략하고 간소하게 진행하기도 한다.

이스탄불이 그리워지면

에페스에 가까이 갈수록 올리브 나무와 무화과 나무가 산등성이와 산 아래 밭에 가득히 심어져 있어 에게해 연안이 가까이 다가왔음을 실감나게 한다.

이즈미르는 에게해의 진주라고 불리는 곳이다. 에게해의 아름다운 청녹색 해변에서 휴식을 취할 수 있는 호텔과 리조트들이 에게해 해안가에 죽 이어져 있다. 에페스 유적을 보고 셀축을 거쳐서 저녁에 도착할 예정인 아이발륵도 에게해 해안가의 아름다움과 편안함을 만끽할 수 있는 곳 중의 하나이다.

이스탄불이 그리워지면.

보스포러스 해협 　　흑해

이스탄불

마르마라해　　차낙칼레

아이발륵

에페스

에게해　　파묵칼레

안탈랴

지중해

샤프란볼루

앙카라

카파도키아

콘야

TURKEY

고대 로마 유적
복원의 걸작품
셀수스 도서관

에게해 연안의
고대 로마도시 에페스

에게해 연안의 고대 로마도시 에페스

고대 로마의 도시 에페스 유적지에 도착하니 기온은 14도이다. 에페스 유적의 매표소는 남문과 북문 두 군데에 있다. 지난 7월에 왔을 때 남문에서 시작하여 북문으로 이동하는 경로를 택하였다.

남문에서 오데온을 보고 쿠레테스 거리를 따라 내려가면서 쿠레테스 거리를 꽉 채운 여행자들의 무리와 고대 로마 유적 복원의 걸작품인 셀수스 도서관을 한눈에 조명할 수 있는 경로이다. 관람객들의 동선도 남문에서 북문으로 내리막길을 내려가면서 2km 정도를 이동하고 항구도로에서 북문 입구까지 조성되어 있는 길 양옆의 숲과 화장실, 기념품점들은 뜨거운 햇빛이 내리쬐는 여름에는 먼저 관람을 마친 여행자가 일행들을 기다리는 만남의 장소로도 훌륭한 역할을 한다.

셀수스 도서관 사진을 찍느라 일행을 놓쳐서 북문으로 빠져나가 정류장에 대기하고 있는 버스까지 갔다가 일행을 찾느라 다시 북문으로 들어와서 오르막길의 쿠레테스 거리를 거슬러 올라가 본 경험이 있으니, 남문과 북문을 시작점으로 하는 경로를 한 번씩 다 다녀본 셈이다.

5개월만에 다시 찾은 에페스 유적은 여름 백사장에 가득했던 피서객들이 다 빠져나간 겨울 바다처럼 황량하게 느껴졌다. 이번에도 남문에서 시작하여 내리막길로 내려가서 북문으로 이동하는 경로를 택하였다. 북문에서 버스를 타고 세계 7대 불가사의로 불리고 있는 '아르테미스 신전'으로 갈 예정이다.

남문을 들어서면 에페스의 역사를 한국어와 터키어, 영어로 적어놓은 안내판이 있다. 스텐으로 깔끔하게 제작해서 설치한 안내판은 삼성에서 설치한 것으로 삼성 마크가 선명하게 찍혀 있어 반갑고, 전세계 여행자들이 복원된 고대 로마의 도시를 보기 위해서 찾아오는 에페스 입구에 서 있는 삼성의 마크가 선명한 간판에 이렇게 기분좋고 뿌듯한 마음을 감출 수 없다.

고대도시 에베소는 현재 이즈미르주의 셀축지역에 위치하고 있으며 기원은 BC 6000년경 신석기시대까지 거슬러 올라간다. 근래의 연구조사와 발굴작업을 통하여 에페스와 현재 성이 있는 아야술룩 언덕 주변의 고분지역이 청동기시대와 히타이트 시대에 이 도시를 '아파사 스'로 불렸다고 말해 준다.

BC 1050년경 그리스의 이주민들이 고대 항구도시 에페스에 정착하 기 시작하였으며, BC 560년경 에페스의 중심지는 아르테미스 신전 주위로 옮겨졌다. 현재 위치의 에페스는 BC 300년경 알렉산더 대왕 휘하의 장군인 리시마코프에 의해 최초로 건립되었다. 헬레니즘 시 대와 로마시대에 최초의 황금기를 누린 에페스는 소아시아의 수도이 자 최대 항구도시로서 당시에 20만명이 거주하였다. 비잔틴 시대에 에페스의 중심지는 최초의 위치였던 아야술룩 언덕으로 다시 한번 옮겨졌다.

에페스는 신화에 나오는 여전사인 '아마조네스'에 의하여 건설된 도 시라고 전해져온다. 에페스가 '아파사스'라는 이름으로 기록되어 전 해져 오는 것은 '대지의 여신을 섬기는 왕국'이라는 뜻으로 아르테미 스 여신의 신앙이 뿌리깊게 전해지는 곳이다.

사도 바울이 부유하고 번성하는 도시였던 에페스에 온 것은 2차 선교 여행의 귀환$^{50-52년}$과 3차 선교여행의 출발$^{53-57년}$때였다. 고대 로마도시 에페스에 대하여 일반적으로 에페스의 소아시아적 호사스러움, 황금 기둥, 화가들이 신전에 그린 그림들을 표현하고 있는 데 비하여 에페 스를 비판적으로 보는 사람들은 에페스는 매음굴과 가수, 난봉꾼, 창 녀들로 가득한 고대도시였음을 표현하는 글들을 남기고 있다. 고대 로마도시 에페스는 서로 다른 세계를 오가는 국제적 무역항구였고 욕 망의 도시였다.

사도 바울의 소아시아 일곱 교회 중 하나인 에페스 선교여행을 기록
한 성서도

> 온 아시아와 세상이 숭배하는 위대한 여신 다이아나^{달의 여신, 아르테미스를}
> ^{말함}의 신전도 멸시를 당하고 그녀의 위엄도 훼손당하게 되었도다.
>
> - 사도행전 제19장 제27절

라고 기록하고 있어 당시까지도 아르테미스 여신을 숭배하는 신앙이
뿌리깊게 전해져 왔음을 알 수 있다.

데메드리오라 하는 은세공업자가 선동하자 군중들과 사도 바울이 부
딪힌 사건이 대극장 안에서 일어났다.

> 데미드리오라 하는 어떤 은세공업자가 다이아나를 위한 은 성물함을
> 만들어 장인들에게 적지 않은 이득을 가져다 주었는데 그가 이들과
> 더불어 같은 직업을 가진 직공들을 함께 불러 이르되, 선생들아, 그대
> 들도 알거니와 우리가 이 생업으로 우리의 재물을 얻는도다.
>
> 또 그대들도 보고 듣거니와 이 바울이 에베소뿐 아니라 아시아의 거
> 의 모든 지역에서 많은 사람들을 설득하고 돌아서게 하며 손으로 만
> 든 것들은 결코 신이 아니라고 말하였노라.
>
> 그러므로 우리의 이 생업이 무시당할 위험에 놓였을 뿐 아니라 온 아
> 시아와 세상이 숭배하는 위대한 여신 다이아나의 신전도 멸시를 당하
> 고 그녀의 위엄도 훼손당하게 되었도다. 하더라.
>
> 그들이 이 말을 듣고 진노가 가득하여 외치며 이르되, 위대하시도다.
> 에베소 사람들의 다이아나여, 하니 온 도시가 혼란에 빠지고 그들이

바울의 일행으로 여행 중이던 마케도니아사람 가이오와 아리스다고를 붙잡고 일제히 극장 안으로 몰려들어가매

바울이 백성들에게 들어가고자 하였으나 제자들이 그를 허락하지 아니하고 또 아시아의 주요 인사들 가운데 바울의 친구인 어떤 사람들이 그에게 사람을 보내어 그가 위험을 무릅쓰고 극장에 들어가지 말 것을 그에게 구하니라…

그들은 그가 유대인인 줄 알고 모두 한 목소리로 두 시간쯤 소리질러 이르되, 위대하시도다. 에베소 사람들의 다이아나여, 하더라.

마을 서기가 사람들을 진정시키고 이르되, 너희 에베소 사람들아, 에베소 사람들의 도시가 위대한 여신 다이아나와 주피터로부터 떨어진 형상을 숭배하는 줄을 알지 못하는 사람이 어디 있느냐?

- 사도행전 제19장 제17절-제35절

고대 로마도시 에페스는 아르테미스의 도시였다. 에페스 사람들은 4세기 말까지 줄곧 아르테미스 신앙을 가지고 있었다. 에페스를 방문했던 성 요한[1세기]도 금빛 입술에 얼굴에 베일을 두른 아르테미스 여신상의 그림을 보았다고 한다.

대극장에서는 희생제물을 태우는 연기가 뿌옇게 피어 오르고 있었고 신관들이 나팔을 불면서 아르테미스 신전을 향해 열지어 나아갔다. 그 행렬은 아르테미스 여신 탄생기념 축제로서 비비오스 살루타리스가 자금을 후원했다. 행렬에는 도시의 행정관, 재판관, 남녀사제, 악사, 무용수, 희생제물, 그리고 축제에 동원된 사람들이 참여했는데, 에페스 전 시민이 참여한 것 같았다.

고대 로마도시 에페스를 여행하면서 에페스 사람들의 아르테미스 여신 숭배의 흔적들과 허물어진 헬레니즘 시대 성벽과 비잔틴 시대 성벽이 공존하고 있는 현장도 함께 눈여겨 볼 필요가 있다.

현재 하드리아누스 신전의 긴급 복원 프로젝트와 에페스 대극장의 복원작업은 터키 문화관광부의 정식 인가를 받아 오스트리아 고고학 연구소에서 수행 중이다. 고대 로마도시 에페스 유적은 오스만 제국 시절부터 130여년 동안 오스트리아, 독일과 함께 복원작업이 진행되고 있다. 고대 유적의 복원작업은 시간의 녹 속에 파묻혀 버린 고대 도시에서 가장 중요한 것들을 땅 속에서, 가려진 어둠 속에서 빛 속으로 드러내는 것이다.

남문 입구를 들어서면 오른쪽에 있는
바리우스 목욕탕, 발굴이 진행 중이다.

바리우스 목욕탕

바리우스 목욕탕

남문 매표소를 들어서면 오른쪽으로 가장 먼저 만나게 되는 3개의 아치를 가진 바리우스 목욕탕은 2세기에 플라비우스와 그의 아내가 비용을 부담하여 건립한 것이다. 1926년 발굴된 바리우스 목욕탕은 아직도 발굴작업이 진행 중이다. 로마 목욕탕의 특징을 갖추고 있는 바리우스 목욕탕은 체육관 귀퉁이에 위치하고 있었다. 냉탕, 온탕, 열탕, 사우나, 풀장 및 화장실까지 갖추어져 있었고 바닥 아래로 파이프를 통하여 더운 공기를 보내서 난방을 하였다.

남문 입구에 있는 에페스 유적지
평면도, 삼성 마크가 선명하다.
뒷편에 바리우스 목욕탕이 보인다.

에페스 유적지 평면도

바실리카 스토아(교회 열주랑)

기단만 남은 원기둥이 바리우스 목욕탕에서 시 청사까지 죽 늘어서
있는 바실리카 스토아^{교회 열주랑}는 정면 기둥이 67줄로 서 있는데, 중앙
의 넓이는 6.85m, 통로쪽은 4.72m로 지어졌다. 기둥은 이오니아식으
로 기둥 양끝이 소용돌이 모양으로 처리되어 양뿔 모양, 황소 머리 모
양의 조각으로 보이기도 한다. 아우구스투스 황제^{BC 27-AD 14}의 기념입
상은 셀축에 있는 에페스 고고학 박물관에 전시되어 있다.
바실리카 스토아 왼쪽편으로 1세기 아우구스투스 황제 때 재건축되
어 국가에서 운영하던 아고라^{시장}가 있다. 북문쪽에 위치한 원형극장
부근에 있는 상업 아고라와 비교하여, 이곳 아고라는 위층 아고라^{Upper}
^{Agora}라고 부르고 종교 의식과 정치 집회를 위하여 주로 이용되었던 곳
이다.

아고라에서 출토된 무수한 대리석과 돌무더기가 노천에 진열되어 있
고 아고라에서 출토된 대리석에 그려진 물고기 문양과 '익수스'를 그
려놓은 것을 볼 수 있는데, '익수스'는 헬라어로 '예수 그리스도는 하
나님의 아들이시오 구원자이시다'를 뜻하는 글자들의 첫 글자를 따서
만든 글자이다. 물고기를 뜻하기도 하여, 기독교인들이 물고기를 그려
서 기독교인임을 표시하는 암호로 사용하였다.
영화 '벤허'에도 벤허에게 도움을 주는 여인이 모래 위에 물고기를 그
려서 기독교인임을 표시하는 장면이 나오는 것을 보면 그당시 기독교
인들 사이에서 매우 광범위하게 통용된 신호인 것을 짐작할 수 있다.

기단만 남은 원기둥이 죽 늘어서 있는 바실리카
스토아(교회 열주랑). 오른편에 오데온(콘서트 홀)이 있다.

바실리카 스토아

아고라(시장)에서 출토된
대리석에 그려진 물고기
문양과 '익수스'.

물고기 문양과
'익수스'

오데온 돌담 위에서 노래를
듣고 있는 에페스의 고양이.
뒤에 보이는 곳이 위층
아고라(Upper Agora)이다.

에페스의 고양이

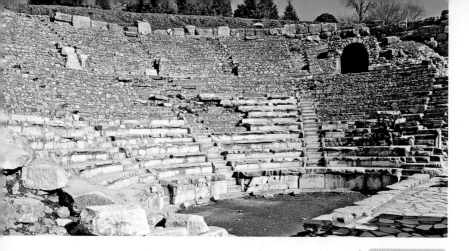

오데온(콘서트 홀)

오데온(콘서트 홀)

오데온콘서트 홀은 음악공연과 경연뿐만 아니라 정치적 의사결정을 하는
시민대표회의 장소로 사용되기도 하였다. 1,400명을 수용할 수 있는
규모의 본래의 지붕 덮인 반원형 음악당은 무대벽과 붙어 있었다. 건
물은 100년에서 150년 기간에 지어졌고, 안토니우스 피우스 황제[138-161]
의 서신과 황제 가족들의 초상화를 전시하는 전시관을 베디우스 안토
니우스가 새로 만들어서 기증하였다. 시민 전체가 참석하는 모임은 원
형극장에서 열리고, 오데온에서는 소규모의 시민대표회의가 열렸다.
여행자들 중 오데온에서 노래를 부르는 사람들은 상당히 노래를 잘
부르는 사람들이다. 순서를 기다려 오데온 무대stage에서 '그리운 금강
산'을 한 곡 불렀다. 힘들게 부르는 노랫소리가 안쓰러워 보내주는 응
원의 박수 소리를 스스로 앙코르로 해석하여 나폴리 칸소네 '돌아오
라 소렌토로'를 한 곡 더 불렀다. 노래가 끝나자마자 우리나라 사람들
은 박수를 치든지, 그냥 가든지 다 가버린다. 반면에 유럽인과 일본인
들은 슬금슬금 무대 위로 조용하게 다가온다. 음악에 대한 취향 때문
인지, 국민성인지 모를 일이다.

시 청사(프리타니온)

오데온을 지나면 산등성이에 이오니아식 주두를 가진 기둥 3개와 코
린토스식 주두를 가진 기둥 1개, 도리아식 주두를 가진 기둥 1개가 서
있는 정원이 나오는데 원래의 건물은 허물어져 없어지고 그 일부만
남아있다. 프리타니온은 에페스의 도시행정과 종교의식을 관장하는
장소였다.

당시 에페스에는 아르테미스 여신 숭배 신앙이 널리 퍼져있었는데 프
리타니온에는 아르테미스 신전도 있었다. 1956년 발굴 도중 거의 완
전한 두 개의 아르테미스 여신상을 발굴하였는데 현재 셀축의 에페스
고고학 박물관에서 전시하고 있다. 프리타니온 중앙에는 꺼지지 않는
성화가 항상 불타고 있었는데 행정과 종교의 최고 책임자인 프리탄의
임무가 성화를 보존하는 것이었다.

에페스의 도시행정과
종교의식을 관장하는 장소였다.   프리타니온(시 청사)

왼쪽의 폴리오 파운틴(물 저장고)과
오른쪽의 도미티아누스 신전

폴리오 파운틴과 도미티아누스 신전

폴리오 파운틴 &
도미티아누스 신전

폴리오 파운틴은 기원후 1세기에 귀족 폴리우스가 만든 물 저장고이다. 물 저장고에 저장된 물은 수로와 수도관을 통해서 에페스로 공급되었다. 폴리오는 물의 저장과 공급을 관할하고 있어서 특별권한을 누리고 있었다.

폴리오 파운틴 옆에 큰 기둥 두 개가 서 있는 곳은 1세기에 지어진 도미티아누스 신전터이다. 도미티아누스 황제는 성 요한을 밧모섬으로 귀양 보내고 기독교를 박해한 황제로 알려져 있다. 그후, 도미티아누스 황제는 측근에게 암살당하였다.

가이우스 멤미우스에게
경의를 표하기 위하여
만들어진 멤미우스 기념묘

멤미우스 기념묘

멤미우스 기념묘

승리의 여신 니케의 부조 바로 앞에 있는 멤미우스 기념묘는 기원전 50-30년 사이에 세워졌다. 로마의 독재관 술라의 손자였던 가이우스 멤미우스에게 특별히 경의를 표하기 위하여 세워진 기념묘이다. 기념묘의 복원작업은 원뿔과 같은 형태의 지붕을 가진 탑 모양의 구조로 추진하게 된다. 현재로서는 기념묘 유적지의 복원작업은 없고 입체파의 현대적 구조주의의 콜라주관계가 없는 것을 짜맞추어서 예술화하는 기법 기법으로 대신한다.

승리의 여신 니케의 부조

멤미우스의 기념묘 맞은편에는 승리의 여신 니케를 새긴 대리석 부조가 무화과 나무 아래 있는데 '헤라클레스의 문'을 장식하고 있었던 것이다. 날개가 달린 승리의 여신 니케는 위로 올린 왼손에는 승리의 상징인 월계관을, 아래로 내린 오른손에는 밀이삭을 잡고 있다. 오른손 밑에 보이는 치맛자락은 오른쪽으로 살짝 곡선을 그리며 올라간 듯한 느낌이 들도록 조각되어 있는데, 그 형상이 '나이키'의 브랜드 상표와 흡사하게 닮아있다.

나이키 상표는 에페스의 승리의 여신 니케의 부조를 보고 디자인한 것인 것 같다. 흰색의 나이키 운동화를 신고 승리의 여신 니케의 부조를 보고 있으니, 신화와 역사와 고대와 현재가 한 자리에서 만나서 강력한 스파크를 일으키고, 그것이 나이키 브랜드의 가치로 승화하였다는 생각이 든다.

현재 나이키의 브랜드 가치는 160억 달러이다. 승리의 여신 니케가 미소 지으면 승리의 월계관을 머리에 쓰게 될 것이다. 나이키의 브랜드와 로고는 그리스 신화에 대한 깊은 통찰과 소비자의 욕구를 깊이 있게 간파한 결과 도출된 것이다.

승리의 여신 니케의 부조

헤라클레스 문

헤라클레스 문에서부터 셀수스 도서관까지 내리막으로 내려가는 길이 쿠레테스 거리이다. 내리막길의 셀수스 도서관을 바라보고 있는 헤라클레스의 문은 두 개의 기둥으로 되어 있다. 헤라클레스는 제우스 신과 인간 여자인 알크메네 사이에서 태어났다. 질투심에 불탄 제우스의 아내 헤라는 헤라클레스를 미치게 해 자기 자식을 손으로 죽이도록 만들어버렸다.

절망에 빠진 채 떠난 방랑길에서 아폴론의 신탁을 받고 에우뤼스테우스의 명령에 따라 12가지 임무를 완수하러 길을 떠나, 첫번째 임무인 네메아의 사자를 잡아 사자의 가죽을 둘러메고 돌아왔다. 그 이후 헤라클레스의 상징은 사자가죽을 어깨에 두르고 있는 것이다. 문의 폭이 좁은 것은 수레들의 통행을 제한하기 위한 것이다. 거리의 중앙에 위치한 이 문은 당시에는 권력자나 귀족만이 지나갈 수 있었다.

헤라클레스의 문

쿠레테스 거리 끝에 있는 헤라클레스의 문. 헤라클레스의 상징인 사자가죽을 어깨에 두르고 있다.

쿠레테스 거리

헤라클레스 문에서부터 셀수스 도서관까지 내리막으로 내려가는 길이 쿠레테스쿠레테스는 에페스에서 도시행정과 종교의식을 관할하는 제관을 뜻한다 거리이다.

고대로부터 있었던 쿠레테스 거리는 그리스식으로 지어진 로마도시의 직각형 거리를 따르지 않고 과거의 행렬식 거리로 만들어져, 도시 내 피온산 줄기와 코레쏘스 산 줄기 사이에 억눌려져 있는 형태를 하고 있는 주택터를 관통하여 죽 이어져 있다. 210m의 긴 대로는 초기 로마제국 시대에 대리석으로 포장되었고 장식된 기둥 열주^{포르티코}들이 술지어 서 있는 것으로 유명하다. 폭 6.8-10m 거리 아래에는 하수구 통로가 죽 깔려 있었다. 상점들은 기둥 열주 뒤에 3.5-4m 떨어져 위치하고 있었고, 무역업자와 예술가, 여관주인들이 물품과 서비스를 제공하였다.

거리를 따라서 각 주랑의 전면에는 시민들로부터 존경받는 후원자들의 선행이 새겨진 대리석상이나 청동상이 세워져 있었으나 지금은 기단이 없는 원기둥과 목 없는 대리석상들만이 남아있다. 가파른 거리는 고대 말에 세워진 헤라클레스 문을 통과하여 결국 통행이 끝난다. 6-7세기까지는 유지보수가 잘 이루어졌다.

셀수스 도서관이 가파른 경사면 아래 정면으로 보인다. 쿠레테스 거리를 따라서 경사진 길을 내려가면서 트라이아누스 분수, 스콜라스티키아 목욕탕, 하드리아누스 신전, 모자이크 도로가 있는 부자들의 주택터, 로마식 남성 공중화장실, 목욕탕에 딸린 유곽, 마제우스와 미트리다테스의 문을 볼 수 있다.

트라이아누스 분수(님파이움 트라이아니)

트라이아누스 분수^{님파이움 트라이아니}는 102-114년 에페스의 아르테미스 여신과 트라이아누스 황제⁹⁸⁻¹¹⁷를 숭배하기 위해서, 티베리우스 크라디우스 아리스티온과 그의 아내가 만들어서 기부하였다. 구조적 실험으로 복원된 건물의 원래 높이는 9.5m였다. 삼 면에서 분수를 둘러싸고 있는 2층 구조의 외관으로 트라이아누스 황제 동상의 발끝 아래 둥그런 동상기단 중앙에서 물이 넘쳐 흘러나오고 있었다.

님파이움^{쉬는곳, fountain}이라는 명칭에서 알 수 있듯이 이곳은 시민들이 물을 마시고 쉬는 곳이었다. 1958년 발굴 당시에 출토된 분수는 현재 셀축의 에페스 고고학 박물관에 전시되어 있다. 1963년에 펠리오니스가 그린 복원도가 트라이아누스 분수 유적 앞에 세워져 있어 그 규모를 알 수 있다.

헤라클레스의 문에서 셀수스 도서관까지 내리막으로 내려가는 쿠레테스 거리

쿠레테스 거리

(102-114년) 트라이아누스 분수

바리우스 목욕탕 (스콜라스티키아 목욕탕)

쿠레테스 거리의 북쪽 방향에 있는 바리우스 목욕탕은 1세기 중반에서 2세기에 지어졌다. 바리우스 목욕탕은 하드리아누스 신전 뒤편에 위치해 있다. 목욕탕은 덮개가 있는 '아카데미 골목' 위를 넘어 공중 화장실에 닿을 수 있는 넓고 뒤로 돌아가는 복도를 통과하여 입장했다.

스콜라스티키아라는 고대 기독교인이 4세기에 목욕탕을 크게 확장, 개축하였다. 목욕탕은 탈의실과, 온탕, 열탕, 냉탕이 각각 따로 설치되어 있었다. 로마시대 사람들에게 목욕탕은 일상적이며 사회생활과 친교의 중심에 있었다. 에페스 사람들이 세운 그녀의 좌상은 현재까지도 입구 홀에 세워져 있다. 맞은편에는 상점터와 모자이크 바닥길, 부유층과 귀족들이 살던 고급 주택터인 테라스 하우스가 있다.

> 바리우스 목욕탕(스콜라스티키아 목욕탕)

> **바리우스 목욕탕**
>
> 목욕탕을 확장, 개축한 스콜라스티키아의 이름을 따서 스콜라스티키아 목욕탕으로도 불리고 있다.

로마식 남성용 공중화장실

바리우스 목욕탕과 목욕탕 부속건물이었던 남성용 공중화장실은 이곳이 고대 로마도시였음을 말해주고 있다. 50여명이 동시에 사용이 가능했다고 하지만 현재 칸막이가 없는 대리석 변기 25개가 복원되어 있다. 옆에 있는 목욕탕에서 흘러나온 물이 대리석 변기 밑으로 상시적으로 흐르는 수세식 화장실이고 대리석 변기 앞의 바닥에 설치되어 있는 작은 수로에서 흐르는 물로 용변 후 손을 씻도록 매우 위생적으로 설계되어 있다.

공중화장실 중앙에는 대리석 기둥들로 둘러싸인 연못도 있고, 음악을 연주하는 장소까지 갖추어져 있는 유료 화장실이었던 것으로 보아 목욕탕과 함께 부유층과 귀족들이 수다를 떠는 사교의 장소 역할도 했을 것이다.

로마식 남성용 공중화장실은 바리우스 목욕탕과 연결되어 있었고 유료였다. 뒤에 보이는 아치가 목욕탕 건물이다.

로마식 남성용 공중화장실

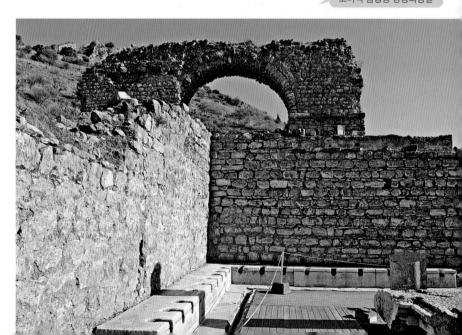

상점터와 모자이크화 그리고 테라스 하우스

하드리아누스 신전 맞은편 쿠레테스 거리에는 열주 기둥 뒤로 상점터와 바닥의 모자이크화를 볼 수 있다. 아직까지도 선명한 모자이크화로 장식된 바닥길이 당시의 화려함을 알려주고 있다. 뒤편에 있는 부유층과 귀족들이 살았던 고급 주택터인 테라스 하우스는 벽과 지붕들이 가리개로 덮여져 있어 별도 입장하여야 한다.

아직까지도 선명한 모자이크화로 장식된 바닥길이 당시의 화려함을 알려주고 있다.

상점터

하드리아누스 신전

하드리아누스 신전의 긴급한 복원계획이 터키공화국 문화관광부에서
정식으로 인가되어 현재 오스트리아 고고학 연구소에서 2013-2014
년 기간 중 긴급 복원작업을 하고 있다. J M 카플란 기금과 오스트리
아 고고학 연구소에서 복원 프로젝트의 자금을 조달하고
있다. 하드리아누스 황제에게 바쳐진 신전이다.

하드리아누스 신전은
오스트리아 고고학 연구소에서
긴급 복원작업 중이다
(2013-2014년).

하드리아누스
신전

(2014.12월)

하드리아누스
신전

(2013.7월)

로마 유적 복원의 걸작 셀수스 도서관

셀수스 도서관은 고대 로마 유적 복원의 걸작품이라고 일컬어지고 있다. 티베리우스 율리우스 셀수스는 2세기 초, 로마의 소아시아 총독이었다. 셀수스 도서관 계단의 앞면에 라틴어와 그리스어로 씌어진 비문에 의하면, 그의 아들인 티베리우스 율리우스 아킬라가 셀수스 사후인, 114년에 그의 아버지 셀수스를 추모하기 위해서 세웠다고 한다. 정면에서 보면 화려하게 장식된 코린토스 양식의 8개의 기둥이 받치고 있는 2층의 구조이다. 1층의 정면 입구 벽면에 4개의 대리석 여신상이 있는데 각각 선량함, 생각, 지식, 지혜를 상징한다. 이 여신상들은 복제품으로 진품은 오스트리아 비엔나 에페스 박물관에 전시되어 있다. 셀수스 도서관에는 도서관 벽 주위로 둘둘 말려진 두루마기 형

태로 만든 12,000권의 장서가 보관되어 있었다. 셀수스 도서관은 오스트리아 고고학 연구소의 도움으로 복원되었다.

쿠레테스 거리를 따라 셀수스 도서관까지 내려오면서 2,000여년의 세월을 견뎌낸 라틴어와 그리스어가 새겨진 수많은 대리석 기둥과 벽면, 조각들을 보면서 로마제국의 힘은 정보와 정보 전달력에 있다고 생각하였다.

인류의 조상이 지구상에 출현하여 크로마뇽인에 이르러 약 3만 5천년 전부터 언어 형태로 발달한 인류의 언어소통은 엄청난 소통능력과 문화의 발달을 가져오게 되었다. 그리하여 크로마뇽인은 이미 동굴 속에 훌륭한 벽화를 남겼고 원시농업기술을 발전시켜 나갔다.

그리하여 지금부터 약 1만년 전에는 농사짓는 법을 발전시켜 나갔다. 이것이 수렵 · 채취 시대로부터 농업화 시대로의 변혁인 제1의 물결, 농업혁명이다. 그후, 5,000-6,000년이 지나서 인류는 드디어 문자까지도 발명해 내었다. 이어 죽간, 점토판, 양피지, 붓 등 필기도구를 발명하고 목판인쇄도 발명해 내었다. 책이라는 기록체가 발명된 것이다. 문화나 책은 공간이나 시간을 넘어 멀리 있는 사람이나 먼 미래사람 또는 과거사람과 소통하게 해줌으로써 인류문명을 크게 발전시켰다. 그리고 약 560년 전 구텐베르크가 활자 인쇄술을 발명하여 대량의 책이나 신문을 발간하여 지식보급에 큰 공을 세웠다. 구텐베르크의 활자인쇄로 된 책이 보급된 결과 종교개혁과 산업혁명이 촉발되기도 하였다. 타임지는 지난 1천년간 인류역사에 가장 영향을 미친 발명으로 구텐베르크의 금속활자를 선정하였다. 인쇄술로 제2의 혁명, 산업혁명이 시작된 것이다.

인류문화의 제3의 혁명인 정보혁명, 제3의 물결은 정보통신에 그 원인이 있다. 정보혁명의 물결이 도래함에 따라 미국은 대체로 1955년경에, 일본은 1971년경에 지식정보사회에 진입하였고, 우리나라는 1993년경에 지식정보사회에 진입하였다.^{2012년 10월 출간, 정보혁명 변곡점을 지나 그} 린혁명으로, 저자 손민익 참조

미국이 지식정보사회에 진입한지 60여년, 이제 세계는 정보혁명의 변곡점을 지나 또 다른 문명의 파도인 그린혁명으로 가고 있다. 2012.5.14. '온실가스 배출권의 할당 및 거래에 관한 법률'이 제정됨에 따라 이제 그린혁명은 국가와 기업과 전국민의 법적 의무가 되었다.

현대는 불확실성의 시대이다.
역사는 미래의 거울이다.
이제 인류는 역사상 가장 거대한 또 다른 변혁기를 맞아서 지식정보사회가 변곡점을 지나 꿈의 사회, 생존사회, 전지구적 생태환경으로 급격한 변혁의 물결이 밀려오고 있는 이때, 셀수스 도서관을 비롯한 고대 로마도시 에페스 유적은 다가오고 있는 새로운 문명의 물결이 무엇인지 우리에게 소곤소곤 들려줄 것이다. 나직이 귀기울여 볼 일이다.
셀수스 도서관을 나오면 왼편에 아우구스투스의 문이 있다. 마제우스와 미트리다테스의 문이라고도 불리는 아우구스투스의 문을 들어가면 식품과 수공예제품들을 파는 110평방미터 넓이의 상업 아고라로 갈 수 있다. 아우구스투스의 문은 비천한 신분이었던 마제우스와 미트리다테스가 그들을 자유의 몸으로 풀어준 아우구스투스 황제와 그의 가족들에게 바친 것이다.

셀수스 도서관

오른쪽 아우구스투스의
문으로 들어가면 상업
아고라로 갈 수 있다.

상업 아고라

셀수스 도서관에서
대극장으로 가는 대리석 거리
왼편에 있는 상업 아고라.
식품과 수공예제품들이
팔리는 곳이었으나 4세기경에
발생한 대지진으로 폐허가
되었다.

대리석(마블) 거리(5세기)

왼편 바닥에 세계 최초의
대리석 광고판이 있다. 길
밑에 대형 하수구가 설치되어
있었고, 길은 원래 아르테미스
여신의 신전까지 이어져
있었다.

유곽(Brothel, House of Love)

바리우스 목욕탕의 부속건물로 지어진 유곽은 쿠레테스 거리가 끝나고 대리석 거리와 만나는 모퉁이에 위치하고 있었다. 셀수스 도서관 맞은편에 위치하고 있었으나 지금은 허물어지고 없다. 셀수스 도서관에서 이곳으로 통하는 지하통로가 있었다고 전해지고 있지만 찾을 길이 없다.

셀수스 도서관에서 대극장까지 이어지는 대리석^{마블} 거리를 따라가면 거리 왼편 바닥에, 대리석에 새겨진 세계 최초의 광고판이 있다. 광고판 아래 오른쪽에 여자의 그림이 있고 왼편에 성인의 왼발 그림이, 윗부분에는 하트 모양의 문양이 새겨져 있고, 중앙에는 동전 크기의 홈이 파져 있다.

'아름다운 여자와 사랑을 나누려면 발이 가리키는 방향인 앞으로 오세요'라는 뜻이라고 한다. 발이 화살표 방향표시 기능도 하고, 발을 대리석 광고판에 대보고 광고판보다 작은 사람은 출입불가를 알리는 표시이다. 로마시대에 주조된 에페스의 주화들은 막시무스의 청동제 주화와 하드리아누스 시대에 주조된 은화들이 있다. 중앙의 홈은 홈의 크기에 맞는 주화를 뜻하므로 가격을 표시하는 것으로 생각된다.

에페스는 로마제국의 소아시아 수도이자 인구 25만에 이르는 최초이자 가장 거대한 대도시이며 무역항구였다. 에페스 고대 항구에서 아르카디안 거리를 지나 대리석 거리를 따라서 유럽과 지중해 각지에서 상업 아고라로 물자와 사람이 들어왔음을 짐작할 수 있다.

유곽 셀수스 도서관 맞은편에 위치하고 있었으나
지금은 허물어지고 없다. 왼쪽에 아우구스투스의
문의 귀퉁이가 보인다.

유곽을 안내하고 방향을 표시하는 광고판이다.

세계 최초의 대리석 광고판

대극장

셀수스 도서관에서 대리석 거리를 따라가면 아르카디안 거리 끝에 있는 거대한 원형극장인 대극장이 나온다. 대극장은 기원전 3세기-1세기 헬레니즘 시대에 지어졌다. 그후, 에페스 인구가 늘어나자 로마 도미티아누스 황제[81-96]와 트라이아누스 황제[98-117] 때 처음으로 2층 구조로 개축을 하고, 그후 3층 구조의 멋진 외관을 가진 원형극장으로 광범위한 개축이 이루어졌다. 현재 에페스 대극장의 복원작업은 터키 문화관광부의 정식 인가를 받아 오스트리아 고고학 연구소에서 수행 중이다.

대극장은 시민들의 집회장소로도 사용되었고, 음악과 연극이 공연되기도 하였는데 로마제국 말기에 검투사 경기장이 추가로 만들어져 대극장과 덧붙여졌다는 것이 발굴결과로 증명되었다. 7세기 이전에 대극장을 비잔틴 도시 성벽이 감싸게 되었는데 에페스 지역에서는 4세기-14세기까지의 비잔틴 시대 흔적을 찾아 볼 수 있다. 최대 수용인원 25,000명 규모의 대극장은 전세계 원형극장 중 가장 규모가 크다. '데메드리오'라 하는 은세공업자가 선동을 하자 수많은 군중들과 사도 바울이 부딪힌 사건이 사도행전에 기록되어 있는데, 바로 이곳 대극장 안에서 일어난 사건이다.

대극장은 피온산의 경사면을 깎아서 만든 노천극장으로 2층 계단까지 올라가면 2층 계단까지 올라가면 철제 펜스가 쳐져 있어 3층 계단으로 올라가지 못한다 항구까지 길게 뻗어있는 아르카디안 거리가 한눈에 들어온다.

아르카디안 거리는 11m의 넓이와 500m의 길이를 가진 에페스에서 가장 넓은 도로이며 에페스 항구와 대극장 사이의 가장 중요한 연결 도로였다. 아르카디안 거리는 아르카디우스 황제[395-408] 통치기간 중 넓히고 확장되었는데 그의 이름을 따서 아르카디안 거리로 불리워지고 있다. 길 양옆에 코린토스 양식으로 조각된 원기둥, 기단과 잘린 원기둥들이 길게 줄을 서서 항구까지 이어져 있어 에페스가 국제 무역 항구였음을 알 수 있게 해준다.

아르카디안 거리는 '항구 거리'라고도 불리운다. 아르카디안 거리에는 상점들이 늘어서 있었고 밤에는 가로등이 불을 밝혔는데 당시 알렉산드리아와 에페스에서만 가로등이 불을 밝히고 있었다고 한다. 최근에 상영된 영화 '300, 제국의 부활'을 보면 당시 알렉산드리아의 밤을 화려하게 밝힌 그림같은 가로등의 아름다운 장면을 확인할 수 있어 당시를 짐작해 볼 수 있다. 유스티니아누스 황제[527-565]때 만들어진, 선출된 고관과 황제의 가족들을 조각해 놓은 유적소위 말하는 4개의 기둥을 가진 기념물의 비문에는 아르카디안 거리의 가로등에 관한 제재규정들이 언급되어 있어 가로등이 설치되었음을 기록으로 알려주고 있다.

로마제국의 평균 수명은 28세였다. 인간의 평균 수명은 점차 늘어나서 1700년 33세, 1800년 36세, 1900년 50세, 2000년 79세, 그리고 2020년 100세의 시대가 다가오고 있다. 밤에도 가로등이 빛나는 고대 로마도시 에페스는 이전의 다른 도시와 달리 밤을 낮삼아 사는, 거리에는 활기가 넘치고 인간의 끝없는 욕심이 이글거리는 욕망의 도시였다.

상업 아고라와 아르카디안 거리를 거닐면서 2,000년 전의 에페스로 돌아가서, 현재 서울 종로의 광장시장에서 제공하고 있는 24시간 배달서비스가 고대 로마도시 에페스에 있었다면 어땠했을까? 상상의 날개를 펴 보았다.

아르카디안 거리를 따라서 쿠레테스 거리처럼 각 주랑의 전면에는 시민들로부터 존경받는 후원자들의 선행이 새겨진 대리석상이나 청동상이 세워져 있었을 것으로 짐작되지만 지금은 기단과 원기둥들만 남아있다.

대극장에서 아르카디안 거리를 따라가면 오른쪽으로 우거진 소나무 숲이 나온다. 소나무숲으로 난 오솔길을 따라 가면 오른쪽에 경기장이었던 터가 있고, 조금 더 가면 북문 매표소Lower Gate가 나온다. 매표소를 나가기 전에 무료 화장실이 있고, 그 주위에 기념품점과 식당, 주차장이 있다.

최대 수용인원 25,000명 규모의 대극장. 전세계 원형극장 중 가장 규모가 크다.

대극장

아르카디안 거리

에페스 항구까지 이어지는 아르카디안 거리, 항구 거리라고도 불린다. 오른쪽 소나무 숲으로 난 오솔길을 따라가면 북문 매표소가 나온다.

아르카디안 거리에서 북문
매표소로 가는 소나무 숲길 왼편에
있는 고대 도시의 공동묘지와 석관
고대 도시의 공동묘지와 석관

고대 도시의 공동묘지(네크로폴리스)와 석관

고대로부터 사람들은 무덤과 묘비를 매우 중요하게 여겼으며, 삶과
죽음의 관계가 사람들의 인생에 중요한 부분을 차지하였다. 네크로폴
리스라 불리던 공동묘지는 '죽음의 도시'를 뜻한다.
네크로폴리스는 도시를 둘러싼 성벽의 바깥에, 주로 성문 주위와 도
로 양옆에 위치하고 있었다. 고대 도시 에페스의 네크로폴리스도 성
벽 바깥쪽 평원에 있었으며 담을 친 가족 무덤, 묘비가 있는 무덤, 아
치형의 지붕을 가진 무덤, 묘실이 있는 석관 무덤 등의 여러 형태가
있었다.

석관은 대리석 같은 석재나 벽돌 또는 나무를 이용하여 만들어졌으
며, 시신을 넣을 수 있도록 직사각형 용기 형태를 하고 있다. 초기 석
관의 형태는 이집트와 미노스에서 발견되었다. 아르카이크 시대에 최

초로 색이 칠해진 벽돌로 석관을 제작하기 시작하였으며 이러한 석관은 서부 소아시아 반도의 클라소멘아이에서도 볼 수 있다.

소아시아 반도에서 발견된 돋을새김으로 화려하게 장식된 석관들은 헬레니즘 시대에 제작되기 시작하였으며, 로마시대에 이르러 가장 화려하게 장식되었고 로마시대에는 로마, 아테네, 그리고 소아시아의 도키메이온^{지금의 아피온 근처} 등에서 좋은 석관들이 제작되었다.

이 세 도시뿐만 아니라 에페스, 아프로디시아스, 그리고 프로케네소스^{마르마라섬} 등에서도 독창적인 형태의 석관들이 제작되었다. 석관은 돋을새김 장식이 있는 석관, 기둥장식이 있는 석관, 아테네식 석관 세 가지 그룹으로 분류할 수 있으며, 로마시대에는 이들이 경제적, 상업적, 그리고 사회적인 지위를 나타내는 수단이었다.

▲ 아르카디안 거리에서 북문 매표소로 나가는
출구를 가리키는 이정표와 고대 도시의
이정표가 묘한 대조를 이룬다.

이정표

이정표는 현재의 용도와 유사하게 도로에 세워져 있는 돌로 고대시대에 도시와 도시 간의 거리를 표시하였다. 이정표는 일반적으로 각 지방의 석재를 이용하여 제작하였으며 대리석으로 만들어지기도 하였다. 거리 단위는 에페스 고고학 박물관에 전시된, 기원전 3세기경의 이정표에 표시되어 있는 것처럼 '스타디아^{185m}'였다. 로마시대 최초의 이정표는 공화정 시대에 제작되었으며 단위는 '밀라파숨^{1,000걸음}'으로 표시되었다.

로마제국 시대에는 거리 표시뿐만 아니라, 도로를 건설하거나 보수한 황제의 이름을 이정표에 새기기도 하였다. 이정표의 글씨는 잘 보이게 하기 위해 붉은색으로 칠했다.

로마제국 시대 말기에 백성들은 황제를 칭송하고 충성심을 표시하기 위하여 도로 건설이나 보수를 하지 않은 황제들까지도 이정표에 그 이름을 새겨서 주요 교차로에 세웠으며 지방 관리들은 황제나 총독들이 그 도시를 방문할 때 이정표가 세워져 있는 곳에서 영접하고 환송하였다. 지방관리들은 새로운 황제가 즉위했을 때, 이정표를 만드는 데 드는 비용을 줄이고자 기존의 이정표를 뒤집어서 사용하기도 하였다.

세계 7대 불가사의 아르테미스 신전

북문 매표소 주차장에서 아르테미스 신전까지는 버스로 10분 정도 걸린다. 아르테미스 신전까지 가는 동안에 피온 산을 감싸고 허물어져 가는 비잔틴 성벽의 흔적과 허물어진 로마 유적의 부스러기인 돌무더기를 곳곳에서 볼 수 있다. 아르테미스 신전 터는 늪지대이다. 건기인 지금도 아르테미스 신전 터 주위는 축축하고 발굴된 신전 터 주변의 곳곳에 물이 홍건히 고여있다. 로마시대에 작성된 자료에는 아르테미스 신전 기둥이 127개로 나타나 있다.

오늘날 세계 7대 불가사의는 기자의 피라미드, 바빌론의 공중정원, 올림피아의 제우스 상, 에페스의 아르테미스 신전, 할리카르나소스의 마우솔레움, 로도스의 거상, 알렉산드리아의 파로스의 등대를 말한다. 이러한 세계 7대 불가사의의 목록은 천년 전의 로마제국을 경외에 찬 눈으로 바라보던 르네상스 시대에 정해진 것이다.

기원전 484년 에게해 해안인 터키 서남쪽 할리카르나소스^{오늘날 보드룸}에서 태어난 헤로도토스는 '역사'의 기록을 통해 위대한 도시 바빌론과 하늘 높이 치솟은 피라미드의 크기와 장엄함에 대한 강렬한 인상을 남겨 놓았다. 로마시대에 에페스 사람들은 아르테미스 신전과 위대한 여신 '다이아나'를 숭배하였다. 기원전 2세기 그리스 시인 안티파테르는 아르테미스 신전의 '기둥들의 숲'과 그 크기의 웅장함을 보고 시로 남겼다.

아르테미스
신전 터의 전경 세계 7대 불가사의의 아르테미스 신전
터의 전경. 아주 습한 곳에 기둥 하나와
신전터에서 나온 기둥 무더기가 세워져 있다.
왼쪽편에 이사베이 자미와 아르테미스 신전 기둥 뒤편으로 아야술룩
언덕 위의 성 요한 교회가 보인다.

로마시대에 작성된 자료에는 아르테미스
신전 기둥이 127개로 나타나 있다.

아르테미스 신전
평면도

나는 전차들이 달릴 수 있는 난공불락의 바빌론 성벽과, 올림피아의 알페이오스 둑에 자리잡은 제우스 상을 본 적이 있다. 바빌론의 공중정원과 로도스의 거상과, 인간이 만든 거대한 산들인 높디높은 피라미드들과, 마우솔로스의 웅장한 무덤도 봤다. 그러나 구름을 뚫고 하늘 높이 솟아오른 아르테미스의 성스러운 집을 봤을 때, 다른 모든 것들은 그 그늘 속에 들어갔다.   - 블루마 L 트렐, '에페스의 아르테미스 신전' 참조

기원전 356년 7월 21일에 태어난 알렉산더 대왕은 기원전 334년 페르시아 정복길에 나서 22살 때 에페스로 왔다. 일렉산더가 태어나던 날 아르테미스 신전은 불타고 있었다. 헤로스트라토스라고 하는 사내가 자신의 이름을 세계의 역사에 길이 남기고자 아르테미스 신전을 불태우는 바람에 잿더미가 되었던 것이다. 그의 이름은 '헤로스트라탄', '악명높은'이라는 말로 우리에게 남아있다.

최초의 거대한 대리석 신전을 세운 리디아의 왕 크로이소스의 이름이 그리스어와 리디아어로 새겨진 기둥들도 함께 불타 버렸다. 아르테미스 신전은 기원전 550년에 축조되었고 세로 131m, 가로 78.5m의 높은 기단과 18.40m 높이의 기둥 127개를 가진 '기둥들의 숲'으로 보였다.

알렉산더가 에페스에 왔을 때는 새로 복원된 아르테미스 신전에는 알렉산더의 아버지 필리포스 2세의 조각상이 세워져 있었다. 에페스 사람들은 아르테미스 신전 건축자금을 기부한 사람들의 이름을 현판에 새겨 주고 있었다. 알렉산더는 아르테미스 여신에게 제사를 지내고 축제 행렬에 앞장섰다. 알렉산더가 아르테미스 신전 건물에 자기 이름을 새겨주는 조건으로 신전을 완공할 수 있는 자금을 대려 하자 한 에페

아르테미스 여신상

에페스 유적 발굴 시 출토된 아르테미스
여신상. 에페스 아르테미스 신전에
모셔둔 예배용 조각과 그 형태가 같다.
아르테미스 여신상은 위대한 어머니이자
여성으로서의 특성을 잘 나타내고 있다.

스 시민이 나서서 정중히 거절했다. '한 신이 또
다른 신에게 공물을 바치는 것은 적절하지 않은
일입니다.'

262년 동고트 족들이 아르테미스 신전을 파괴하고 3세기 말경에 약
간의 개축이 이루어졌으나, 401년 콘스탄티노플 대주교였던 성 요한
크리소스토무스에 의해 완전히 파괴되어 오랜 세월 동안 진흙 속에
파묻혀 있었다. 1860년대 독일의 존 터틀 우드가 에페스의 카이스테
르 강 어귀의 퇴적층을 판 끝에 신전 기둥의 토대부분을 발견하여 세
상에 드러나게 되었다.

아르테미스 신전 벽에는 커다란 창이 뚫려 있어서 신관은 여신의 모
습을 볼 수 있었고 축제 행렬 때도 여신의 모습을 볼 수 있게 하였다.

아르테미스 신전 안내도

뒤편에 아르테미스 신전 터의
기둥이 보인다.

프리기아에서는 제례의식 때마다 사람들에
게 보습을 보인 위대한 어머니이자 여신인
키벨라를 숭배했다. 아르테미스 여신은 프리기아의 키벨라와 비슷한
속성을 가지고 있었다. 에페스는 고대로부터 여신 숭배의 풍습이 있
었던 것이다.

많은 유방이 달린 모습의 아르테미스 여신상은 어머니 여신을 상징
하며 그 유방들은 여성의 다산성을 상징한다. 많은 유방을 가진 아르
테미스 여신상이 기원전 3세기부터 262년 고트인들이 신전을 파괴할
때까지 예배용 조각상 역할을 하였다.

아르테미스 신전 터 기둥 뒤, 아야술룩 언덕에 성 요한 교회가 있다.
예수의 12제자 중 유일하게 순교하지 않은 성 요한에게 예수는 십자
가에 못박히기 전 성모 마리아를 부탁한다.

예수가 숨진 이후 성 요한은 동정녀 마리아를 에페스로 모셔왔고, 그녀는 뷜뷜다으 코랫소스 산에 지어진 작은 집 성모 마리아의 집, 메르예마나 에위에서 생을 마친 것으로 전해진다. 로마 가톨릭 교도의 순례지이자 관광지인 이 집은 바티칸으로부터도 공인됐으며, 매년 8월 15일 추념행사가 열린다. 성모 마리아의 집은 남문 입구에서 가면 된다.

요한은 에페스로 와서 에페스 초대 교회를 이끌었다. 95년 도미티아누스 황제의 박해를 받고 파트모스 섬 성경의 밧모 섬으로 유배를 가서 종교적 계시에 따라 '요한계시록'을 저술했다. 요한은 약 100세의 나이로 숨져 아야술룩 언덕 위에 묻혔다. 요한의 무덤이 있던 자리에 4세기경 성 요한 교회가 세워지고 6세기에 유스티니아누스 황제의 명에 따라 565년 크게 증축되었는데, 증축에 쓰인 건축자재는 아르테미스 신전 터에 있었던 자재를 가져와서 사용하였다고 한다.

아야술룩 언덕에 성 요한 교회와 붙어있는 거대한 비잔틴 시대의 요새는 셀주크 투르크 당시의 방어용 성채이다. 현재는 군사보호구역으로 출입이 통제되고 있다.

아야술룩 언덕 아래 성 요한 교회 옆에 있는 이사베이 자미는 셀주크 스타일의 입구를 통해 드나들게 되어 있다. 14세기 초 이곳을 점령한 셀주크 투르크 무함마드 베이의 아들 이사베이가 1375년에 세운 이사베이 자미 내부에는 4개의 커다란 원기둥이 있는데, 이것은 건축 당시 자재를 성 요한 교회에서 가져와서 사용한 흔적을 보여주는 것이다.

지금도 통용되는 세계 최초의 동전을 사세요

축축한 늪지대에 자리한 세계 7대 불가사의 아르테미스 신전 터에는 기둥 하나와 신전 터에서 나온 돌 무더기가 세워져 있고, 신전 터는 엄청나게 넓었다. 그리스 파르테논 신전의 2배 넓이라는 말이 이해가 되었다.

19세기 이전까지는 누구도 문헌에만 존재하고 있던 고대의 사라진 유적을 찾기 위해 땅을 파헤칠 생각을 하지 못하였다. 1860년대 존 터틀 우드가 7년 동안 에페스의 카이스테르 강어귀의 축축한 늪지대 진흙 퇴적층을 파헤친 것은, 1870년에 독일인 슐리만이 트로이의 유적을 발견한 것보다 앞선 시기이다. 그때 카이스테르 강바닥에서 발굴해낸 돌무더기와 기둥들을 아르테미스 신전터에서 볼 수 있다.

아르테미스 신전 터 입구에서 셀축 사람인 듯한 중년의 사내가 세계 최초의 화폐, 고대 왕국 리디아의 동전인 일렉트럼 코인 모조품을 내게 내밀었다. 기념품으로 사란 뜻이다.

　　"안사도 되니 구경만 하세요."

그 사내가 서툰 영어로 내게 말했다.

리디아 왕국^{기원전 670-546년}의 수도는 사르디스^{성경의 초대 일곱 교회 '사데'를 말함, 현재 터키의 살리할리 부근}이며 기원전 546년 페르시아의 왕 카로스 대제에게 정복 당했다. 리디아의 마지막 왕 크로이소스^{기원전 560-546년}는 세계 역사상 처음으로 금과 은을 섞어서 동전을 만들었다. 달걀 모양으로 비스듬하게 경사진 모양을 하고 있는 동전의 크기는 탁구공만하고 표면에 리디아를 상징하는 사자가 새겨져 있다.

리디아의 왕 크로이소스는 에페스를 정복하고 기원전 550년 거대한 대리석 모양으로 만들어진 최초의 아르테미스 신전^{고고학자들은 'D'라고 한다}을 세웠다. 아르테미스 신전[D]의 장식된 기둥들에는 크로이소스의 이름이 그리스어와 리디아어로 새겨져 있었다고 한다. 기원전 546년 리디아를 정복한 페르시아 왕이 크로이소스를 희생제물로 바치기 위해 장작더미에 올려놓은 순간 아르테미스 여신의 뜻^{아르테미스 신전 여신관의 신탁}에 의하여 살아난 적도 있으니, 크로이소스와 아르테미스 신전은 인연의 매듭을 들려주는 듯하다.

2,500여년의 세월이 흘러서 아르테미스 신전은 흔적만 남아있고, 크로이소스도 가고 없는데 세계 최초의 동전 모조품을 내게 건네는 사내는 리디아인의 후손인가? 크로이소스의 아바타인가?

셀축의 마을에 있는 조그만 이슬람 사원 앞에서도 셀축 사람인 듯한 이목구비가 시원하고 선량하게 생긴 중년의 사내가 서툰 영어로 내게 말했다.

　　"지금도 통용되고 있는 세계 최초의 동전을 사세요"

지난번 카펫가게에 갔을 때 가게 입구에 들어서자 점원이 내게 했던 말이 생각났다.

　　"한 장밖에 남지 않았던 날으는 양탄자는 방금 팔고 없어요. 조금만 더 일찍 오시지 아쉽게도 늦었습니다."

상상력과 유머가 있고 마음 속으로 미소짓게 만드는 멋진 말들이 친근감을 느끼게 한다.

셀축에서 만난 칸가르데쉬

점심은 셀축에 있는 한인식당 에페스TEL 0232, 892-9320에서 비빔밥으로 먹었다. 비빔밥에 필수적인 고추장은 터키 현지에서 만들어 쓰는데, 참기름은 터키 전역에 살고 있는 교포가 2,000여명에 불과하여 참기름 짜는 기계가 한 대도 없어서 한국에서 짠 참기름을 가지고 와서 쓴다고 한다. 참기름이 고소하여 비빔밥을 맛있게 먹었다. 역시 비빔밥은 세계적인 음식이다. 전세계 어디에서든 간편하게 만들 수 있고, 어디에서나 좋아하고 환영받는 음식이다.

점심을 마치고 에페스 식당에서 50m 정도 떨어져 있는 셀축 카라콜 예니 자미에 갔다. 카라콜 예니 자미는 벽돌로 만든 2층 높이의 미나레를 가지고 있는, 마을의 조그만 자미이다.

자미 안에는 3명의 무슬림이 메카 방향을 가리키고 있는 벽감을 향하여 기도를 하고 있다. 자미 뒤뜰에는 올리브 나무가 그늘을 드리워주는 비석이 몇 기 서 있다. 이슬람 지역의 묘지와 묘비는 모두 메카 방향을 향하여 일렬로 서 있는 것을 볼 수 있다.

터키에서는 한국을 '코레', 한국인을 '코렐리'라고 부르며, 한국전에 참전했던 참전용사들도 자랑스럽게 '코렐리'라고 부른다. 그래서 터키사람들은 한국을 '칸가르데쉬', 피로 맺어진 형제라고 부른다.

셀축 카라콜 예니 자미에서 만난, 80을 넘기신 한국전 참전용사 '코렐리'는 먼저 반갑게 악수를 청하였다. 60여년 전 한국전에 하사관으로 참전한 사진을 보여주면서 사진을 찍도록 하였다.

| 묘지와
비석 | 마을의 자미 뒤뜰에 올리브 나무가
그늘을 드리워주는 묘지와 비석 | 한국전 참전용사
'코렐리' | 셀축 카라콜 예니 자미에서 만난 한국전 참전용사
'코렐리'. 한국전 참전 때 찍은 사진을 손에 들고 있다. |

신라의 화랑도 의상을 입은 소년소녀 뒤에 서서 말쑥하게 다려진 군
복을 입고 두 손을 허리춤에 얹은 사진에서는 젊음의 기개와 함께 먼
이국땅에서 동생들을 보호하는 듯한 자상함이 보였다. 사진을 찍는데
바라보는 눈빛에는 젊은 시절의 자신을 보여주는 자랑스러움이 배어
나왔다.

또 다른 한 장의 사진은 고무신을 신고 징과 장구, 꽹가리를 치면서
앞장선 사람들 뒤로, 하얀 고깔 모자를 쓰고 따라가는 1950년대 시골
마을 풍경이 담겨 있다. 버스에서 기다리고 있는 일행들 때문에 고개
숙여 인사를 하고 작별하였다. 오랫동안 떠나가는 버스를 향하여 손
을 흔들어 주시던 모습이 눈에 선하다.

테세큐르 에데림!^{감사합니다}

흑해

보스포러스 해협

이스탄불

샤프란볼루

마르마라해   차낙칼레

앙카라

아이발륵

에페스   카파도키아

에게해   파묵칼레

콘야

안탈랴

지중해

TURKEY

아이발륵의 해변.
저 멀리 에게해 너머 그리스 섬이 보인다.

고희의 여행자가 보내는
사랑의 편지

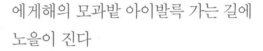

에게해의 모과밭 아이발록 가는 길에
노을이 진다

영국은 차량이 좌측으로 통행한다. 자동차가 나
오기 전 마차가 대중교통수단이었는데 마차를
모는 마부의 자리가 오른쪽에 있었다. 산업혁명
과 함께 자동차가 마차를 대체함에 따라 운전자
의 좌석도 오른쪽에 위치하고, 차량 좌측통행이
정착된 것이다.
터키에서 차량의 운전자 좌석은 왼쪽에 있고 차
량은 우측으로 통행한다. 우리의 익숙해진 차
량 우측통행과 같아서 터키 여행 시의 불편함은

없다. 다른 나라를 여행할 때는 익숙하지 않은 환경에서 길을 건널 때 교통안전을 위해서 세심한 주의가 필요하다.

아르테미스 신전 터 입구에서 아타튀르크 거리로 나오면 도로 옆에 몇백기가 넘는 묘지가 있고 하얀색 묘비가 일제히 메카쪽을 향하여 서있는 것을 볼 수 있다. 우리의 경우 산과 공원에 묘지가 조성되어 있는것과 달리, 터키를 여행하면 도로 옆에 대규모 묘지가 조성되어 있고, 마을에 있는 조그만 자미 내에 묘지가 있는 것을 곳곳에서 볼 수 있다. 터키인들의 삶과 죽음에 대한 생각과 자연환경에 대한 생각 을 살펴볼 수 있는 광경이다.

버스가 셀축의 아타튀르크 거리를 따라서 이즈미르 방면으로 가고 있 는데 셀축역에서 이즈미르역으로 객차 3량을 달고 달려가는 열차가 보인다. 버스와 같은 속도로 달리는 열차는 어깨동무하듯이 나란히 달리고 있다. 기차가 드문 아나톨리아에서는 보기드문 광경을 보고 있는 것이다. 어릴 때 동해남부선 기차를 타고 동해안을 따라서 달려

햇빛이 눈부신 에게해의
모과 아이발륵의 해변

갈 때, 나란히 달려가던 시골버스가 생각이 났다. 그것은 40여년 전의 풍경이었다.

버스가 이즈미르로 가는 동안 도로가에는 산아래까지 오렌지, 올리브, 석류나무가 꽉 들어차 있는 풍경이 한참동안 펼쳐졌다. 가로수도 오렌지나무가 죽 이어져 있는 것이 보인다. 터키에서 제일 큰 에페스 필스너EFFES Pilsen 맥주공장이 오른쪽으로 지나간다. EFFES는 터키의 유일한 맥주 상표이다. EFFES는 약간 쌉싸름하고 깊고 강한 끝맛이 있어 필스너 맥주를 좋아하는 사람들이 호감을 가지고 있는 맥주이다. 맥주를 파는 집에는 파란색의 EFFES 로고를 표시한 간판이 붙어있기 때문에 간판을 보고 찾아가면 된다.

지금 가고 있는 양방향 6차선, 유러피안 루트 E 87 고속도로는 이즈미르를 경유하여 터키 차낙칼레에서 우크라이나 오데싸까지 이어지는 도로이다. 아나톨리아와 유럽을 이어주는 도로인 것이다.

에게해의 진주라 불리는 이즈미르에서 차낙칼레까지 가는 길목엔 포차, 아이발륵, 외렌, 악차이 등 멋진 휴양지들이 즐비하다. 이 휴양지들의 아름다움과 편안한 분위기에 취하게 되면 여행자들은 때때로 시간 관념조차 잊어버리게 된다. 이즈미르에서 서쪽으로 80km 떨어진 체슈메는 온천과 맑은 바다로 유명한 곳이다.

이즈미르는 인구 300만에 달하는 이스탄불에 이은 터키 제2의 항구도시이며, 세 번째로 큰 도시이다. 성경 요한 계시록에는 초대 일곱 교회인 '서머나'로 기록되어 있다. 이즈미르는 기원전 3,000년경 조그만 항구도시에 아마존 여인족이 살기 시작한 것이 그 기원이며 '일리아드'와 '오디세이'를 쓴 호머의 고향이기도 하다.

버스가 2차선 국도로 빠져나와서 에게해 해안을 따라서 가니 길 옆으로 보이는 에게해에 노을이 지기 시작한다.

에게해 연안의 그리스 지역에는 고대로부터 '평생에 한 번은 에게해 해변을 걸어 보라'는 말이 전해져 내려오고 있다. 푸른 에게해에 붉은 노을이 지면, 고요한 사색에 잠기게 된다. 노을은 서쪽으로 넘어가는 해가 얼마남지 않은 빛을 쇠잔하게 비추어 자신의 모든 것을 일시에 불태우는 것이다. 마지막 빛이 더욱 붉은 것이다. 찬란하게 빛나는 한낮의 더위는 그늘로 피하게 되지만, 마지막으로 내뿜는 한 줄기 빛을 찬탄하며 바라보는 것은 무엇 때문일까? 마지막 남은 한 줄기 빛의 아쉬움 때문일까? 그리운 사람을 만나지 못해서 붉게 타들어가는 내마음을 닮아서일까?

에게해 연안은 터키에서 가장 아름다운 풍경을 지니고 있다. 웅장한 해안엔 맑은 물결이 찰랑거리고, 올리브 나무와 바위산, 소나무 숲에 둘러싸인 원시 그대로의 넓은 해변이 가득하다. 에게해에 노을이 지면 평생에 한 번은 에게해 해변을 걸어 보라!

에게해의 모과밭 아이발록 가는
길에 노을이 지고 있다. ▼

고희의 여행자가 보내는 사랑의 편지

에게해의 해안가에 노을이 지자, 노을은 하늘 전체를 붉게 물들이더니 이윽고 구름을 보랏빛으로 채색했다. 그리고 어둠이 밀려오는 반시간의 빛의 향연이 끝나가고 있다. 이제 우주가 잠들고 닫힐 것은 닫힐 시간이다. 내일 여명이 밝아오면 새롭게 기운을 차린 우주가 깨어날 때 열릴 것이 새롭게 열릴 것이다.

윤가이드가 2년 전 에게해를 여행하던 고희의 여행자가 여행 틈틈이 작성하여 여행이 끝나갈 무렵 그의 아내에게 읽어준 편지를 사연과 함께 들려준다.

> 우리가 처음 만난 것이 1969년도 말이었습니다.
> 벌써 42년이란 세월이 흘렀구료.
>
> 결혼 바로 직전에 미국에서 양부모님이 우리를 보기 위해 한국에 오신다는 연락을 받고 당황하던 때가 엊그제 같은데 벌써 서로 고희를 맞이하게 되는구료.
>
> 돌이켜 생각하면 그때가 우리 부부의 생애에서 제일 즐거웠던 때인 것 같아요.
>
> 결혼해서부터 나는 박봉을 받는 공직자로 넉넉지 못한 살림 형편인데도 가장으로서의 역할을 제대로 다하지도 못하는 생활을 하다보니 당신에게 얼마나 힘든 생활을 하게 하였던지 지금에야 깨닫게 되는구료. 이미 때는 늦었지만 요즘 나는 가끔 당신의 얼굴을 똑바로 보지도

못하는 반성의 마음을 가슴 속 깊이 가지며 생활하고 있음을 알아주었으면 해요.

다 늙은 이때, 젊었을 때 못다한 일들을 조금이나마 삭히기 위해 노력하고 있지만 후회스러움이 큽니다.

그렇지만 여보! 우리도 남들과 같이 두 딸과 아들을 낳아 모두 다 남들로부터 부러움을 사는 눈길을 가끔씩 받으며, 열심히 사회생활을 해나가고 있잖아요. 이 자식들을 볼 때마다 뿌듯함을 느끼지요.

여보! 이제는 지나온 세월 안에서 생긴 모진 원한이 있더라도 모두 다 용서하고 얼마 남지 않은 인생을 지금부터라도 즐기며 생활하도록 노력합시다.

이제부터라도 당신을 위해 최선을 다하는 남편이 되도록 할 것입니다. 약속을 드리리다.

자. 손가락을 걸며 약속해요. 우리 오래오래 같이 생활하며 더 늙기 전에 행복한 순간들을 맞으며 멋진 삶을 갖도록 합시다.

여보, 사랑하오!

2011년 9월 2일

결혼은 서약이다. 결혼식 때 혼인 약속서를 낭독하지 않고 혼인 서약서를 낭독하는 까닭은 약속과 서약은 상대방과 미리 정한 사항을 장래에 어기지 않겠다고 다짐하는 것에는 같지만, 서약은 굳게 다짐하여 맹세하고 약속하는 것이다. 비가 오나 눈이 오나 바람이 부나, 어떤 순간에도 지키겠다는 다짐이고 맹세이다.

창밖은 어둠이 짙게 깔려 모든 것을 덮었다. 창밖 저 멀리 아스라이 보이는 가로등 불빛들이 오늘따라 정겹게 느껴진다.

　　살아 있는 모든 것은 서로 사랑하라!
　　살아 있는 모든 것에 축복을!!!

오늘 숙소인 에게해의 모과밭, 아이발륵 해변가에 있는 마레^{MARE, 불어로}
^{바다를 뜻함} 호텔에 도착하니 오후 7시 50분이다. 지난 7월에 묵었던 칼리
프 호텔에서 해안가로 200m 정도 떨어져 있다. 겨울철 비수기라서 문
을 열고 있는 호텔은 셋 중 하나 정도이다. 여름 성수기에 비해서 마
을은 어두컴컴하고 썰렁했다.
아이바^{Ayva} 는 모과, 아이발륵^{Ayvalik} 은 모과밭을 뜻한다. 터키는
전세계에서 모과가 가장 많이 난다. 아이발륵 일대는 예부터

아이발륵 해변가에 있는
칼리프 호텔 수영장

칼리프 호텔 수영장

아이발륵 해변에서 200m
정도 떨어진 마을에 있는
PC방. 컴퓨터 판매,
부품수리도 같이 취급한다.

PC방

모과밭이 많아서 아이발륵으로 불리게 되었다. 터키는 그
지역에서 나는 주산물을 그 지역의 이름으로 부르게 된 경
우가 많다. 말라티아^Malatya는 살구나무가 많아서 '살구의 도시'로 불리
게 되었다.

호텔 뷔페로 저녁을 먹고 호텔 앞에 있는 바다로 갔다. 여름철 해수욕
객이 빠져나간 겨울밤 바다는 바람이 싸늘하게 불고 동네 개들이 삼
삼오오 백사장과 골목을 배회하면서 터줏대감 행세를 하고 있었다.
지난 여름에 비해서 쿄프테 케밥 식당이 몇 군데 늘어나고, PC방이 새
로 오픈하고, 동네가게가 추가로 생긴 것을 보니 아이발륵을 찾는 여
행자들이 눈에 띄게 늘어나고 있음을 짐작할 수 있다.
PC방에 있는 컴퓨터는 터키어와 영어 자판을 사용하므로 한글 자판
이 없어서 주소입력창^URL에 인터넷 주소를 입력하고 필요한 정보의
검색만 하였다.

이스탄불이 그리워지면

You are in the World Heritage Si

TRUVA

ARCHAEOLOGICAL
SITE OF TROY

Dünya Mirası Alanındasın

흑해

보스포러스 해협

이스탄불

마르마라해

차낙칼레

아이발륵

에페스

에게해

파묵칼레

안탈랴

지중해

샤프란볼루

앙카라

카파도키아

콘야

TURKEY

TRUVA
ARKEOLOJİK ALANI

T.C. KÜLTÜR ve TURIZM
BAKANLIĞI

유네스코 세계문화유산인
트로이 고고 유적지
입구에 세워진 안내판

차낙칼레 해협을 건너
다시 이스탄불로

유네스코 세계문화유산 트로이 고고유적이 있는 트루바

에게해의 해변가인 아이발록에서 오전 6시 30분에 출발한다. 아이발록에서 트로이 고고 유적이 있는 트루바까지는 버스로 3시간 정도 걸린다. 이른 아침에 아이발록의 에게해 해안을 다시 한 번 걸었다. 에게해의 아침 바람이 상쾌하다. 아이발록에서 이스탄불까지 가는 길은 유러피안 루트 E 87번 고속도로를 타고 왼쪽으로 에게해 해안을 바라보며 악차이를 지나서 서쪽의 카즈다으 산1,774m, 이다산 너머에 있는 트루바에서 유네스코 세계문화유산인 트로이 고고유적을 살펴본 후, 차낙칼레 해협을 건너 유럽으로 들어서서 갤리볼루를 지나 이스탄불로 갈 예정이다. 버스가 이다산 기슭을 넘어 트루바로 가고 있다.

호메로스^{일리아드와 오디세이아를 지은 것으로 알려진 이즈미르 태생의 방랑가인, 활동시기는 8세기 말로 추정됨}의 '일리아드'에는 이다산 기슭에서, 인류에게 알려진 가장 최초의 미녀대회가 열려서 파리스^{헬레네를 유혹하여 트로이 멸망의 씨앗이 되는 트로이의 왕자}가 아프로디테에게 황금사과를 주었다고 전하고 있다. 이른바 '파리스의 심판'이다.

유네스코 지정 세계문화유산인 트로이 고고 유적을 둘러본 사람들은 9개^{트로이 1-트로이 9}의 서로 다른 시기의^{기원전 3000년경부터 기원후 500년까지} 유적이 흔적만 남아있고 입구에 트로이 목마를 재현해 놓은 거대한 목마 안에 들어가서 왔다갔음을 증명하는 사진찍는 모습만 보일 뿐이라고 생각한다.

트로이의 왕자 파리스가 양치기 시절 양을 치던 이다산[카즈다으 산 (1,774m)]의 지류

이다산[카즈다으 산]의 지류

트로이는 세계 3대 허당 관광지^{명성에 비해서 불거리가 없다는 의미로 벨기에 브뤼셀의 오줌싸} 개 동상, 덴마크 코펜하겐의 인어공주상, 트로이를 이른다 라고도 하지만, 트로이는 역사적 중 요성을 인정받아 1996년 유네스코 세계문화유산에 지정되었음을 생 각하고 신화와 역사의 유적에서 불멸의 신과 신들에 견줄 만한 영웅 들의 이야기를 바람 속에 귀담아 들어보자. 브래드 피트 주연의 영화 '트로이'와 호메로스의 '일리아드'가 트로이 전쟁과 트로이의 목마를 보다 생생하게 생각하는 데 도움을 줄 것이다.

'일리아드'는 아가멤논과 아킬레우스가 불화를 일으킨 날부터 헥토르 의 장례식이 치러지는 날까지 50일간의 기록을 담고 있다. 아킬레우스 와 헥토르, 오디세우스 등 신들에 견줄 만한 영웅들의 시대에 관한 대 서사시인 '일리아드'는 불멸의 신과 최강의 영웅들, 신화와 역사가 어 우러져 만들어낸 장대한 대서사극이며, 서양 문학의 효시라고도 한다.

트루바^{터키 차낙칼레주 서남쪽에 있는 한적한 도시, 트로이 고고 유적이 있다}에 사람 이 살기 시작한 것은 청동기 시대 초기인 기원전 3000년

트로이 고고 유적이 있는
트루바에서 본 양떼들.
파리스도 이다산 기슭의
떡갈나무 숲이나 고원지대에서
양떼를 몰고 다녔다.

경까지 거슬러 올라간다. 트로이는 기원전 2000년경부터 트로이 전쟁의 무대가 되었던 기원전 1200년경까지 에게해의 교역의 중심지로 번성했던 지역임이 발굴작업 결과 드러났다. 트로이 고고 유적은 발굴 결과 트로이 1 유적에서 트로이 9 유적까지 아홉 층에 걸쳐서 도시 유적이 중첩되어 형성되어 있었는데, 도시가 번성했다가 전쟁과 지진, 그리고 화재에 의하여 멸망하고, 그 자리에 중첩하여 또 다른 시기의 도시가 형성되어 왔던 것이다.

트로이 고고 유적의 최상층인 트로이 9 유적은 로마시대 유적으로 관람 시 직접 볼 수 있는 오데온음악당과 로마식 목욕탕, 수도관 등이 발굴되었다. 기원전 334년 봄 마케도니아군을 이끌고 트라키아 반도와 차낙칼레 해협을 건너 소아시아에 상륙하여 트로이에 발을 디딘 알렉산더는 트로이에 와서 자신을 수호해 주도록 트로이 전쟁의 영웅 아킬레우스에게 제사를 지냈다. 그 시기의 유적이 트로이 8 유적이다.

슐리만이 발굴하고자 하였던 트로이 전쟁이 있었던 시기의 유적은 트로이 7 유적임이 밝혀졌다. 그리스인들이 건설하였던 도시 '일리오스'는 최근의 발굴작업 결과 트로이 8 유적임이 밝혀졌다. 기원전 1200년경 10년에 걸친 트로이 전쟁과 화재로 완전히 파괴된 트로이 7 유적 위에 그리스인들이 새로 세운 도시의 흔적이 트로이 8 유적이었던 것이다.

독일에서 목사의 아들로 태어난 하인리히 슐리만은 어릴 때 아버지가 준 책 속에서 불타는 트로이의 그림을 보고, 호메로스의 '일리아드' 이야기가 모든 사람이 신화 속의 이야기로만 알고 있던 당시, 트로이는 역사적으로 실재했던 도시로 믿었다. 그는 트로이를 발굴할 자금을 모으기 위하여 무역으로 돈을 벌었고, 1871년^{49세} 히사를륵 언덕에서 영국 고고학자 캘버트의 발굴작업을 이어받아 무작정 아래로 파내려갔다. 1873년 매우 오래된 성벽과 유적지에서 황금보물을 발견하고 트로이 유적으로 믿고 발굴작업을 토대로 '고대 트로이'¹⁸⁷⁴를 발간하기도 하였다. 슐리만은 1890년 죽을때까지 4차에 걸쳐 트로이 유적지를 발굴했다.

호메로스의 '일리아드'에 나오는 트로이 전쟁은 도시국가 트로이와 그리스의 전쟁이며, 신들의 전쟁이었다. 에게해의 북동쪽에 있는 트로이는 에게해 해안의 히사를륵 언덕^{유네스코 지정 세계문화유산 트로이 고고 유적 자리}에 거대한 성벽으로 둘러싸인 도시국가로서 인근 해협을 오가는 무역선들에게서 통행세를 걷어 막대한 부를 쌓아갔던 해상교통의 요충지였다. 에게해와 마르마라해를 연결하는 차낙칼레 해협 길목에서 에게해에서 6km 떨어져, 스카만드로스 강과 시모이스 강이 있는 평야를 내려다보며 히사를륵 언덕 위에 위치한 고대 도시국가 트로이는 지정학적으로 아나톨리아와 고대 국가 그리스 간의 교역상 중요한 지역이었음을 알 수 있다. 제1차 세계대전 당시에도 차낙칼레와 갤리볼루는 전략적으로 중요한 지정학적 위치로 인하여 50여만명의 사상자가 발생한 지역이다. 트로이 전쟁도 해상 요충지에 위치한 트로이가 차낙칼레 해협을 통과하는 그리스인들에게 통행세를 늘리자 서로 충돌하여 발생한 전쟁이라고 볼 수 있다.

트로이 전쟁과 트로이의 목마

트로이 고고 유적 입구에 들어서면 제일 먼저 눈에 띄는 것이 '일리아드'에 나오는 목마의 실제 모양과 크기가 같을 것으로 추측되는 거대한 목마가 있다. '트로이의 목마'는 철제 사다리를 통하여 목마 뱃속으로 올라갈 수 있고, 목마 뱃속에서 한층 더 올라가서 아래를 바라보며 손을 흔들고 기념사진을 찍기도 한다.

신화의 시대는 가고 없지만, 신화는 우리에게 인류의 원초적 꿈과 고향의 언어를 들려주고 있다. 한때, 신들에 견줄 만한 영웅들의 시대에 트로이와 그리스 영웅들과 신들이 함께 펼쳐가는 트로이 전쟁의 이야기는, 결국은 그 모두가 신들이 인간에게 정해놓은 숙명이었음을 전해주고 있다.

펠레우스 왕과 아름다운 바다의 여신 테티스의 혼인잔치에 불멸의 신들과 많은 사람들이 초대되었다. 이 자리에 일부러 초대하지 않았던 불화의 여신 에리스가 불쑥 나타나 초대받지 못한 모욕을 복수하겠다고 선언하고, '가장 아름다운 여인'에게라고 적힌 황금사과 1개를 던져놓았다.

연회에 참석한 세 여신, 헤라^{제우스의 아내이며 모든 여신 중 으뜸. 결혼과 출산을 관리하며 기혼여성의 수호신}와 아테나^{지혜와 전쟁의 여신}, 아프로디테^{사랑과 아름다움의 여신}는 서로 조금도 양보하지 않고 내가 황금사과의 주인이라고 주장하고 말다툼하기 시작하여 결론이 나지 않자 올림포스 신들에게 심판을 요청하였다. 올림포스 신들의 논쟁에서도 황금사과의 주인이 누구인지 결론이 나지 않자, 제우스는 이다산 기슭에서 양을 돌보던 파리스^{헬레네를 유혹하여 트로이 멸망의 씨앗이 되는 트로이의 왕자}에게 황금사과를 던져 버렸다.

트로이의 목마

유네스코
세계문화유산인
트로이 고고 유적지
입구에 있다.
사다리를 통하여
꼭대기까지 올라갈
수 있다.

파리스 앞에 나타난 헤라와 아테나, 아프로디테는 누가 가장 아름다우냐고 묻는다. 인류에게 알려진 가장 최초의 미녀대회 심판을 맡은 파리스에게 헤라는 엄청난 보물과 아시아를 지배할 수 있는 권력을 주겠다고 약속하고, 아테나는 어떤 싸움과 어떤 전쟁에서든 이길 수 있는 지혜와 힘을 주겠다고 약속하지만, 파리스는 세상에서 가장 아름다운 여인을 얻게 해주겠다는 아프로디테에게 황금사과를 주었다. 신화는 이것이 트로이 전쟁의 원인이자 트로이 멸망을 가져오게 된 시발점이었다고 전해준다. 황금사과를 차지하지 못한 헤라와 아테나가 그리스편에 서서 트로이가 멸망하게 만들어갔던 것이다.

아프로디테는 양치기 파리스를 트로이의 왕자로 되돌려주고 스파르타로 데려가서, 스파르타의 왕 메넬라오스와 결혼한 세계에서 가장 아름다운 여자인 왕비 헬레네^{트로이 전쟁의 원인이 되는 절세의 미녀}를 유혹하여 트로이로 오게 만들어 준다. 파리스가 트로이 멸망의 씨앗이 될 것이라는 신탁이 실현되는 운명의 수레바퀴가 구르기 시작하였다.

트로이 정복욕에 불타던 아가멤논^{아내를 빼앗긴 메넬라오스의 형, 미케네의 왕이며 그리스 연합군의 총사령관}은 그리스 연합군을 결성하여 대규모로 트로이 정복에 나선다.

테티스 여신은 아들 아킬레우스가 태어나자 불멸의 존재로 만들기 위해서 지옥의 강 스틱스에 아기의 두 발목을 손으로 잡고 거꾸로 담갔는데 손으로 잡고 있던 두 발목은 스틱스의 강물에 적셔지지 않아서 트로이 전쟁 막바지에 파리스의 화살을 발목에 맞고 죽게 된다. 이른바 '아킬레스 건'이다.

테티스 여신은 아들 아킬레우스를 전쟁터에 보내지 않기 위하여 미리 스키로스섬에 숨겨놓았으나 영리한 오디세우스^{이타카의 왕, 지혜와 인내를 지닌}

영웅이며 호메로스의 '오디세이아'의 주인공를 속일 수 없었다. 아킬레우스트로이 전쟁의 최대 영웅이며 펠레우스 왕과 바다의 여신 테티스의 아들, 영화 트로이에서 브래드 피트 주연는 전우 파트로클로스어릴 때부터 같이 자란 아킬레우스의 둘도 없는 친구와 함께 트로이 전쟁에 합류하게 된다. 트로이 전쟁은 '아킬레우스의 이야기'라고 할 정도로 아킬레우스는 그리스 최고의 영웅이었다.

에게해를 건너 트로이를 향해 떠나는 그리스 연합군의 함대는 항해 도중에 상륙한 렘노스 섬에서 거대한 구렁이를 만나기도 하고, 항해 도중에 출몰한 적의 함대와도 싸워야 했고, 항해 도중 폭풍을 만나기도 하였다. 힘겨운 항해 끝에 트로이 성이 보이는 에게해의 해안에 상륙한 그리스 연합군은 최고의 영웅인 아킬레우스의 지휘하에 트로이 주변의 도시국가들을 차례로 정복해나갔다. 트로이 연합군은 헥토르트로이 최고의 영웅이자 파리스의 형의 지휘하에 난공불락의 요새인 트로이 성을 중심으로 강력하게 방어에 나섰다.

트로이 성벽 앞에서 계속된 전쟁은 끝이 보이지 않는 전쟁이 9년간이나 계속되었다. 싸움에 지쳐가는 그리스 병사들에게 오디세우스는 제우스 신전에서 제사 지낼 때 뱀 한 마리가 나타나 8마리의 참새 새끼와 어미 한 마리까지 아홉 마리를 잡아먹은 것은, 예언자 칼카스의 예언트로이에서 9년을 전쟁을 하고, 10년째가 되면 트로이를 함락시킬 수 있다이 실현됨을 의미한다고 말하여 병사들의 사기를 높였다.

처절한 전쟁이 10년째 접어들어 계속되는 동안 트로이 프리아모스 왕의 아들이며 최고의 전사인 헥토르가 아킬레우스의 친구 파트로클로스의 배를 창으로 찔러서 죽였다. 어린 시절부터 함께 자란 둘도 없는 친구 파트로클로스를 잃은 아킬레우스는 비통한 마음과 터질 듯한 분노를 가지고 그리스군과 함께 전쟁터로 나갔다. 트로이군은 여느 때나 마찬가지로 트로이 평원의 고지대에서 그리스군을 강력하게 방어하고 나섰다. 트로이 전쟁은 올림포스 신들까지 서로 다투면서 나서서 때로는 트로이편에, 때로는 그리스편에 서서 10년간의 지루한 전쟁은 더욱 처절하고 참혹해져 갔다.

아버지인 트로이 프리아모스 왕의 만류를 뿌리치고 헥토르가 아킬레우스에 대적하고자 전쟁터에 나섰다. 분노에 찬 아킬레우스는 소리쳤다. '이리와 양은 친구가 될 수 없고 사자와 인간은 싸움을 멈출 수 없다. 너와 나 사이에 온정이란 없다. 내 창을 빌어 아테나가 너를 죽일 것이니 네가 죽인 나의 친구 파트로클로스의 원한을 갚아주마' 서로 창을 던지고 이어서 헥토르가 칼을 뽑자, 아킬레우스는 헥토르의 목 아래 부분에 창을 찔렀다. 헥토르가 쓰러지자 아킬레우스는 승리감에 차서 부르짖으며 헥토르의 시체를 전차에 매달아 잔인하게 머리를 땅에 끌리게 하고 달려갔다. 그리고 아킬레우스는 친구 파트로클로스의 장례를 성대하게 치렀다.

한밤중, 파트로클로스의 생각에 잠못이루는 아킬레우스의 막사에 프리아모스 왕이 찾아와서, 아킬레우스의 무릎을 잡고 아들 헥토르를 죽인 원수의 손에다 입을 맞추고 헥토르의 장례를 위하여 그의 시신을 달라고 애원하며 말하였다. 아킬레우스는 직접 헥토르의 시체를 들어 관에다 눕힌 후에 수레에 실어주고, 장례에 필요한 12일째 되는 날까지 트로이를 공격하지 않겠다고 약속했다. 트로이의 프리아모스 왕은 헥토르의 장례를 성대하게 치렀다.

다시 전쟁이 시작되고, 트로이 성의 함락을 위하여 성문 돌파를 시도하는 아킬레우스에게 파리스가 화살을 쏘았다. 발뒤꿈치에 화살을 맞은 아킬레우스가 쓰러졌다. '아킬레스 건'에 맞은 것이다. 아킬레우스의 화장이 치러지고 그의 재는 그의 친구 파트로클로스와 한데 섞여 무덤에 놓였다. 이어지는 전투에서 트로이 전쟁의 원인을 만들었던 파리스도 화살을 맞아 죽었다.

지루한 전쟁은 트로이를 함락시키지 못하고 10년이나 계속되자, 그리스의 전략가인 오디세우스가 계책으로
- 나무로 아주 거대한 목마를 만들고 속은 텅 비게 하여 그 속에 지휘관인 오디세우스와 메넬라오스, 디오메데스와 그리스 군 최고의 용사들을 숨겨두고, 나머지는 배를 타고 그리스로 철수하는 척하고 실제로는 트로이에서 보이지 않는 섬 뒤로 숨는 -
기발한 속임수 작전을 세웠다.

트로이 사람들은 속임수에 넘어가서 오직 사제 라오콘만은 목마를 성 안에 들여놓지 말고 불태워버려야 한다고 주장했으나, 이때 바다에서 바다의 신 포세이돈이 보낸 큰 뱀 두 마리가 올라와 라오콘과 두 아들을 죽이고 아테나 신전쪽으로 사라졌다 목마를 트로이 성 안에 끌어놓고 승리감에 취해 축제를 즐기다가 잠이 들었다. 밤이 되어 목마 속에서 나온 그리스 용사들이 성문을 활짝 열어주자, 섬 뒤에 숨어있던 그리스군이 성 안으로 들어와 잠을 자던 트로이군을 몰살시키고 트로이 성은 함락되었다.

헬레네는 아름다운 금발로 메넬라오스의 발을 덮으며 용서를 빌었다. 무릎을 잡은 아름다운 헬레나의 하얀 팔을 보고 남편 메넬라오스는 용서하고 그리스로 데리고 갔다. 헬레나는 다시 왕비가 되었다. 이를 두고 후세 사람들은 예쁜 것은 죄가 있어도 용서받는다고 말들을 한다.

트로이의 목마를 지나서 오른쪽으로 난 길을 따라 유적지로 들어서니 감나무만한 무화과가 뜨거운 태양 아래서 넓고 푸른 잎사귀와 열매의 싱싱한 생명력을 내뿜고 있다. 아담과 이브가 금단의 열매를 따먹고

자신들의 벗은 몸을 나뭇잎으로 가렸다고 구약성서에 기록되어 있는데, 이때 가린 나뭇잎이 바로 무화과 잎사귀이다. 에페스에서도 무화과가 승리의 여신 니케의 곁에서 그늘을 만들어 주고 있는 것을 보았다. 무화과는 아나톨리아가 원산지이고, 에게해 연안을 따라서 서쪽으로 올수록 절반은 무화과, 절반은 올리브 나무가 보이다가 이윽고 에게해 연안의 200km의 산과 밭이 온통 올리브 나무로 뒤덮여있는 것을 볼 수 있다. 올리브는 여신 아테나가 그리스인들에게 선물한 것이다. 그래서 그들은 도시의 이름을 아테네라 하고 도시의 수호신으로 아테나 여신을 섬겨왔다. 그리스와 터키가 전세계에서 올리브유 생산을 가장 많이 하고 있고, 지중해 연안에 있는 올리브 나무는 평균 수령이 500년을 넘는다고 한다. 아테네 교외에 있는 올리브 나무는 플라톤이 생존 당시 그늘 밑에서 제자들과 토론한 나무라고 하는데 수령이 3,000년이 넘는 것으로 알려져 있다.

조그만 돌계단을 따라 올라가니 기원전 1200년경 트로이 전쟁 당시의 트로이 성벽이 나온다. 트로이 7 유적이다. 트로이 성벽 앞에는 일리오스ILIOS와 윌루사WILUSA라고 적힌 표지판이 있다. 호메로스의 '일리아드'는 '일리오스ILIOS의 이야기'라는 뜻이다. 호메로스가 살던 시대에 트로이는 '일리오스'라고 불리었다. 기원전 1700년경 아나톨리아를 지배하고 있던 최초의 철기문명인 히타이트에서는 트로이 고고 유적이 있는 히사를륵 언덕에 있던 나라를 윌루사WILUSA라고 불렀다. 윌루사, 트로이, 일리오스로 전해오는 이름들은 서로 다른 시기의 도시들이 히사를륵 언덕 위에 있었음을 우리에게 알려주고 있다.

▲ 윌루사, 트로이, 일리오스로 전해오는
이름들은 서로 다른 시기의 도시들이 히사를특
언덕 위에 있었음을 우리에게 알려주고 있다.

▲ 기원전 1200년경 트로이 전쟁의 무대가 되었던 성벽. 성벽을 따라 시계
반대방향으로 돌며 트로이 유적을 관람한다. 파리스가 쏜 화살을 발목에 맞은
아킬레우스가 이 성벽 아래서 쓰러졌을 것이다.

성벽을 쌓은 벽돌은 지그재그로 두텁게 쌓아서 매우 견고하게 보인
다. 성벽을 마주하고 트로이군과 그리스군이 싸웠을 것을 생각하니
성벽이 더욱 견고해 보인다. 성벽을 따라 시계 반대방향으로 돌며 트
로이 유적을 관람한다. 트로이의 왕자 파리스가 쏜 화살을 '아킬레스
건'에 맞은 아킬레우스가 이 성벽 아래서 쓰러졌을 것이다. 성벽을 따
라서 왼쪽으로 돌아가니 적의 진입을 어렵게 하기 위하여 성벽의 방
향이 한 번 더 꺾여 있었다.

관광객들의 편의를 위하여 나무를 깔아놓은 길바닥을 걸어서 트로이
6 유적 주거지역을 살펴보고 돌아서니, 시원하게 펼쳐진 트로이 성 밖
의 평원과 차낙칼레 해협의 끄트머리 바다가 한눈에 들어왔다. 헥토
르가 아킬레우스에게 쫓길 때 트로이 성의 둘레를 3번이나 돌았다. 그

때 헥토르와 그 뒤를 쫓던 아킬레우스는 트로이 성 밖의 이 평원을 쫓고 쫓기며 달렸을 것이다.

조금 걸어서 트로이 8 유적인 아테나 신전 유적지 앞에 섰다. 이곳은 알렉산더 대왕이 기원전 334년 봄, 트로이에 왔을 때 아테나 신전에서 제사지냈다고 하는 곳이다. 알렉산더는 5만의 군사를 이끌고 차낙칼레 해협그리스에서는 신화에 나오는 '헬레가 빠진 바다'로 '헬레스폰투스'라 하고, 유럽인들은 신화에 나오는 제우스의 아들 다르다노스 이야기를 빌어 '다르다넬스'라고 부르며, 터키에서는 '차낙칼레'라고 부른다을 건너서 정복 전쟁에 나섰다. 트로이에 도착한 알렉산더는 그리스의 불멸의 용사인 아킬레우스에게 자신을 수호해 달라고 제사를 지냈다고 한다. 알렉산더는 이곳에 서서 방금 건너온 헬레스폰투스 해협을 바라보며 페르시아 정복과 소아시아에서 그리스 도시국가들의 해방, 그리고 이집트 정복전쟁의 미래를 생각했을 것이다. 그때도 트로이 성 밖의 평원에는 황금빛 밀밭과 올리브 나무가 보이고 저멀리 헬레스폰투스 해협의 푸른 물결이 일렁거렸을 것이다. 세월은 무심하고 영웅은 간 곳이 없다.

로마시대의 오데온음악당은 트로이 6 유적 성벽 위에 세워져 있다. 기원후 1세기 로마시대에 세워진 것으로 추정되는 반원형의 오데온은 대리석으로 만든 무대와 관객석이 반원형으로 짜임새 있게 만들어져 있다. 오데온은 공연과 집회장소로 쓰였을 것이다. 오데온 맞은편에는 로마시대 목욕탕 시설과 항아리 등이 놓여져 있어 이곳의 유적이 지진으로 무너진 로마시대 유적인 트로이 9 유적자리임을 짐작하게 한다.

트로이 고고 유적은 9개^{트로이 1-트로이 9}의 서로 다른 시기의^{기원전 3000년경부터 기}
^{원후 500년까지} 유적이 히사를륵 언덕에 그 흔적만 남겨놓고 있음을 보여준
다. 슐리만이 트로이 발굴작업을 위하여 무작정 아래로만 파내려갔다
고 하는 서로 다른 시기의 유적터가 움푹 파여진 채로 잡초가 자리잡
은 흔적도 보았다. 트로이 고고 유적은 시기마다 성의 축조방식이 다
르고 언덕을 이용하여 성을 쌓을 때 흙으로 쌓기도 하고 돌로 쌓기도
하였으며, 돌로 쌓을 때도 크기와 축조방식이 확연히 다른 것을 느낄
수 있었다. 길가에 널브러져 있는 로마자가 새
겨진 로마시대 잘린 기둥들 사이를 지나오니
트로이의 목마가 있는 광장이 나왔다. 트로이
목마를 보고왔음을 증명하는 사진을 찍었다.

헥토르가 아킬레우스에게 쫓길
때 트로이 성의 둘레를 3번이나
돌았다. 그때 헥토르와 그 뒤를
쫓던 아킬레우스는 트로이 성
밖의 이 평원을 쫓고 쫓기며
달렸을 것이다.

트로이 성 밖의 평원

트로이 8 - 아테나 신전 주춧돌

트로이 8 유적에서 출토된 아테나 신전 주춧돌

트로이 9 유적지에 있는 로마시대 오데온(음악당)

트로이 9 - 로마시대 오데온(음악당)

1 트로이 신전의 제단 　　 **2** 터키의 세계문화유산 안내판 　　 **3** 트로이 1 - 트로이 9 유적 평면도

트로이 고고 유적지 입구에 있는
터키의 세계문화유산 안내판

트로이 1 - 트로이 9 유적 평면도. 슐리만이 발굴하고자
하였던 트로이 전쟁 유적은 트로이 7 유적임이 밝혀졌다.

수많은 세월이 흘러 이제 트로이는 흔적만 남아있다.

호메로스의 일리아드는 모든 싸움과 전쟁의 시작은 불화에서 비롯된
다는 것을 이야기해주고 있다. 사람이든 짐승이든 더 가지려는 데서
불화가 일어나고 싸움이 생기게 되는 것이다.

일리아드는 트로이의 왕 프리아모스가 적장인 아킬레우스를 찾아가
시신의 무게만큼의 보화로 그 값을 치르고 찾아온 아들 헥토르의 시
신을 화장하여 성대하게 장례식을 치르는 것으로 끝난다.

전해져 오는 트로이 전쟁 이야기는 신이 인간에게 정해놓은 숙명의
전개과정이었을까? 달빛에 물들면 신화가 되고, 햇빛에 비치어 역사

▲ 트로이의 목마 앞에 있는 트로이 전쟁 당시의 병사 모습.
관광객의 사진 모델이 되어 준다.

가 된다. 46억년 전에 형성된 지구의 역사에 비추면 1백만년 전에 나타난 호모사피엔스는 티끌에 불과하다. 문자가 발명된 이후 전개된 수천년의 역사시대는 말할 것도 없지 않은가!

세월은 무심한데 히사를륵 언덕 위에 불고 있는 바람이 내게 속삭인다.
- 그대는 지금 어디로 가고 있는가. 그대에게 다가오는 모든 것은 머지않아 사라질 것임을 기억하라. 모든 것은 사라지고 트로이에는 퇴적된 흙만이 남겨져 있지 않은가.

꽃구경은 꽃과 대화를 나누는 것이다.
나무를 보는 것은 나무를 만나고 나무와 서로 대화하는 것이다.

트로이 구경은 트로이 성벽과 트로이 고고 유적을 만나서 트로이와 대화를 나누는 것이다.

만나고 대화하기 위해서는 먼저 트로이 전쟁과 트로이 목마에 관한 이야기를 읽고 트로이와 만나고 대화할 때, 그때 비로소 트로이가 세월 속에 바람 속에 묻어둔 이야기를 들려줄 것이다.

사랑하면 알게 되고
알게 되면 보일 것이니
그때 비로소 보이는 것은 그 전과 다르다고 하지 않는가!

대화는 그것을 발견하고 느끼는 자의 것이다.

390

제1차 세계대전의 격전지 차낙칼레 해협을 건너 유럽으로

트로이 고고 유적지를 떠나서 오전 11시 20분. 차낙칼레의 킬리트바히르행 페리 선착장에 도착하였다. 이제 아나톨리아 여행도 막을 내린다. 차낙칼레주는 아나톨리아와 유럽지역에 걸쳐 있는데, 유럽지역에 있는 도시가 갤리볼루이다. 페리를 타고 차낙칼레 해협을 건너서 건너편 킬리트바히르 선착장까지는 30분 정도 걸린다.

기원전 334년 봄 마케도니아의 알렉산더 대왕은 고대 아비도스 부근의 소아시아 연안에 상륙했다. 기원전 511년 페르시아의 다리우스 황제도 그리스를 공격하기 위하여 차낙칼레 해협을 건널 때 고대 아비도스를 통로로 이용하였고, 그의 아들인 크세르크

갤리볼루 선착장에서 출항
준비를 하고 있는 페리선

페리선

세스도 기원전 480년 그리스 정복에 나섰을 때 차낙칼레 해협을 건너기 위하여 바다에 배를 연결한 다리를 만들어 건넜다. 고대에 차낙칼레 해협을 건너기 위해서 이용한 주된 통로가 차낙칼레 해협이 가장 좁아지는 곳인 아비도스와 세스토스를 잇는 통로였다. 신화와 역사의 무대가 지금 페리가 건너고 있는 이 일대의 바다이다. 차낙칼레 해협에서 폭이 좁고 물결이 잔잔하기 때문이었을 것이다. 차낙칼레 해협은 폭이 좁은 곳이 1,250m이고, 폭이 넓은 곳이 마르마라해 입구의 8km 정도이다.

차낙칼레 해협과 갤리볼루는 터키인들에게 제1차 세계대전의 상흔이 어려 있는 곳이다.

인류 역사상 최악의 전쟁으로 평가받는 제1차 세계대전은 1914년 6월 28일 러시아의 지원을 받아 발칸반도에서 세력을 확장해가던 세르비아계의 한 청년이 보스니아 사라예보에서 오스트리아 황태자 페르디난트 부부를 총으로 살해한 것이 전쟁 발발의 직접적 계기가 되었다. 영국, 프랑스, 벨기에 세르비아, 러시아, 이탈리아, 포르투갈, 브라질 등 연합국과 독일, 오스트리아, 헝가리, 불가리아, 오스만 제국 등 동맹국 간에 1918년 11월 11일까지 전쟁기간 4년 4개월 14일에 걸쳐 연합국과 동맹국의 사상자가 총 3,770만명이 발생한 참혹한 전쟁이었다.

19세기 말 산업 생산량이 급증한 영국과 러시아, 프랑스는 삼국협상이라는 협력체제를 구축하고 아시아와 아프리카 등지에서 식민지 경쟁을 벌여나갔다. 1871년 통일 후 급격히 세력을 확장해 나가던 신흥

강국 독일이 오스트리아, 이탈리아와 손잡고 삼국동맹을 출범시키며 부딪히게 되자 유럽은 전쟁의 소용돌이에 빠지게 된 것이다.

오스만 제국은 제1차 세계대전 초반에 독일의 동맹국으로 참가하였고 1915년 3월 15일 연합국 함대가 차낙칼레 해협을 통과하려 하자, 독일의 원조로 설치된 대포로 연합군 함대를 격퇴하였다. 이에 연합군은 1915년 4월 25일 갤리볼루 상륙작전을 감행하여 9개월간에 걸친 치열한 전투에서 연합군과 오스만 제국의 전사자가 11만명이 발생하였으나, 1916년 1월 무스타파 케말 아타튀르크가 연합군을 격퇴하고 승리하였다.

무스타파 케말 아타튀르크가 연합군의 갤리볼루 상륙작전을 막아냄으로써 오스만 제국은 이스탄불과 아나톨리아를 지켜낼 수 있었고, 고립된 러시아는 사회주의 혁명을 맞이하게 되고 제1차 세계대전의 참전국에서 빠지게 되었다. 세계 역사의 소용돌이가 그 방향을 바꾸는 순간이었다.

이어 무스타파 케말 아타튀르크는 1919년 그리스-터키 전쟁에서 승리함으로써 1923년 터키공화국을 수립하였다. 이스탄불 주변을 제외한 발칸반도의 모든 영토를 상실하고 아나톨리아의 일부지역까지도 그리스에게 내어준 세브르조약을 폐기하고, 로잔조약을 맺음으로써 터키는 현재의 영토를 확보하게 되었다.

로잔조약에서 아나톨리아 주변 에게해의 섬들까지도 그리스에게 내어주고, 아나톨리아와 이스탄불 그리고 동부 트라키아 반도를 선택한 무스타파 케말 아타튀르크의 선택은 터키인의 DNA 속에 유럽으로 진출

▲ 페리선에서 바라다 보이는 유럽쪽
차낙칼레주 킬리트바히르 항의 모습

하고자 하는 욕망이 내재되어 있음을 짐작할 수 있다. 차낙칼레 해협은 고대로부터 유럽과 소아시아를 이어주면서 신화와 역사의 현장의 소용돌이를 묵묵히 지켜보고 있는 것이다.

아나톨리아를 뒤로 하고, 페리로 차낙칼레 해협을 건너며 다가오고 있는 건너편 트라키아반도 갤리볼루의 산과 바다와 도시의 풍경을 바라 보았다. 차낙칼레 해협과 보스포러스 해협을 건너면 유럽이다. 차낙칼레 해협은 에게해와 마르마라해를 연결하고 아시아와 유럽을 연결하는 교차로인 것이다.

오늘따라 바람도 잠자고 파도도 잔잔하다. 먼 옛날부터 차낙칼레 해협에 전해져 내려오는 신화와 차낙칼레 해협을 건넜던 알렉산더를 비롯한 영웅들의 이야기, 이곳을 무대로 벌어졌던 치열한 전쟁의 상흔들을 차낙칼레 해협은 저 바다 깊숙이 묻어놓고 불어오는 바람과 출렁이는 파도소리에 담아서 조금씩 들려주고 있다.

터키는 6·25 전쟁 참전국 16개국 중 넷째로 많은 병력을 파병하였고, 용감하게 싸웠다. 지금도 터키 사람들은 한국인이라고 하면 칸가르데시^피를 나누는 형제라고 하며 애정을 표시한다. 페리에서 만난 터키인 카야도 나에게 말을 걸고, 들고 있는 스마트폰이 '삼성'인지 물으며 다가온다. 터키는 인구가 8,160만명으로 많은 편인데, 인터넷 사용인구가 3,700만명이고 페이스북 이용률이 전체인구의 40%에 달한다. 터키의 각 도시에는 대로변에 PC방이 있고 인터넷 검색과, 온라인 게임을 하는 모습을 유리창 너머로 심심치 않게 볼 수 있다. 터키 여행 둘째날 저녁 술탄 아흐메드 광장에서 만난 7살 소녀_{라마단 기간 중 해가 지자 30대 중반의 부모와 함께 식사하기 위해 광장으로 나옴}도 부모와 함께 나의 페이스북 주소를 물었던 것으로 보아 페이스북 이용이 매우 광범위하게 활성화되어 있음을 느꼈다.

터키인 카야는 그의 형이 현재 홍대입구에서 케밥집을 하고 있는데 그의 꿈은 2-3년 후 한국에서 케밥집을 하는 것이라고 한다. 그의 물음은 한국사람들이 정말로 터키인들을 좋아하는지, 2-3년 후 한국에서 케밥집을 하면 성공할 수 있는지, '삼성' 스마트폰의 가격은 얼마인지, 끝없이 이어졌다. 그와 동행하는 친구도 입가에 미소를 띠고 귀를 쫑긋 세우며 나에게 바짝 다가왔다. 터키 사람들은 다정다감하고 수다스럽기도 하다. 이야기가 시작되면 이곳 저곳에서 사람들이 모여드는 것은 터

페리에서 만난 터키인 카야. 갤리볼루에 살고 있다. ▼

▲ 갤리볼루 경찰본부의 경찰관. 온화한 인상으로 친절하다. 건물 안에 아타튀르크 사진이 보인다.

키인의 특징이기도 하다. 시원한 바닷바람을 맞으며 이야기를 나누는 사이에 페리가 항구에 도착하였다. 트라키아 반도, 유럽에 온 것이다.

갤리^{아름다운}볼루^{마을}는 아름다운 마을이라는 그리스어에서 온 것이다. 갤리볼루 경찰본부에는 'PIRI RESI POLIS MERKEZI AMIRLIGI'라는 팻말이 붙어 있다. 갤리볼루에는 피리 레이스^{PIRI RESI}라는 오스만 제국 시대 해군제독이 묻혀 있고 피리 레이스의 동상과 박물관도 있다. 그의 이름을 따서 '피리 레이스 경찰 중앙 사령부'라고 부르는 것이다.

갤리볼루는 국립 역사공원으로 지정되어 있고 제1차 세계대전 전쟁 기념비와 전몰자의 묘지가 도처에 조성되어 있다. 특히 안작마을에는 당시 영국의 식민지였던 오스트레일리아와 뉴질랜드 병사들의 묘지가 있다. 매년 4월 25일은 안작데이로 오스트레일리아와 뉴질랜드에서 대규모의 참배객들이 방문하고 있다. 아타튀르크는 그들에게 이렇게 말했다.

- 먼 나라에 아들들을 보낸 어머니들이여, 눈물을 닦으소서! 당신의 아들들은 우리의 품 속에 편안히 잠들어 있다. 이 땅에 생명을 바쳤기에 그들도 우리의 아들들이다.

터키인들의 생사관을 알 수 있는 말이다.

신화와 역사의 땅인 갤리볼루는 아직도 전쟁의 상처와 눈물자국이 현존하고 있는 곳이기도 하다.

갤리볼루에서 이스탄불까지는 버스로 4시간 30분 정도 걸린다. 오른쪽의 마르마라해를 따라서 이스탄불로 가는 길목인 갤리볼루의 구릉지대에는 노란 해바라기가 끝없이 피어 있다. 구릉 아래 밭이 온통 노란 색으로 덮여있는 것을 보니 왜 고흐가 해바라기 그림의 배경을 온통 노란색으로 칠해 놓았는지 이해가 되었다. 백 번을 들어도 한 번 본것만 못하다고 하지 않는가.

해바라기 그림을 많이 그린 고흐는 '해바라기를 오래 보고 있으면 이것은 풍차처럼 다가오는 변화이며 태양에 대한 생명의 찬가를 부르고 있는 것처럼 느껴진다'고 하였다. 그 느낌 아니까~

터키 사람들은 해바라기를 재배해서 기름을 짜거나 해바라기 씨앗을 까먹는다. 터키 사람들이 이빨로 해바라기 씨앗을 까먹는 속도는 '탈곡기 속도'라고 우스개 소리를 하기도 한다.

갤리볼루의 구릉 아래 있는 해바라기 밭. 온통 노란 해바라기 밭이 끝없이 이어진다.

해바라기 밭

터키의 과일은 넓은 땅에 농약을 뿌리지 않고 재배하기 때문에 신선하고 당도가 높다. 터키의 7월은 체리가 제철이다. 싱싱하고 달콤한 체리 1kg에 3TL. 식탁에는 늘 수박이 오른다. 발칸반도의 동쪽 끝이며, 마르마라해를 오른쪽으로 바라보며 이스탄불로 가고 있는 도로가에도 수박이 수북히 쌓여있다. 수박 한 통에 3TL이다. 말라티아 살구를 비롯하여 석류, 복숭아, 참외 등 싱싱한 과일들이 수북이 쌓여있는 모습은 또 다른 터키의 풍경을 보여준다.

여행은 만남이다. 사람을 만나고, 이 땅에 깃들인 신화와 역사를 만나고 음식을 만나며, 여행 중에 나 자신을 만난다. 길을 가다가 싱싱한 체리 한 봉지 사서 붉은 체리의 빛깔을 보면서 입 안에 감도는 싱싱하고 달콤한 체리의 맛과 향을 즐기는 것은 터키에서만 맛볼 수 있는 여행의 감미로움과 추억을 한층 더해줄 것이다.

터키의 식탁에는 늘 수박이 오른다.
도로가에 수북히 쌓여있는 수박.
한 통에 3TL이다. ▼

다시 이스탄불로

우리는 어디에서 왔는가? 라는 물음은 인간의 존재에 대한 물음이기
도 하지만 인류 문명의 기원에 대한 질문이기도 하다.

인류의 조상이 언제부터 출현했는지 확실하지 않다. 그러나 지금부터
약 1500만년 전에 살았던 라마피테쿠스가 그 시조라고 추측된다. 라
마피테쿠스의 뒤를 이어서 북경원인, 네안데르탈인, 크로마뇽인들이
대를 이어 발달해왔고, 약 1만년 전에는 농경사회를 이루어 정착생활
을하는 모습을 갖추게 되었다.

인류의 문명 발상지 중 가장 오래된 것은 유프라테스
강과 티그리스 강 사이의 메소포타미아 문명이다. 그리

터키는 전국 어디에서나 높은
성채와 산, 도로, 언덕 위 제일
높은 곳에는 언제나 터키 국기가
있다. 이스탄불도 예외가 아니다.

이스탄불 유럽지역 마을

고 나일강의 선물인 이집트 문명, 중국인들이 '어머니의 강'이라고 부르는 황하강 유역의 황하 문명, 인더스강 유역의 인더스 문명이 4대 문명의 발상지이다. 이 지역들은 강의 범람으로 인해 토지가 비옥하고, 긴 강을 따라 수로를 이용한 교통이 편리하였으며, 강에서 잡는 물고기가 양식과 영양분 공급의 원천이 되어서 자연스럽게 인구가 증가하고 문명이 발달하게 되었다.

현대 문명의 근거지가 된 세계의 대도시는 선박이 주요 수송수단이었던 대항해 시대에는 항구를 중심으로 암스테르담, 뉴욕 등이 세계적 대도시로 발달하였고, 철도가 주요 수송수단이었던 19세기에는 미국 시카고가 발달하였다. 자동차의 시대였던 20세기를 지나 이제 21세기 항공의 시대를 맞아 세계는 공항을 중심으로 대도시 건설이 집중되고 있다. 유럽의 암스테르담, 중동의 두바이, 미국의 댈러스, 포트워스, 멤피스, 중국의 베이징, 홍콩 등이 그 예이다.

이스탄불에도 제3 국제공항이 건설되고 있다. 이스탄불 북부 실리브리에 건설될 이스탄불 제3 국제공항이 2023년 완공되면, 6개의 활주로와 4개의 터미널을 가지고 연간 1억 5천만명 여객 수용력을 가진 세계에서 제일 큰 공항이 될 것이다. 1970년대 이스탄불의 인구가 250만명일 때 건설된 아타튀르크 국제공항은 인구 1,300만명을 넘어선 현재 이스탄불의 항공 여객 수요를 감당하지 못하고 있다.
이스탄불 제3 국제공항이 완공되면 이스탄불 유럽지역의 마르마라해에 접해 있는 아타튀르크 국제공항과 이스탄불 아시아지역의 사비하

괵첸 공항과 더불어 유럽과 중동, 중앙아시아와 북아프리카에 이르는
광대한 지역을 연결하는 요충지가 될 것이다.

버스가 이스탄불 시내로 들어서자 도로가 제일 높은 언덕에 터키 국
기가 바람에 펄럭이고 있다. 터키는 전국 어디에서나 높은 성채와 산,
도로, 언덕 위 제일 높은 곳에는 언제나 터키 국기가 있다. 이스탄불도
예외가 아니다. 빨간색 바탕의 터키 국기는 회색빛 도시 이스탄불에
강렬한 색의 이미지를 새겨 넣고 있다. 이스탄불 시내 중앙의 2,000년
전 로마시대 수도교 아래를 지나서 식당 '서울정'에 도착하였다.
식당을 들어서니 벽면에 '여행 중 만나는 놓칠 수 없는 또 하나의 기
쁨이 바로 서울정에서 만나는 고향의 맛입니다.'라고 써 붙여놓은 것
이 눈에 띈다. 상추에 싸먹는 삼겹살과 소주 한 잔이 표면의식 밑에
잠재해 있던 냄새와 맛과 만나 목과 위장 속에서 포근한 고향의 맛을
느끼게 한다.

이스탄불에서 출발하여 버스로 샤프란볼루 ➡ 앙카라 ➡ 소금호수
➡ 카파도키아 ➡ 콘야 ➡ 안탈랴 ➡ 파묵칼레 ➡ 에페스 ➡ 아이발
룩 ➡ 트로이 ➡ 차낙칼레 해협 ➡ 갤리볼루 ➡ 이스탄불로 이어지는
4,000km의 긴 여정이 끝났다.

다시 돌아온 이스탄불에서 나는 바잔티움을 보고, 콘스탄티노플을 보
고, 다양한 스펙트럼을 지닌 이스탄불을 보았다. 이 모두가 퇴적된 회
색빛 도시에는 초승달과 별을 가진 빨간색 터키 국기가 바람속에 휘

에미뇌뉴 예니 자미(1597-1663)의 돔

골든혼 선착장에서 바라보는 이스탄불. 톱카프 궁전, 아야 소피아, 쉴레이메 자미가 한눈에 보인다. 여기서 나는 바잔티움을 보고, 콘스탄티노플을 보고, 다양한 스펙트럼을 지닌 이스탄불을 보았다. ▼

날리며 회색빛 도시에 동맥의 핏줄기를 도시 곳곳에 힘차게 펌프질하고 있는 것이 보였다.

삶이란
걸어서 빛으로 가는 긴 여행일 것입니다.

여행 중 내 곁을 스치고 지나가는 바람은 신화와 역사의 무대에서 사라져간 영웅들이나, 오늘의 일상을 호흡하는 사람들이나 다 똑같이 순간순간 자기에게 주어진 삶의 역할과 역사의 무대에서 주어진 배역을 최선을 다하여 수행해 왔었다고 속삭여 주었습니다.
그것이 인생의 순리이기 때문입니다.

풀잎에 이는 바람 속에서 그리움을 느끼게 되면, 트로이는 퇴적된 유적 위에 부는 바람인 것을 깨닫게 됩니다.

나에게 다가온 들꽃, 나무, 새로운 만남, 신화와 역사 그리고 자연, 이 모든 새로움에 마음이 설레어 또 떠나게 되면 좋은 여행이지요.

그리워!
빗 속에 마주친 풍경, 이스탄불과 아나톨리아의 자연이 들려준 내면의 소리, 윤회의 시간들, 과거와 현재가 혼재하고 그 옛날 본듯한 풍경 속에서 잃어버린 나를 찾아갑니다.

이스탄불이 그리워지면
나는 또 떠나겠습니다.

외즐레디임 이스탄불 귈레귈레!(그리운 이스탄불이여 안녕!)

에필로그 epilogue

이스탄불이 그리워지면
나는 또 떠난다.
이스탄불은 도시 그 자체 그대로
풍경화요 정물화이며, 시요 소설이다.

삶은 길을 가는 것이다.
그 길은 걸어서 빛으로 가는 여행이다.
걸어서 빛으로 가는 여행에 삶과 인생이 오롯이 담겨 있다.

좋은 여행은, 내게로 다가온 들꽃과 나무, 만난 사람, 신화와 역사. 자연과
유적을 보고 기분 좋은 느낌을 가지고 또 그리워져서 마음이 설레어 떠나
게 되면 좋은 여행이라고 할 수 있다.
인생도 마찬가지이다.

여행은 바깥세상에 대한 구경과 관찰과 함께 잃어버린 자기를 찾고, 발견
하여 자기 자신의 내면에 대하여 되돌아보는 진정한 계기가 될 것이다.
그래서 여행은 인생을 배우는 최고의 배움터가 된다.

별을 밥으로 먹었던 시인 고은은 고대 그리스의 세습 방랑시인과 시베리
아 아기 무당, 중앙아시아 사마르칸트의 장사꾼, 내몽고의 목동의 길고 긴
윤회의 시간을 지나서 이 땅의 시인으로 다시 태어났다고 말하고 있다.

이스탄불과 아나톨리아 여행은 햇빛에 비치어 역사가 되고, 달빛에 비치어 신화가 된 이야기를 발견하는 여행이었다. 여행에서 마주친 사람과 자연은 오랜 시간 동안 나에게 익숙해져 있는 풍경인 듯 하였다.

터키는 중앙아시아 부근에서 우리의 선조와 같이 활동하다가 서진을 거듭하여 아시아 대륙의 끝 아나톨리아 반도와 유럽대륙의 동남쪽 끝인 트레이스 반도에 정착하였다. 민족의 발원지가 유사하고 6·25 때 자신들의 피를 흘려 싸우고 우리를 '피를 나눈 형제'라고 부르는 사람들과 만나면 정서적으로 익숙한 감정을 느끼게 된다. 길고 긴 윤회의 시간에서 이곳을 지나간 적이 있었던가?

따뜻한 사람들이 있고 보스포러스 해협이 있으며 아시아와 유럽의 두 대륙을 품고 있고, 먼 옛날부터 동서문명의 교차로인 이스탄불과 아나톨리아는 인류문명의 시원과 히타이트 등 고대문명, 곳곳에 산재해 있는 로마의 흔적을 찾아가며, 여행은 인생이고 여행이 학교라는 사실을 깨닫게 해주는 시간이 될 것이다.

매년 전세계에서 3,500만명이 이스탄불과 아나톨리아를 방문하고 있고, 한국인은 매년 18만명이 이곳을 여행하고 있다. 여행객의 숫자는 해마다 급격하게 증가하고 있으며, '꽃보다 누나' 방영 이후 더욱 증가하는 현상이 이를 잘 말해주고 있다.

이스탄불과 아나톨리아를 찾는 여행객 대부분이 단체여행객으로 이스탄불과, 샤프란볼루, 앙카라, 카파도키아, 콘야, 안탈랴, 파묵칼레, 에페스, 아이발록, 트로이, 차낙칼레 그리고 바울의 선교여행의 중심이 되었던 아나톨리아의 초기 기독교의 흔적이 있는 순례지 등, 4,000여km에 이르는 거리를 장거리 버스를 이용하여 8일에서 10일 정도의 짧은 일정으로 여행하고 있음을 보았다.

이스탄불과 아나톨리아를 여행하면서 느낀 점은 여행안내서가 몇 권 있으나, 호텔과 식당, 맛집, 교통을 피상적으로 안내하는 서적이 대부분임을 느끼게 되었다.

호메로스의 '일리아드'를 알지 못하고 트로이 고고유적이 있는 트루바를 다녀간 사람들은 거대한 2층 목마를 배경으로 가보고 왔음을 증명하는 기념사진만 남기고, 수많은 세월이 흘러 흔적만 남은 트로이 유적은 흙벽 돌과 돌무더기의 잔해로만 기억하게 될 것이다.
 모든 싸움과 전쟁의 시작은 불화에서 비롯되었다는 신화와 역사를 상상하지 못하고 '트로이 전쟁 이야기는 신이 인간에게 정해놓은 숙명의 전개과정이었다'고 줄기차게 이야기하는 '일리아드'를 다만 오래된 신화 속의 이야기로만 여길 것이다.

그러나 이 책에 실려 있는 '일리아드'와 신화와 역사의 이야기들을 여행 전이나 여행 중에 읽고 나서 9개 층으로 쌓여 바람의 흔적만 남은 트로이 유적을 보게 되면, 이다산 기슭에서, 인류에게 알려진 가장 최초의 미녀대회가 열려서 파리스가 아프로디테에게 황금사과를 주었다고 전해지는 '파리스의 심판'이 생생하게 느껴질 것이며, 아가멤논과 아킬레우스가 불화를 일으킨 날부터 헥토르의 장례식이 치러지는 50일간의 기록들이 상상의 날개로 다가와서 우리에게 여행이 학교라는 사실을 유적과 현장에서 깨닫게 해주는 계기가 될 것이다. 그때 비로소 세월은 무심한데 히사를특 언덕 위에서 불고 있는 바람이 속삭여주는 이야기가 들려올 것이다.

그대! 지금 어디로 가고 있는가? 그대에게 다가오는 모든 것은 머지 않아 사라질 것임을 기억하라. 모든 것은 사라지고 트로이에는 퇴적된 흙더미만이 남겨져 있지 않은가…

이 책은 2013년 7월과 12월 이스탄불과 아나톨리아를 두 번에 걸쳐 여행하면서 찍은 사진 12,000여장 중에서 330여장을 간추려서 여행 순서대로 여행지를 대표할 수 있는 사진을 넣고, 여행 중 입수한 자료들을 참고하여 여행하면서 보고 듣고 느낀 바를 작성한 메모들을 바탕으로 쓴 기행문이다.

이 책은 총 11개의 스토리로 구성되어 있다. 새로운 스토리로 한 장씩 넘어갈 때마다 여행지의 지도를 디자인하여 넣어서 독자가 공간감각과 함께 여행이 진행되는 시간감각을 갖게 되어 여행지의 현장감을 느낄 수 있고 독자가 쉽게 이해할 수 있도록 편집되어 있다.

나에게 인연이 오면 다시 이스탄불과 아나톨리아에 가서 또 다른 터키의 모습을 경험하고 싶다. 실크로드를 오가던 대상과 낙타들의 흔적을 따라 아나톨리아 반도를 횡단하고 싶다. 인류문명의 시원인 티그리스강과 아나톨리아 반도의 동쪽 끝 반을 찾아가고, 기회가 된다면 넴루트산을 비롯한 터키에 산재해 있는 유네스코 세계문화유산을 찾아가서 메블레위의 세마춤을 추어보고 싶다.

끝으로 터키에 대한 자료를 챙겨주시고 상세하게 설명하여 주신 한남동 주한 터키 대사관의 외교관 여러분들께 감사드리며, 2012년 '정보혁명 변곡점을 지나 그린혁명으로'를 출간해 주시고 이어서 이 책을 출간할 수 있도록 도와주신 한올출판사 임순재 사장님과 최혜숙 편집실장님 그리고 편집관계자 여러분들의 노고에 머리 숙여 감사드린다.

이스탄불이 그리워지면

초판1쇄 인쇄 2014년 9월 25일
초판1쇄 발행 2014년 9월 30일

저   자 손 민 익
펴 낸 이 임 순 재
펴 낸 곳 **한올출판사**
등   록 제11-403호
주   소 서울시 마포구 성산동 133-3 한올빌딩 3층
전   화 (02)376-4298(대표)
팩   스 (02)302-8073
홈페이지 www.hanol.co.kr
e - 메 일 hanol@hanol.co.kr

값 **18,800원** ISBN 979-11-5685-034-2

- 이 책의 내용은 저작권법의 보호를 받고 있습니다.
- 잘못 만들어진 책은 본사나 구입하신 서점에서 바꾸어 드립니다.
- 저자와의 협의 하에 인지가 생략되었습니다.